B

*Auf dem Weg
zur physiologischen Chirurgie*

Ulrich Tröhler

Der Nobelpreisträger Theodor Kocher 1841–1917

Geleitwort von Martin Allgöwer
Vorwort von Hans Schadewaldt

Birkhäuser Verlag
Basel · Boston · Stuttgart

Die Drucklegung dieses Buches wurde mit Unterstützung der Berta Hess-Cohn Stiftung in Basel ermöglicht

CIP-Kurztitelaufnahme der Deutschen Bibliothek

Tröhler, Ulrich:
Der Nobelpreisträger Theodor Kocher 1841 – 1917 : auf d. Weg zur physiolog. Chirurgie / Ulrich Tröhler. Geleitw. von Martin Allgöwer. Vorw. von Hans Schadewaldt. – Basel ; Boston ; Stuttgart : Birkhäuser, 1984.
ISBN 3-7643-1646-2

Die vorliegende Publikation ist urheberrechtlich geschützt. Alle Rechte vorbehalten. Kein Teil dieses Buches darf ohne schriftliche Genehmigung des Verlages in irgendeiner Form durch Fotokopie, Mikrofilm oder andere Verfahren reproduziert oder in eine von Maschinen, insbesondere Datenverarbeitungsanlagen, verwendete Sprache übertragen werden. Auch die Rechte der Wiedergabe durch Vortrag, Funk und Fernsehen bleiben vorbehalten.

© 1984 Birkhäuser Verlag Basel
Umschlag- und Buchgestaltung: Albert Gomm swb/asg
Printed in Western Germany
ISBN 3-7643-1646-2

Marie-Claude,
Michel, Nicolas und Anne-Sophie gewidmet

Inhalt

Geleitwort des Chirurgen XI
Vorwort des Medizinhistorikers XIII
Dank XV

1 **Einleitung** 1
   Anmerkungen 5

2 **Entscheide fallen** 7
   Studium und Bildungsreise 7
   Anmerkungen 15

3 **Auf der Suche nach akademischer Anerkennung** 17
   Blutgerinnung 17
   Mechanische Pathophysiologie 21
   Ausblick 24
   Anmerkungen 25

4 **Ätiopathologische Forschung und physiologische Chirurgie** 27
   Der junge Professor 27
   Schritte hin zur Selbständigkeit 30
   Der eigene Weg 32
   Anmerkungen 41

5 **Pathophysiologische Forschung und neurochirurgische Anwendung** 44
   Einleitung: Pathophysiologie der Geschoßwirkung 44
   Pathophysiologie des Hirndrucks 46
   Chirurgische Epilepsiebehandlung 49
   Kranio-zerebrale Topographie 54
   Kocher und die Wegbereiter der Neurochirurgie 58
   Zwischenhalt 67
   Anmerkungen 70

6 **Klinisch-pathologische Forschung: Die Dermatome** 74
   Anmerkungen 80

7	**Statistisch-evaluative Forschung:**	
	Die Quantifizierung des Erfolgs	82
	Vorgeschichte	82
	Spencer Wells, Billroth, Bern und Kocher	84
	Kochers «System der gefahrlosen Chirurgie»	92
	Anmerkungen	94
8	**Der Wert der Operation im Heilplan des Arztes**	97
	Überzeugung	97
	Zweifel	104
	Grenzen	109
	Neuer Aufbruch	113
	Anmerkungen	117
9	**Die Rätsel der Schilddrüse: Kocher als Eklektiker**	121
	Die Indikation zur Kropfexstirpation	121
	Die Folgen der Kropfexstirpation	126
	Die Wirkungsweise der Schilddrüse	132
	Die Suche nach dem chemischen Wirkstoff	137
	Die Pathophysiologie der Schilddrüse	139
	Die Therapie der Schilddrüsenerkrankungen	148
	Rekapitulation und Ausblick	152
	Anmerkungen	157
10	**Der Forscher**	163
	Anmerkungen	171
11	**Bilanz**	173
	Die Forschungen	173
	Von der konservativen über die radikale zur physiologischen Chirurgie	176
	Anmerkungen	181
12	**Vermächtnis**	184
	Anmerkungen	189

Anhang

I	*Brief Theodor Kochers an Professor Otto Haab, Zürich, mit Bericht einer Hirnoperation (1896)*	191
II	*Autobiographische Skizze Kochers aus der Nobelfestschrift (1909)*	192
III	*Brief Theodor Kochers an Nobelpreisträger Alexis Carrel, New York, über Schilddrüsentransplantation (1914)*	198

Bibliographie

I *Chronologisches Verzeichnis der Veröffentlichungen, Manuskripte und Vorträge Theodor Kochers* 199
   a) Einzelpublikationen 199
   b) Gemeinschaftliche Publikationen 208
   c) Manuskripte 208

II *Chronologisches Verzeichnis der unter Theodor Kochers Leitung ausgearbeiteten Dissertationen* 209

III *Allgemeine Bibliographie* 213
   a) Gedruckte Quellen 213
   b) Manuskripte 233

Namenregister 235
Verzeichnis der Abbildungen und Figuren 239
Herkunft der Abbildungen 240

Gedruckte Arbeiten Theodor Kochers sind in den Anmerkungen am Schluss jedes Kapitels mit **K.**, gefolgt von der Jahreszahl des Erscheinens und gegebenenfalls mit einem Ordnungsbuchstaben bezeichnet, Manuskripte entsprechend mit **KM.** und der Datierung. Unter Kochers Leitung entstandene Dissertationen sind als **D.**, gefolgt vom Namen des Autors und der Jahreszahl der Veröffentlichung gekennzeichnet. Hinweise auf Garrison und Morton's klassische *Medical Bibliography* (s. Morton 1970) sind mit **GM**, gefolgt von der Ordnungsnummer, abgekürzt.

Geleitwort

Wem es – wie mir – zufällt, am Ende seiner eigenen chirurgischen Laufbahn an einigen beschaulichen Sommertagen so tief in das Auf und Nieder eines Großen seines Faches Einblick zu gewinnen, der ist dem ungemein anregenden Verfasser für das Privileg dieses Vorwortes dankbar. Vieles las ich – toute proportion gardée – mit seltsamer Betroffenheit in Erinnerung an eigene (frühere!) Voreingenommenheiten und an Momente ungeduldigen Vorwärtsstrebens!
Ist Kocher seinem wissenschaftlichen Biographen Tröhler im Verlaufe der Quellenforschung zum Stein des Anstoßes geworden? So viel Sendungsbewußtsein und «sécurité dans l'erreur» dürften für den Medizinhistoriker, der selber in der strengen wissenschaftlichen Tradition vorsichtigen statistischen Denkens aufgewachsen ist, schwer einzuordnen sein.
Das Faszinierende an der Darstellung Tröhlers ist die Kunst, Kocher in seine Zeit hineinzustellen, bewundert, gefördert und kritisiert durch seine Lehrer Langenbeck, Spencer Wells und Billroth, seinen Zeitgenossen Halsted, dem temporären Schüler Cushing, sowie seinem internistischen Kritiker Sahli in Bern.
Die Bilanz dieses Lebens, auch ohne die Verklärung durch den Nobelpreis, ist durch viele Kapitel hindurch positiv. Nicht zufällig ist die Darstellung der Schilddrüsenforschung mit ihren Irrgängen und ihrer schließlichen Korrektur bei aller Objektivität romanhaft packend.
Die Rückschau auf Kochers langen Weg zur physiologischen Chirurgie läßt neben vielen Einzelheiten seiner Forschung seine Persönlichkeit nie vergessen. Er erscheint in der Gegenüberstellung zu Billroth als der systematischere Tatmensch, erreicht aber nicht die warme menschliche Ursprünglichkeit und die musische Begabung Billroths. Kocher haftet im Gegensatz dazu ein gewisser Hauch von Kälte und pietistischer Enge an. Vielleicht waren aber gerade diese Eigenschaften wichtig, um ihm ohne Hemmungen die Irrfahrt der totalen Thyroidektomie, dann aber seine großartige Umkehr durch die Analyse seiner Irrtümer zu ermöglichen.
Die Lektüre dieses faszinierenden und ohne falsche Heldenverehrung geschriebenen Werkes möchte man vor allem tatbegierigen Chirurgen am Anfang ihrer Laufbahn empfehlen. Meist erwacht indessen das historische Interesse in unserer pragmatischen Berufsgattung erst gegen das

Ende der Tätigkeit. Sollten Chirurgen dieses «reiferen» Alters zu diesem Werk greifen, werden sie es sicher von Anfang bis zu Ende lesen und vielleicht mit dem Gedanken zur Seite legen – «wie konnte er doch, hätte er doch, etc.» – um nachher weiter zu sinnieren – «wie konnte ich doch, hätte ich doch»!

Basel, im Juli 1984   Martin Allgöwer
                             Prof. Dr. med. Dr. med. h.c. mult.
                             em. Vorsteher des Departements
                             für Chirurgie, Universität Basel

Vorwort

«Berühmte» oder «große Ärzte», das sind Begriffe, die in unserer Zeit zum Teil in Mißkredit geraten sind. Man kann sich nicht mehr mit einer, wenn auch lückenlosen Darstellung des Lebensweges einer der bedeutsamen Gestalten der Medizin begnügen, man muß mehr und mehr auch das kulturelle, soziale und politische Umfeld in eine Ergographie einbeziehen, will man sich nicht den Vorwurf des «Personenkultes» zuziehen. Bewußt hat deshalb der verdienstvolle Verfasser des vorliegenden Werkes Herr Professor Dr. med. Ulrich Tröhler, Ph. D., nicht den Namen des Mannes, dem er diese Studie widmete, sondern eine bis heute wesentlich nachwirkende Epoche der Heilkunde gewählt, die er mit dem neuen Terminus «Physiologische Chirurgie» belegt hat. Herr Kollege Tröhler hat erst kürzlich, von Bern kommend, den Lehrstuhl für Geschichte der Medizin an der Universität Göttingen übernommen, und es muß offenbleiben, ob das vorliegende Werk über den Nobelpreisträger Theodor Kocher seinen Ursprung in der sprichwörtlichen *Nostalgia Helveticorum* hatte, die Tröhlers berühmten schweizerischen Vorgänger Albrecht von Haller dazu bewog, aus Göttingen in seine schweizerische Heimat zurückzukehren, oder ob es die Beschäftigung des Autors mit klinischen und experimentell-chirurgischen Problemen war, die ihn reizte, einmal von einer ganz anderen Warte aus das Lebenswerk eines der bedeutendsten Chirurgen der zweiten Hälfte des 19. Jahrhunderts zu bearbeiten. Auf jeden Fall ist die reine Biographie erfreulich kurz gehalten, und Tröhler verliert sich nicht in lokalhistorischen Einzelheiten, obwohl er die große Zeit der Berner Medizinischen Fakultät deutlich herausstellt. Es war vielmehr sein Anliegen, am Beispiel des 1909 als erster Chirurg mit dem Nobelpreis ausgezeichneten Kocher eine Wende in der Chirurgie herauszuarbeiten, die nach den großartigen Errungenschaften der Narkose und der Anti- und Asepsis die Entwicklung der modernen Chirurgie in besonderem Maße geprägt hat und die Tröhler eben die «Physiologische Chirurgie» nennt. Auch wenn Kocher den Nobelpreis in «Anerkennung seiner Beiträge zur Physiologie, Pathologie und Chirurgie der Schilddrüse» erhielt, so ist er doch weit über dieses Gebiet hinaus für die Medizin in ihrer ganzen Breite von großer Bedeutung gewesen, und Tröhler stellt mit Recht seine Impulse für die Blutgerinnungsforschung, für die weitere Entwicklung der Antisepsis – während er der radikalen

Asepsis zuerst skeptischer gegenüberstand – heraus. Er zeigt weiter, daß der Berner Chirurg sich sehr frühzeitig mit den damals noch fast unbekannten Fragen des Operationsschocks auseinandersetzte und, längst bevor die Infusion von Kochsalzlösung oder Blutersatzpräparaten allgemein eingeführt wurde, diese Methoden an seiner Klinik erprobte. Weniger bekannt dürfte auch sein besonderer Beitrag als Wegbereiter der Neurochirurgie sein, und die engen Beziehungen, die Kocher mit Sir William Macewen in Glasgow und Victor Horsley in London sowie mit William Stewart Harvey Cushing in den USA unterhielt, sind ein treffender Beweis für diese Aktivitäten. Erstaunlich bleibt, daß ein Chirurg sich auch mit der subtilen Diagnostik und mit den Fragen der Dermatome befaßte, die später mit dem Namen von Henry Head verknüpft wurden.

Glänzend hat Tröhler, der sich ja schon früher mit diesen Fragen intensiv beschäftigte, die statistisch-evaluative Forschung herausgestellt, die schließlich zu Kochers «System der gefahrlosen Chirurgie» führte, was in der heute noch benutzten Kocher-Klemme einen faßbaren Ausdruck fand. Es versteht sich von selbst, daß der in der Literatur freilich am häufigsten behandelte Problemenkomplex der Schilddrüse mit den erschütternden Folgen der Kropfexstirpation und dem allmählichen Vortasten zu einer physiologischen Therapie der Schilddrüsenerkrankungen einen großen Teil des vorliegenden Werkes umfaßt.

Hatte so der Autor den aufmerksamen Leser geistig auf diese Umbruchzeit in der Chirurgie vorbereitet, so konnte er in dem letzten Teil die Bilanz von Kochers Forschungsarbeit ziehen, die er in einer Entwicklung von der konservativen über eine radikale hin zur eben von ihm herausgestellten Physiologischen Chirurgie sieht.

Tröhlers Werk ist völlig anders angelegt als die üblichen Bio-Ergographien über bedeutende Ärzte. Ich möchte sie am ehesten mit der kongenialen Darstellung von Rudolf Virchows Werk aus der Feder des Züricher Medizinhistorikers Erwin H. Ackerknecht und mit dem Buch über den schon erwähnten Albrecht von Haller von dem Münsteraner Medizinhistoriker Richard Toellner vergleichen. Ich wünsche diesem Werk eine weite Verbreitung, zumal in den Anmerkungen und dem ausführlichen Literaturverzeichnis noch eine Fülle weiterführender Angaben verborgen sind, die auch für die kommenden Ärztegenerationen von großem Wert sein dürften.

Möge das alte, oft zitierte Wort des Terentianus Maurus aus seinem im 3. nachchristlichen Jahrhundert erschienenen «Carmen heroicum» «Habent sua fata libelli» im besten Sinne des Wortes in Erfüllung gehen.

Düsseldorf, im Juli 1984   Hans Schadewaldt
                             Prof. Dr. med., Direktor
                             des Instituts für Geschichte
                             der Medizin, Universität Düsseldorf

Dank

Man ist leicht geneigt, große Männer der Vergangenheit mit oberflächlichen Etiketten zu versehen und damit ihre tiefere Realität zu verdunkeln. Wie zutreffend diese sein mögen, und wie faszinierend biographische Details das nie erlahmende Interesse auch begründen, die lebendige Bedeutung dieser Persönlichkeiten liegt in der Natur ihrer wissenschaftlichen Bemühungen.
Auch Theodor Kocher ist für viele einfach «der Entdecker der Schilddrüsenfunktion». Das Vorhaben, sein Gesamtwerk in der weiteren Perspektive der Geschichte der Medizin zu sehen, wurde erschwert durch das Fehlen einer selbst annähernd vollständigen Personalbibliographie. Ferner erwies sich sein fachliches Umfeld noch wenig aufgearbeitet. Umso größer war der Anreiz für den Medizinhistoriker.
Ohne das tätige Interesse zahlreicher Persönlichkeiten und Institutionen hätte das nun vorliegende Buch nicht geschrieben werden können. Professor und Frau Edgar Bonjour-Kocher, Basel, gewährten mir bereitwilligst Einblick in das Kochersche Familienarchiv. Ernestine Buerstedde durchsuchte den Carrel-Nachlaß in Washington. Eustace Cornelius vom Royal College of Surgeons of England, Eric Freeman und Robin Price vom Wellcome Institute for the History of Medicine, London, und ihre Mitarbeiter versagten nie ihre Hilfe bei der Quellenbeschaffung aus ihren reichen Bibliotheksbeständen, wie auch Professor Carlos de Gutiérrez-Mahoney, Göttingen, aus seiner Sammlung neurochirurgischer Literatur. Hilfreich waren ferner die Bibliotheken der Universitäten und der Medizinhistorischen Institute in Basel, Bern und Göttingen, diejenigen der Royal Society of Medicine und des University College, London, sowie die schweizerische Landesbibliothek und das Staatsarchiv in Bern. Leider ließen sich bisher an weiteren naheliegenden Standorten keine wesentlichen Manuskripte oder fachlichen Briefe von und an Kocher nachweisen.
Meine Forschungen wurden ermöglicht durch den Schweizerischen Nationalfonds (Forschungskommission Bern), die Max-Geldner-Stiftung, Basel, sowie den Forschungs- und Förderungsfonds der Schweizerischen Arbeitsgemeinschaft für Osteosynthesefragen (AO), Chur; die Drucklegung konnte dank der Berta Hess-Cohn Stiftung, Basel, erfolgen; ich danke ihnen für ihre Unterstützung.

Den Folgenden danke ich für die Erlaubnis, aus unveröffentlichtem Material ihrer Archivbestände zu zitieren, sowie Abbildungen wiederzugeben: Professor und Frau Edgar Bonjour-Kocher, Basel; Burgerbibliothek, Bern; Georgetown University Library, Washington, D.C. USA; Paul Haupt Verlag, Bern; Medicinhistoriska Museet, Göteborg; Medizinhistorisches Institut der Universität Bern ; Medizinhistorisches Institut der Universität Zürich; Frau Dr. F. Pedotti-de Quervain, Lugano; Royal College of Surgeons of England, London; Staatsarchiv des Kantons Bern; Theodor-Kocher-Institut der Universität Bern; Welch Medical Library, Johns Hopkins University, Baltimore, Md. USA.

Dieses Buch profitierte von der Kritik und den Anregungen jener, die das ihm zugrunde liegende Manuskript in einzelnen Stadien ganz oder teilweise gelesen haben. Darunter sind William F. Bynum, Edwin Clarke, Carlos de Gutiérrez-Mahoney, Heike Hörning-Winkelmann. Für ihre und zahlreicher anderer Kommentare danke ich. Für die Verschiedenheit zwischen ihren – und meinen eigenen – Idealvorstellungen und der Wirklichkeit dieses Buches bin ich natürlich verantwortlich. Wenn auch Kocher einmal schrieb: «...ich lasse mich nicht gerne pressen, auf einen gegebenen Zeitpunkt abzuschließen. Es bleibt dann stets unvollständig...» (*), so ist ein solcher Zeitpunkt manchmal als unabdingbar festzusetzen.

Für die Sorgfalt und Geduld beim Schreiben des Manuskripts, bei der Erstellung der Bibliographie und der Lektüre der Korrekturen danke ich meinen Mitarbeiterinnen in Basel und Göttingen, Sabine Mildner, Marie-Louise Portmann und Ansberga Steinmann. Dem Birkhäuser Verlag gebührt mein Dank für die vorbildliche Zusammenarbeit bei der Herausgabe der Arbeit.

Ulrich Tröhler

Basel und Göttingen, im Juli 1984

---

* Brief an F. de Quervain (n. dat. Manuskript)

1 Einleitung

Im Jahre 1912 fiel Theodor Kocher eine besondere Würdigung zu. Es war für die mit äußeren Ehrbezeugungen für lebende Zeitgenossen, zumal einen Professor der Chirurgie, zurückhaltende Schweiz eine sehr seltene Würdigung: Eine vom Parlamentsgebäude ausgehende Straße im Zentrum der Landeshauptstadt Bern wurde auf seinen Namen, «Kocher-Gasse», umgetauft[1]. Dieses Vorkommnis zeigt, wie Kocher weit über seine Berufswelt hinaus bekannt war. So erinnerte noch 1967 eine Briefmarke die Öffentlichkeit an ihn (s. Schutzumschlag). Auch in der internationalen medizingeschichtlichen Literatur fand er bereits ein Jahrzehnt nach seinem Tod einen würdigen Platz[2]. Heute, mehr als fünfzig Jahre danach, bleibt er Ärzten und Historikern wohlbekannt[3]. Zu Lebzeiten als eine führende Persönlichkeit im «goldenen Zeitalter der operativen Chirurgie» angesehen, ist dieser Schweizer einer der wenigen mit einem Nobelpreis ausgezeichneten Chirurgen geblieben[4]. Er erhielt die Auszeichnung 1909 in Anerkennung seiner Beiträge zur Physiologie, Pathologie und Chirurgie der Schilddrüse[5]. Tatsächlich hatte er aber damals ein ganzes chirurgisches «System» geschaffen. Es war entstanden, als sich der Chirurgie nach der Jahrhundertmitte mit der wirksamen Bekämpfung von Operationsschmerz und Wundinfektion sowie besserer Kontrolle der Blutungen ganz neue Möglichkeiten eröffneten. Als Ausdruck davon überliefert ein Assistent, daß die in der Medizin so beliebten Eponyme in der Chirurgischen Universitätsklinik Bern, der Kocher von 1871 bis 1917 vorstand, selten Verwendung fanden, denn es war selbstverständlich, daß der Chef für alles seine eigene Methode hatte[6].

Sein «System» fußte wohl auf der zum Vorstoß in chirurgisches Neuland immer nötigen Kühnheit und technischen Gewandtheit – illustriert durch eine Anzahl origineller Operationsmethoden[7], vor allen Dingen aber auf intensiver Forschung und systematischer Auswertung seiner Beobachtungen physiologischer Gegebenheiten und klinischer Ergebnisse. Das wesentliche Ziel der vorliegenden Arbeit ist es, die Wege zu zeigen, die er dabei beschritt.

Kocher war ein genialer Lehrer, der Studenten, Assistenten und erfahrene Chirurgen gleicherweise zu prägen vermochte. Kein geringerer als der prominente Brite Sir George Grey-Turner (1877–1951) äußerte dazu: «Das beste System wissenschaftlich-klinischer Lehre, das ich je gesehen, war dasjenige des verstorbenen Professors Theodor Kocher in seiner berühmten Klinik zu Bern[8].» Nach 1892 ergänzten fünf deutsche Auflagen seiner *Chirurgischen Operationslehre* den persönlichen Unterricht. Als maßgebendes Lehrbuch wurde sie ins Englische, Italienische, Spanische, Japanische und Russische übersetzt[9].

Um etwa 1890 also erwarb Kocher internationales Format sowohl durch seine Veröffentlichungen als auch durch sein persönliches Beispiel und Auftreten. Seine Theorien, Prozeduren und Resultate fanden gleichermaßen Eingang in fremdsprachliche Standardliteratur[10]. Regelmäßiger aktiver Teilnehmer der internationalen medizinischen Kongresse seit 1881 sowie der sich eben bildenden nationalen Fachkongresse in Belgien, England, Frankreich, Deutschland und der Schweiz und – einmal schriftlich – in den USA, wurde er 1905 Vorsitzender des ersten internationalen Chirurgenkongresses in Brüssel. 1902 präsidierte er die deutsche, 1913 die schweizerische Chirurgengesellschaft. Dazu lehrte er direkt mehrere bedeutende Chirurgen. Sein amerikanischer Freund, der seinerseits in den USA äußerst einflußreiche William Halsted (1852–1922) vom Johns Hopkins Hospital, Baltimore, bewunderte ihn mehr als irgendeinen Kollegen[11]. Sir Harold Stiles (1863–1946) aus Edinburgh, der 1893 ein paar Monate in Bern geweilt hatte und später das Kochersche Lehrbuch übersetzte, schrieb, daß er ihm seine hauptsächliche Ausbildung in operativer Chirurgie verdanke[12]. In späteren Jahren hatte Kocher immer ein paar überseeische Ärzte in seiner Klinik[13]. Seine wissenschaftliche Arbeitsweise und seine im technischen Bereich meisterliche Eigenart mögen die respektvolle Anerkennung erklären, die auf gleicher Grundlage neben Halsted stehende Gründer der modernen amerikanischen Chirurgie wie Nicholas Senn (1844–1908), George Crile (1864–1943), die Gebrüder William (1861–1939) und Charles Mayo (1865–1939) sowie besonders Harvey Cushing (1869–1939) wiederholt für Kocher ausdrückten[14] (Abb. 1). Ferner brachten ihn seine Forschungen in Berührung mit medizinischen Wissenschaftlern wie Edwin Klebs (1834–1913) und Sir Victor Horsley (1857–1916), Konstantin von Monakow (1853–1930) und dem späteren Nobelpreisträger Alexis Carrel (1873–1944)[15]. So konnte noch ein hervorragender Kollege aus der nachrückenden Generation, Lord Berkeley Moynihan (1865–1936) aus Leeds, Kocher füglich als «der Welt größten Chirurgen» bezeichnen[16]; und ähnliche Aussprüche sind von weiteren amerikanischen, englischen, deutschen, österreichischen und französischen Chirurgen bekannt. Auf welchen Grundlagen beruhten solcher Ruhm und Nachruhm? Auch darauf will diese Arbeit eingehen.

Die bisherige Literatur über Kocher besteht nun zur Hauptsache aus Gedächtnisartikeln[17] und Beiträgen, die seine Verdienste als Schilddrüsenchirurg würdigen[18]. Zusammen mit wertvollem Originalmaterial aus dem Kocherschen Familienarchiv hat der Schweizer Historiker Edgar Bonjour diese zu einer der menschlichen Persönlichkeit des Chirurgen gewidmeten Biographie verwendet, die allerdings das wissenschaftliche

FOREIGN CORRESPONDENCE

LUCERNE, BERNE AND GENEVA.[1]

Hofstetter—Tuberculosis of Ribs—Kocher—Antisepsis—Kocher's Method of Suturing—Antiseptic Catgut—Struma Operations—Injection of Salt Solution—Tubercular Synovitis of Elbow—Synovial Tuberculosis of Knee—Cavel—Tubercular Implantations in Animals—Julliard—Struma Operation—Hospital Tents.

Dear Dr. Fenger:—In Lucerne I visited the Kantonspital, which contains about 80 beds. The surgical wards are in charge of Dr. Hofstetter, a young surgeon of more than average ability. When I called he was just getting ready to remove a carcinoma of the mamma in a lady 76 years old. The tumor was about the size of a pullet's egg, firm, immovable and located at a point corresponding to the right margin of the left breast. The patient had noticed the swelling for several years, but it had given no particular inconvenience until recently, when it became painful and tender; axillary glands not enlarged. As the tumor appeared to be attached firmly to the bony wall of the chest preparations were made to excise portions of one or more ribs. The operation was performed under the usual precautions. As soon as the incision was made through the skin and subcutaneous tissue it was evident that the tumor was intimately connected with the surrounding tissue. During the dissection an abscess was opened, and on exploring its interior it became plain that the diagnosis was wrong, as the abscess communicated directly with the subjacent ribs, showing that it was a case of primary tuberculosis of the ribs. Sections 3 inches long of the 5th and 6th ribs were excised, and the latter showed a small but distinct tubercular cavity which had opened on the upper margin and had infected by contact the opposite rib and surrounding tissues.

During my journey I have seen a great many cases of tuberculosis of bones and joints in the aged, patients from 50 to 80 years old; and what is still more important I have seen excellent results after operative treatment in these cases. Age alone furnishes no contra-indication to operations for tubercular lesions.

From my acquaintance through literature I had always considered Kocher, of Berne, one of the ablest of living surgeons; and in this opinion I was only confirmed by a personal acquaintance. An old proverb says "Distance lends enchantment," and this is applicable to a number of surgeons whom I have met on my tour; the nearer you come to them, the more you know them and the more you see of them the more you become convinced that they are a veritable *lucus a non lucendo*. The opposite can be said of Kocher; the more you see of him and his work the greater he becomes. I consider him in every sense of the word the greatest surgeon I have ever seen. He is an accomplished scholar, an accurate careful diagnostician, a bold and dextrous operator, and a born teacher. He is only 47 years old, but looks much older. He is of slender build, and his whole appearance suggests thoughtfulness and hard work.

The surgical wards under his charge contain only 60 beds, but many rare and interesting cases. His large operating room is intended only for small operations before the whole class, and for demonstrations and examinations of cases from the Policlinic. In this room advanced students are allowed to perform minor operations under his personal supervision. The more important operations are performed in a smaller room, which is supplied with every possible convenience for antiseptic work; it is the most perfect operating room I have seen, Volkmann's not excepted. To the operations performed in this room only 5 or 6 students are admitted, and the regulations in writing posted on the door require that the students must not have been recently in the dissecting room or the pathological laboratory, and that they must come without collar, necktie, coat and vest; in fact must come into the operating room with nothing but shirt and breeches. In how far the female students who attend Kocher's clinic can and will comply with these rules I am unable to say, as none of them came during the days I attended.

For irrigation corrosive sublimate solution is used, for general use only 1:5000. When stronger solutions were used intoxication occurred quite frequently. The wounds are covered with a flannel compress of sublimated gauze, generally dusted over with iodoform just before it is applied, and over this a cushion of aseptic moss.

Kocher has a way of suturing wounds which should be more generally known, as it is done rapidly and neatly. It is a form of continued suture, either with fine silk or catgut. A long straight needle is threaded with the suturing material, and as an assistant makes traction with a blunt hook upon each angle of the wound so as to straighten its margins (a procedure which greatly facilitates the suturing) the needle is passed alternately deeply and superficially, so that approximation and coaptation sutures follow one another. In this way a large wound can be stitched accurately in a few minutes. For drainage, glass tubes or rubber drains are used. Kocher's hæmostatic forceps are the best for general use. His struma director is not only a useful instrument for strumectomy, but is very handy in all operations in which deep dissections are necessary close to large vessels.

As I was passing through the surgical wards I counted 4 patients who had been recently operated on for struma, and they were all doing well. Kocher informed me that recently wounds were inclined to suppurate a little, and he was unable to trace this to any tangible cause, but was inclined to believe that the catgut which was used was not quite aseptic. He has been using catgut prepared in the ordinary way, but will return to his juniper catgut. Dr. Cavel has examined catgut made by Kocher's method, and has not always found it aseptic. By experiment he has found that if the raw catgut be immersed in oil of juniper for 10 days it is perfectly

[1] By permission of Drs. Fenger and Senn.

Abb. 1
Nicholas Senns Eindruck von Theodor Kocher und seiner Klinik, beschrieben im Jahre 1887 im *Journal of the American Medical Association*. (Auszug)

Werk nicht eingehend behandelt[19]. Mit der Ausnahme dieser sowie der Beleuchtung von Einzelaspekten in einigen kürzeren Arbeiten[20] ist auch kaum Originalquellenmaterial benutzt worden. Daher ist einerseits vieles unbekannt geblieben, und andererseits hat sich seit Kochers Tod viel Ungenaues und Unzutreffendes in der Literatur erhalten. So scheint es angesichts seiner in der Geschichte der modernen Chirurgie offensichtlich bemerkenswerten Persönlichkeit gerechtfertigt, sein Werk anhand seiner eigenen und der von ihm angeregten Arbeiten sowie anderer zeitgenössischer und neuer Quellen darzustellen als ein Beispiel der Forschungsweise in der Chirurgie zwischen 1865 und 1917 und ihrer Auswirkungen.

Einerseits befaßt sich die vorliegende Studie also mit Kochers *Arbeitsmethoden*. Sie will ihre persönlich-biographischen wie auch ihre mehr allgemeinen Wurzeln zeigen. Andererseits sollen die – zur Hauptsache unbekannten – Kocherschen *Ergebnisse* in ihrem historischen Zusammenhang, ihren Folgen und Grenzen dargestellt werden. Einiges Gewicht liegt auf der Bewertung des therapeutischen Erfolgs. Kochers Arbeiten über die Schilddrüse hingegen sind erst gegen den Schluß besprochen, wobei neu zutage getretene Tatsachen im Vordergrund stehen; denn nicht nur ist dies der bis jetzt einzige etwas bearbeitete Teil seines Werks – vorab allerdings die damit zusammenhängenden Prioritätsfragen[21] –, sondern darin finden sich auch alle seine Arbeitsrichtungen fest miteinander verwoben. Sie mögen deshalb bei der Schilderung seiner anderen Arbeitsgebiete zunächst einzeln herausgeschält werden.

Das durch die historische Prüfung seiner Arbeiten entstandene Bild des Forschers Kocher erklärt schließlich sein für die Zukunft bedeutungsvolles *Vermächtnis*. So möchte es den heutigen Leser anregen – zum Nachdenken, ja vielleicht zum eigenen Nachforschen über dieses für die gegenwärtige Medizin in mancher Hinsicht grundlegende halbe Jahrhundert vor dem Ersten Weltkrieg. Aus den erwähnten neuen Möglichkeiten – und dem weitgehenden Fehlen anderer moderner Behandlungen – wurde es zum «goldenen» Zeitalter der operativen Chirurgie. Aus der vorherrschenden theoretischen Auffassung vieler Krankheiten als zellgebundene, unabhängige Einheiten ergab sich gleichzeitig die Vorstellung ihrer endgültigen Heilbarkeit durch möglichst vollständige chirurgische Entfernung: Kochers Lebensspanne ist ebenso das «radikale» Zeitalter chirurgischen Eingreifens. Gleichermaßen pionierhaft beteiligte er sich anfänglich an der Einführung der entsprechenden Operationsmethoden im Umfeld konservativer Maßnahmen, wie er schließlich ihre Grenzen erfahren mußte und zu deren Überwindung den Weg der physiologischen Chirurgie wies.

Anmerkungen

1. Adresse des Gemeinderates der Stadt Bern [zum 40-Jahr-Professorenjubiläum Kochers] vom 22. Juni 1912, in: *Der Bund* (Bern) 63: Nr. 289 vom 23. Juni 1912, S. 3.
2. Kocher ist bereits in der 4. Auflage von Garrisons klassischer Geschichte der Medizin abgebildet (Garrison 1929, S. 728); eine ausführlichere Arbeit erschien 1931 in den *Annals of Medical History* (Wiese and Gilbert 1931). Sie fußte vorab auf Nekrologen und ist teilweise sehr ungenau. Eine Reihe kritischer Würdigungen aus eigener Anschauung verfaßte zu dieser Zeit auch sein zeitweiliger Mitarbeiter und Nachfolger F. de Quervain (Quervain 1930a, 1938, 1939a, 1939b, 1939c).
3. Eine Monographie (Bonjour 1981) und wenigstens ein Dutzend Artikel aus aller Welt befaßten sich in den letzten 15 Jahren ausführlich mit Kocher.
Die zugänglichsten Aufsätze sind: Hintzsche 1967, Colcock 1968, Madden et al. 1968, Rihner 1968, McGreevy and Miller 1969, Wangensteen 1969, Talbott 1970, Fuchsig 1972, Rutkow 1978a.
4. Andere mit dem Nobelpreis ausgezeichnete Chirurgen sind bisher nach Herrlinger (1971): A. Carrel (1913), A. E. Moniz (1949) und W. Forssmann (1956); s.a. Koelbing 1973.
5. Mörner 1910; s.a. das Nobel-Diplom abgebildet bei Bonjour, op. cit. Anm., 3, S. 66.
6. Gröbly 1941, S. 1030.
7. Diese betrafen – chronologisch – etwa die Schilddrüse (K. 1874a), das Rektumkarzinom (K. 1874b), Zungenkarzinom (K. 1880b, GM. 3473), die Resektion verschiedener Gelenke (K. 1888c), das Oberkieferkarzinom (Lanz 1893), die erste submuköse nasale Hypophysektomie (K. 1909a) sowie die Gallenwege (K. 1878d, K. 1890a, K. 1895h, Kocher und Matti 1906) und den Uterusprolaps (Ravitch 1982, S. 625).
8. «The best system of scientific clinical teaching I have ever seen was that practised by the late Professor Theodor Kocher in his famous clinic in Bern», zitiert bei Stiles 1919, S. 30, s. in Übereinstimmung dazu Quervain 1930a.
9. In Rußland war sie das offizielle Lehrbuch für die Armee (Grey-Turner 1909, S. 13). Dank seinen vielen russischen Studentinnen hatte er enge Beziehungen zu Rußland, das er auch mehrmals bereiste (s. Tabelle I sowie Anm. 18); s.a. Mörner, op. cit., Anm. 5.
10. s. z.B. Keen 1907-1921 sowie bes. Kapitel 5 und 6 der vorliegenden Arbeit.
11. Halsted 1924, Bd. I, S. XXXIX, Bd. 2, S. 365; Rutkow 1978a; Rutkow 1978b.
12. Stiles 1919.
13. Bonner 1963, S. 101-102.
14. Senn 1887; Crile 1947, S. 56, 70, 131, 201, 543; Mayo 1912, Bd. II, S. 504; Mayo 1913, S. 787; MacCallum 1930, S. 100, 160, 172-175; Finney 940, S. 127-128; Fulton 1946, S. 160, 176, 328, 584, 610; Thomson 1981, S. 100-106; Cushing 1901.
15. Monakow 1970, S. 177, 218, 235, 269; Paget 1919, S. 155, Quervain 1918 und S. 58f dieser Arbeit; Malinin 1979, S. 49, 228.
16. Moynihan 1917.
17. Außer den in der vorliegenden Arbeit und in der Biographie von Bonjour (op. cit., Anm. 3) zitierten Nachrufen und Gedächtnisartikeln sind noch solche erschienen in: *Berl. klin. Wschr.* 54: 859 (1917); *Med. Klin.* 13: 955 (1917); *Lancet* ii: 167 (1917); *Rev. méd. Suisse Romande* 37: 521 (1917); *US Nav. Med. Bull.* 12: 59 (1918); *Trans. Am. Surg. Ass.* 37: 43 (1919) sowie Gedenkartikel in bulgarischen, polnischen und ungarischen Zeitschriften in den Jahren 1958, 1966, 1967; s. ferner: Bett, W. R., «Some Thyroid Pioneers I. Theodor Kocher», *Med. Bkman.* 1: 29-31

(1947); Hall, D. P., «Our surgical heritage. Europe. Theodor Kocher». *Am. J. Surg.* 104: 126–127 (1962).

18 Bornhauser 1951, S. 53–74, 155–158; Zimermann und Veith 1961, S. 499–518; Ackerknecht und Buess 1975, S. 64–67.
19 Bonjour, op. cit., Anm. 3.
20 s. Bornhauser, loc. cit., Anm. 18; Hintzsche, op. cit., Anm. 3; Madden et al., op. cit., Anm. 3; Michler und Benedum 1970; Rutkow, op. cit., Anm. 3.
21 Bornhauser, ibid., S. 74–113; Michler und Benedum, ibid.

2
Entscheide fallen

Studium und Bildungsreise

Theodor Kocher wurde am 25. August 1841 als zweites von sechs Kindern in Bern geboren. Sein Vater war ein schöpferisch tätiger Ingenieur. Der vielseitig begabte Sohn bekannte nie, weshalb er das Studium der Medizin ergriff, dem er zwischen 1860 und 1865, mit der Ausnahme eines Semesters in Zürich, in seiner Heimatstadt oblag. Aus den erhaltenen, äußerst sorgfältig geführten Kollegheften in Physik, Anatomie und Physiologie (Abb. 2) läßt sich nichts auf etwaige Vorlieben in den ersten Studienjahren schließen. Obschon auch keine anderen Hinweise für eine direkte Beziehung vorliegen, seien zwei Professoren an der damaligen Berner Vorklinik kurz erwähnt, weil sich ihre Arbeitsweise im Kocherschen Werk wiederfindet. Es sind dies der spätere Prager Anatom Christoph Aeby (1835–1885) und der Physiologe Gabriel Gustav Valentin (1810–1883), ein Purkinje-Schüler. Beide waren hervorgegangen aus der Zeit der gemeinsamen Professuren für Anatomie und Physiologie[1]. Aeby hatte als Privatdozent in Basel noch physiologische Chemie gelesen. Sein *Lehrbuch der Anatomie* und spätere Forschungsarbeiten zeigen durchweg eine funktionelle Auffassung seines Fachs[2]. Valentins Lehrbücher, die um 1850 mehrere Auflagen und Übersetzungen erlebten, enthielten bereits den Gedanken, welchen er in späteren Arbeiten weiter ausführte. Sein Biograph Hintzsche schreibt dazu:

> «Unter dem Begriff der ‹Physiologischen Pathologie› suchte Valentin der praktischen Heilkunde die exakt naturwissenschaftlichen Untersuchungsmethoden nahe zu bringen, von deren Anwendung am Krankenbett er Förderung der Forschungen und damit der Erkenntnisse erhoffte[3].»

Kocher studierte also zu einer Zeit, als die Vertreter neu abgetrennter Grundlagenfächer danach trachteten, ihre Wissenschaft zur praktischen Anwendung zu bringen.

Zu Beginn des klinischen Studiums wurde der frischgebackene Kandidat der Medizin 1862 erster – nebenamtlicher – Assistent des eben eröffneten Berner Kinderspitals. Die Jahresbesoldung betrug 200 Franken «nebst Wohnung, Befeurung, Licht und Bedienung[4]». Diese praktischen

Annehmlichkeiten waren für das Glied einer kinderreichen Familie wohl nicht zu vernachlässigen, deren Vorstand damals als freier Berater lebte und des öftern den Wohnsitz wechselte.

Im weiteren Studienverlauf scheint Kocher die innere Medizin unter Anton Biermer (1827–1892) besonders angesprochen zu haben. Mit ihrer planmäßigen Unterdrückung des nunmehr systematisch gemessenen Fiebers mittels kalten Wassers, der Digitalis, des Chinins und weiterer Alkaloide erwachte sie gerade aus einer Periode therapeutischer Lethargie. Auch Biermer ritt auf dieser angriffigen «antipyretischen Welle[5]», was seinem älteren Studenten zusagte, wie wir bald sehen werden. Dagegen muß sein Berner Chirurgieprofessor Hermann Askan Demme (1802–1867) ein Vertreter der damals als «konservative Chirurgie» bezeichneten zurückhaltenden Richtung in der Zivilchirurgie gewesen sein. Wie ein Zeitgenosse berichtet, soll er zuweilen die Messer fortgeworfen haben, weil sie vergiftet seien[6]. Als Kochers internistischer Lehrer zum Sommersemester 1865 nach Zürich berufen wurde, wechselte auch sein Schüler die Universität. In Zürich bekleidete er unter ihm wiederum eine der den vorgerückten Studenten offenstehenden Assistentenstellen.

Noch in Bern hatte er von Biermer Thema und Unterlagen für eine Dissertation erhalten. Er sollte sechzig Krankengeschichten über Pneumonien, die eben mit dem fiebersenkenden Alkaloid Veratrin behandelt worden waren, auswerten. Gleich auf der ersten Seite der Doktorarbeit lernen wir nun den jungen Autor als Mann der Tat kennen:

> «Nicht jedem Arzt ist die rein objektive Beobachtungsgabe Jener gegeben», heißt es da, «welche ruhig ihre 10% Pneumoniker zu Grunde gehen sehen, weil sie glauben, es liege in der Natur der Krankheit, ihre bestimmte Zahl von Opfern zu haben.» Und weiter lesen wir, daß zwischen der als «Ideal der praktischen Medizin» bezeichneten «prophylaktischen Therapie ... [sic!] und der rein expectativen ... noch ein Mittelding ... bei weitem den Vorzug vor letzterer hat, [nämlich] die abortive Therapie, wenn man sie so nennen will.»

Ja, er schrieb sogar von einer ethischen «Unberechtigtheit der prinzipiell expectativen Behandlung[7].»

Trotz dieser dezidierten Sprache mag es ihm ergangen sein wie manchem unerfahrenen Forscher vor und nach ihm. Er fand zwar das erwartete - positive - Ergebnis, aber es stand kaum so eindeutig fest, wie er es sich wohl in jugendlich-ausschließlichem Denken gewünscht hätte. Waren die Abläufe bei inneren Krankheiten nicht zu oft schwer objektiv nachvollziehbar? Konnte der Grundpfeiler seiner Medizin – der pathologisch-anatomische Befund – nicht erst nach dem Tode erhoben werden? Ob sich Kocher solche Fragen bewußt gestellt hat, wissen wir nicht. Sie würden jedenfalls erklären helfen, weshalb er sich in der Folge von der inneren Medizin abwandte. Ein vordergründiges Motiv lag wohl darin,

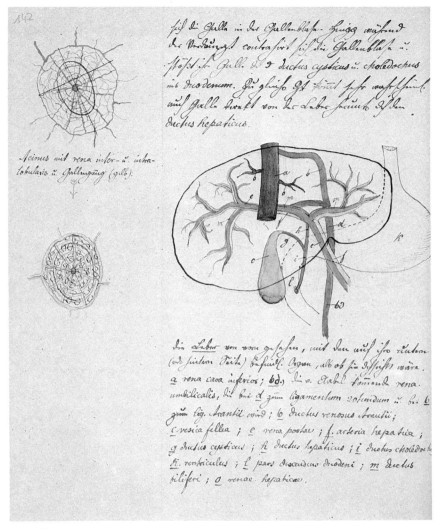

Abb. 2
Handzeichnung des Studenten Theodor Kocher aus einem Kollegheft über spezielle Anatomie (1860)

daß wegen der Fertigstellung der Dissertation mit seinem internistischen Lehrer Schwierigkeiten entstanden. Biermer hatte die Überprüfung der Kocherschen Resultate durch weitere Fälle versprochen, fand aber in Zürich nicht gleich die nötige Zeit. Das irritierte offenbar den unbedingt weiterwollenden Schüler. In gewissem Widerspruch zum eigenen raschen Vorwärtsstreben kritisierte dieser aber seinen Chef noch in einem wesentlicheren Punkt – und auf bemerkenswerte Art:

«Biermer ist eben viel zu ängstlich besorgt um die Gunst und den Beifall der Menschen, als daß er mit ächter Ausdauer einen Gegenstand verfolgen könnte, der in jener Hinsicht nicht sofort seinen Lohn abwirft[8].»

Nach Kochers ersten ärztlich-akademischen Erfahrungen in der inneren Medizin sprach somit einiges dafür, daß er sich noch anderswo nach Tätigkeitsfeldern und persönlichen Vorbildern umsah.

Da bot sich nun aus verschiedenen Gründen die Chirurgie an. Hier griff der Arzt, im Gegensatz zum unsichtbar wirkenden Medikament, unter Augenkontrolle in einen Krankheitsprozeß ein. Dessen Ablauf schien, zumal bei Unfällen und Verletzungen, die für die Chirurgie im Vordergrund standen, einfacher verfolgbar, ja sogar experimentell hervorrufbar. Die Anwendung der Chirurgie ergab sich eigentlich auch aus der vorherrschenden medizinischen Theorie, der Zellularpathologie. In den letzten hundert Jahren hatte sich der Zug verstärkt, Krankheiten in Geweben zu lokalisieren, anstatt ihre Ursache in veränderten Säftezusammensetzungen zu suchen. Nun hatte der deutsche Pathologe Rudolf Virchow (1821–1902) 1858 auf die Zellen als ihren letzten Sitz hingewiesen und damit die lokalistische Pathologie fest etabliert[9]. War mit der chirurgischen Entfernung krankhaft veränderter Zellen ein Übel nicht dauernd zu heilen? Erlaubte die Prüfung von operativ entnommenem Gewebe unter dem Mikroskop dem Chirurgen nicht, seine Diagnose auch von traditionell inneren Leiden schon *intra vitam* zu bestätigen und eine sicherere Prognose als je zu stellen? Und erleichterte die seit der Jahrhundertmitte eingeführte Allgemeinnarkose die operativen Eingriffe nicht ungemein?

Solche Gedankengänge lagen gewiß in der Luft, und aufgeweckte Studenten sind erfahrungsgemäß dafür empfänglich. Aber gewichtige Hindernisse standen dieser vielversprechenden Entwicklung im Wege, allen voran die häufigen Wundinfektionen und Blutungen, die oft schlechte Operationsresultate, ja Todesfälle bedingten. Indessen, solche Mißerfolge waren direkt ersichtlich und erklärbar. Die Angst davor hielt zwar die meisten Chirurgen davon ab, bei nicht unmittelbar lebensbedrohlichen Zuständen zu operieren, eine Zurückhaltung, die sie eben als «konservative Chirurgie» bezeichneten[10]. Doch errangen andere mit Mut, Beständigkeit und kritischer Auswertung der dabei gemachten Erfahrungen mitunter schon nach 1860 erstaunliche Erfolge. So traf es sich, daß einer der hervorragendsten Vertreter dieser «radikaleren» Richtung, der Engländer Thomas Spencer Wells (1818–1897), gerade während des Sommersemesters 1865 erstmals in Zürich als Gast Theodor Billroths (1829–1894) operierte. Und dieser auch persönlich einnehmende Deutsche, der von 1860 bis 1867 den dortigen Lehrstuhl für Chirurgie innehielt, vertrat seinerseits die drei erwähnten Prinzipien der aktiveren Chirurgie. Kocher erlebte den anregenden Billroth in kleinem Kreis (s. S. 20) und besuchte wohl auch dessen Vorlesungen. Sind diese allgemeinen und speziellen Umstände, neben den angeführten persönlichen Motiven, nicht Grund genug für einen jungen therapeutischen Aktivisten, sich ernsthaft für die Chirurgie zu interessieren?

Gleich nachdem er Ende Oktober 1865 sein Staatsexamen in Bern glänzend bestanden hatte, brach Kocher also zum Besuch chirurgischer Kliniken ins Ausland auf. Wie schon bei seiner Wahl zum Studenten-Assistenten an das Berner Kinderspital, so mögen ihm auch jetzt die innigen Beziehungen seiner Mutter zur Herrnhuter Brüdergemeinde finanzielle Erleichterungen verschafft haben[11]. So konnte ein längerer Aufenthalt ins Auge gefaßt werden. Das erste Ziel war Berlin. Beeindruckt von der Arbeit Bernhard von Langenbecks (1810–1887) an der Charité, meldete sich der frisch diplomierte, noch nicht zum Doktor promovierte Zuhörer nach zwei Monaten für eine Stelle bei diesem Altmeister der deutschen Chirurgie. Er mußte aber einsehen, daß für einen Ausländer nur geringe Aussicht auf eine bezahlte Staatsstelle bestand. Ähnlich erging es ihm beim berühmten Pathologen Virchow. So blieb er als Volontär noch einige Monate in der deutschen Hauptstadt. Bezeichnenderweise für die theoretische Grundlage der damaligen Chirurgie verbrachte er sie auf Rat Langenbecks zum Teil in Virchows Laboratorium. Die in Abb. 3 wiedergegebene Aufnahme ist während dieser Zeit entstanden.

Im April 1866 fuhr Kocher dann nach London weiter. Hier folgte er den Operationen jener Chirurgen, die sich durch ihre Sorge um Sauberkeit auszeichneten. Die englische Hauptstadt war aber nicht nur in dieser Hinsicht der Welt fortschrittlichstes Zentrum für Chirurgie[12]. Unter heftigen Kontroversen war beispielsweise ein Spencer Wells dabei, den Wert der sogenannten Ovariotomie, d.h. der in Europa in Mißkredit geratenen vollständigen Exstirpation einer zystischen Ovarialgeschwulst, glaubhaft zu machen. Dieser «radikale» Eingriff sollte die recht risikobehaftete und vor den Komplikationen der Geschwulst kaum schützende Punktion ersetzen, welche die «konservativen» Chirurgen befürworteten. Dazu befolgte er einen bestimmten Plan. Zuerst hatte er eine Operationsmethode, eingeschlossen die Naht des vorher kaum je eröffneten Peritoneums, erfolgreich am Tier ausgearbeitet. Dann war er seit 1860 dazu übergegangen, beim Operieren mit frischem Wasser nicht zu sparen, viele frische Tücher zu benützen, Metallfaden zu verwenden und nur solche Zuschauer zuzulassen, die schriftlich erklärten, während der letzten sieben Tage in keinem Autopsieraum gewesen zu sein. Er operierte also möglichst sauber, sozusagen auf empirische Art aseptisch. Unbewußt ahmte er dabei Ignaz Semmelweis (1818–1865) nach, den ungarischen Pionier der Sauberkeit in der Geburtshilfe. Die Gefahr der Wundinfektion war damit geringer als beim anderswo üblichen, vergleichsweise schmutzigen Vorgehen. Im August 1864 mag Wells denn auch der erste Arzt gewesen sein, der in einem Vortrag klar zu verstehen gab, daß der im

Abb. 3
Brustbild des jungen Arztes Theodor Kocher aus seiner Berliner Zeit (1865/66)

April gleichen Jahres von Louis Pasteur (1822–1895) veröffentlichte Nachweis der mikrobiellen Weingärung und ihrer Verhinderung in abgewandelter Form für die Chirurgie bedeutungsvoll werden könnte[13]. Schließlich überzeugte Wells noch durch eine nach einheitlichem Schema gesammelte Statistik. Sie erschloß die kleinsten Details aller seiner 114 ersten Fälle – und erschien gerade einige Monate vor Kochers Ankunft als Buch[14].

Ein glücklicher Umstand erlaubte es nun dem jungen Schweizer, dem angesehenen Engländer näherzutreten. Es sei dies, schrieb Kocher am 25. Mai 1866 seiner Mutter, weil er gerade in Zürich gewesen sei, als Wells in der Billrothschen Klinik die erste in der Schweiz ausgeführte Ovariotomie gemacht hätte. Zufälligerweise war Kocher nämlich in der Lage, Wells über diese Patientin zu berichten: Sein Vater hatte ihm in dieser Absicht mitgeteilt, er hätte sie in bestem Zustand angetroffen. «So greift alles ineinander», fuhr Kocher weiter, «und des Segens und der Gnade von unserem Herrn und Heiland ist kein Ende. Lob und Dank sei ihm dafür.» Als der junge Besucher dann einmal von der Chirurgenfamilie zum Abendessen und nachher zu einer Vorstellung ins Italienische Opernhaus eingeladen wurde, war das Wichtigste, was er neben der Schilderung der Abendtoiletten nach Hause berichtete, daß ihm sein Gastgeber die Photographien aller seiner über 120 erfolgreich operierten Patientinnen gezeigt hätte[15].

Man liest in diesem Brief weiter, wie begeistert Kocher sich für die Chirurgie entschieden hatte. Schon begann er «unter Anleitung der Fachkundigen» mit dem Einkauf von Instrumenten und Fachliteratur und verglich die Methoden und Eigenschaften älterer Londoner Operateure wie Isaac Baker Brown* (1812–1873), John. E. Erichsen (1818–1896), William Fergusson (1808–1877), Jonathan Hutchinson (1828–1913) und James Paget (1814–1899). Vor allem aber fand er, daß Spencer Wells ihm den Langenbeck in London ersetzte. Er hob noch dessen energische Kaltblütigkeit hervor, die man daran sehen könne,

«daß – wie er mir erzählt – im Anfang seiner Praxis auf diesem Gebiet ihm 5 Frauen hintereinander starben & trotzdem operirte er weiter & von 21 Fällen hernach hatte er keinen einzigen Todesfall. Mit solcher Beharrlichkeit kann man schon etwas ausrichten»,

bemerkte Kocher anerkennend[16] und zeigte damit, daß ihn das Wesen eines Wells mehr anzog als das ihm gegensätzlich scheinende eines Biermer.

Der angehende Chirurg muß sich in London neben der Sauberkeit noch mit einer weiteren wichtigen Voraussetzung zum Aufschwung seines Faches auseinandergesetzt haben, nämlich mit der Beherrschung der Operationsblutungen. Neue Methoden dazu, wie die sogenannte Akupressur (Gefäßnadelung) und Torsion (Gefäßverdrehung), wurden eben von englischen Chirurgen experimentell erforscht und heftig, ja polemisch diskutiert. Spencer Wells etwa redete ihnen entschieden das Wort gegenüber der traditionellen Gefäßunterbindung (Ligatur): Sie erlaubten eine Blutstillung, ohne nekrotisch geschädigte Gefäßwände zu hinterlassen, womit sich die Nachblutungsgefahr verringerte[17].

Als Kocher im Juli 1866 auf seiner Rückreise in die Schweiz in Paris

---

* Nächst Spencer Wells der tätigste Ovariotomist in England.

halt machte, gab es dort für ihn wohl wenig Besseres zu sehen als in London. Zu dieser Ansicht kam jedenfalls ein paar Jahre später auch sein Genfer Altersgenosse Jaques-Louis Reverdin (1842–1929), der in Paris studiert hatte – nicht zuletzt wegen seines Eindrucks von Spencer Wells.

> «Er macht nicht soviel Umstände wie etwa unsere Chirurgen in Paris», schrieb Reverdin 1872 über den Engländer. «Ich habe [bei ihm] nicht nur Operationen gesehen, sondern auch geheilte Kranke, was mehr wert ist und was mir vorher in Paris verwehrt worden war[18].»

Wahrlich, die Sterblichkeit nach größeren Amputationen lag in Paris damals um 80%, währenddem für die gefährlichere intraabdominelle Ovariotomie Spencer Wells eine solche von 34% angab. Erklärt etwa die Gelegenheit zum Vergleich der in Paris praktizierten «schmutzigen» Chirurgie mit den relativ sauberen Prozeduren Spencer Wells[19], weshalb Kocher in der Folge nicht zögerte, die aus Britannien stammende, gegen das Wundfieber wirksame Karbolbehandlung, die Listersche Antisepsis, anzuwenden (s. S. 27)[20]? Eine Ausnahme stellte in Paris Auguste Nélaton (1807–1873) dar, der ebenfalls nach einer Reise zu Spencer Wells seit 1862 in Frankreich erfolgreich zu ovariotomieren begann[21].

So eröffneten alle mit der Ovariotomie erlebten Kontroversen Kocher einen ganzen Fächer von Forschungsgebieten und -methoden. Sie zeigten ihm klar, wie die Einführung einer neuen Operation auf experimenteller und klinischer Forschung beruhen mußte. Wir gehen kaum fehl, wenn wir seine zeitlebens andauernde Vorliebe für England[22] auf diese frühen Erfahrungen zurückführen; denn, wie wir noch sehen werden, haben die sechs Wochen in London Entwicklungsmöglichkeit und Entwicklungsrichtung der Kocherschen Chirurgie mindestens ebenso geprägt wie der seither oft betonte sechsmonatige Aufenthalt in Berlin.

Die kurze Schilderung dieser Reise zeigt ferner einige für seine zukünftige Laufbahn ausschlaggebende Eigenschaften von Kochers Naturell: die schnelle und eigenwillige Aufarbeitung eines großen Wissensgebietes mit fast instinktiver Erfassung des Wesentlichen, Entschlossenheit, Flair für persönliche Beziehungen, Internationalität und Reisen, unterstützt von ausgesprochenem Sprachtalent. In einem Jahr hatte der angehende Chirurg bereits die führenden Männer seines Fachs in der Schweiz und in Europas Hauptstädten aus der Nähe kennengelernt – und sie ihn: Billroth in Zürich, Langenbeck – und Virchow – in Berlin, Spencer Wells und andere in London. Dazu kam, vielleicht als Kontrast, das Erlebnis der Verhältnisse in Paris. Die gewisse Selbstsicherheit, mit der er zu Werke ging, mag teilweise Kochers religiösen Überzeugungen zugeschrieben werden. So war er etwa geneigt, die ihm in London widerfahrene «Ehre und Gunst» als Gottes «Gnadengeschenk für ... [seiner Mutter] christliches Leben» anzusehen[23]. Die strenge Frömmigkeit der Mutter in der Herrnhuter Brüdergemeinde färbte zeitlebens in verschiedener Weise auf den Sohn ab[24].

Nach seiner Rückkehr in die Heimat wurde der inzwischen Promovierte im Oktober 1866 Privatdozent für Chirurgie. Das war nichts Besonderes; denn das alte Universitätsgesetz berechtigte einen Bernischen *doctor medicinae* zu solcher Unterrichtstätigkeit. Es lagen außer seiner Doktorarbeit auch noch keine Publikationen vor. Am 1. Dezember desselben Jahres erhielt Kocher die einzige Assistentenstelle beim Langenbeck-Schüler Georg Albert Lücke (1829–1894), der nun den chirurgischen Lehrstuhl in Bern innehatte. Er versah sie nicht ganz drei Jahre. Nach seiner Verheiratung im September 1869 nahm er aus finanziellen Gründen eine privatärztliche Tätigkeit in der Stadt Bern auf. Er bekundete allerdings seine schon in Berlin klar geäußerten akademischen Aspirationen weiter mit einer – bezahlten – Lehrtätigkeit, mit aus eigenem Antrieb unternommener Forschungsarbeit, regelmäßigen Veröffentlichungen sowie mit Vorträgen und Vorstandsarbeit in medizinischen Vereinen[25].

Anmerkungen

1 Eulner 1970, S. 90; Schiller 1968.
2 Aeby 1868/71; Mayer 1885.
3 Hintzsche 1953, S. 76; s.a. Hintzsche 1976.
4 Sommer 1978, S. 28.
5 Rageth 1964.
6 Hintzsche 1954, S. 402–403.
7 K. 1866, S. V.
8 KM. undatiert, wahrscheinlich Brief an seine Eltern, undat. zit. bei Bonjour 1981, S. 20.
9 Ackerknecht 1953, S. 43–59; Rather 1971. Viele Historiker haben auf den Zusammenhang zwischen Zellularpathologie und Chirurgie hingewiesen; s. eine Zusammenfassung der Literatur dazu bei English 1980, S. 40, Fn. 16.
10 English, op. cit., S. 20–21, 25–26, 29.
11 Sommer 1982; Bonjour, op. cit., Anm. 8, S. 20.
12 Es hatte sich dort eine «Sauberkeits- und kaltes-Wasser-Schule» herangebildet. S. Cartwright 1967, S. 4–9, 49, 56f., 193, sowie Cartwright 1968, S. 85–88.
13 Tauffer 1901, S. 37–38, 40–43, 53; Shepherd 1965, S. 63, 67, 76f., 102, 194.
14 Das Schema wurde 1865 als «Notebook» veröffentlicht (Spencer Wells 1865a). Es war auch in seinem ersten großen Lehrbuch enthalten (Spencer Wells 1865b, S. 365f.). Als unabhängige Veröffentlichung war es 1878 in seiner 6. Auflage, als es ins Deutsche übersetzt wurde: *Notizbuch* ... Leipzig, Breitkopf und Härtel 1878.
15 KM. 1866; s.a. Doran 1882.
16 KM. 1866; KM. undatiert (1866–1875).
17 *Brit. Med. J.* ii: 570, 595 (1865); i: 32–33 (1866) und die folgenden Jahre unter «acupressure»; s.a. die experimentellen Arbeiten der Chirurgen Simpson und Lawson Tait betreffend das Nichtauftreten von Intimaläsionen nach Akupressur, deren Ergebnissen von deutschen Forschern widersprochen wurde (K. 1869, S. 679f.); s.a. Shepherd, op. cit., Anm. 13, S. 65, 74, 75.
18 «Il ne fait pas tant de façons par exemple que nos chirurgiens de Paris; je n'ai pas vu seulement des opérations, mais aussi des malades guéris, ce qui est mieux et ce qui

jusqu'ici m'avait été refusé à Paris.» Brief J. L. Reverdin an seine Eltern, London, 29. April 1872 (zit. bei Reverdin 1971, S. 63). Zum gleichen Urteil war 1863 A. Courty aus Montepellier gekommen (Courty 1862, S. 8, 12).

19 Courty, ibid.; Bergues 1957; Cartwright 1967, S. 4–9; s.a. Ackerknecht 1957.
20 s.a. Gilder 1972.
21 Olshausen 1886, S. 239; Wangensteen and Wangensteen 1978, S. 313–314.
22 Bonjour, op. cit., Anm. 8, S. 50.
23 KM. 1866.
24 s. hierzu Bonjour, op. cit., Anm. 8, S. 95–102.
25 So wurde Kocher am 11. Februar 1871 in den Vorstand der Medizinisch-chirurgischen Gesellschaft des Kantons Bern gewählt und am 11. März 1873 zum Präsidenten des Medizinisch-pharmazeutischen Bezirksvereins des Bernischen Mittellandes bestellt, dessen Vorstand er ebenfalls seit einigen Jahren angehört hatte, s. *Correspbl. Schweiz. Ärzte* 1: 69 (1871), und 3: 160 (1873).

3
Auf der Suche nach akademischer Anerkennung

Blutgerinnung

Unter Kochers ersten Veröffentlichungen finden sich neben den üblichen kasuistischen Mitteilungen[1] zwei Originalarbeiten, die in unmittelbarem Zusammenhang mit seinem Londoner Aufenthalt stehen. Die eine betrifft die Statistik der Ovariotomie. Sie soll im Kapitel 7 bei der statistisch-evaluativen Forschung behandelt werden. Der andere Artikel befaßt sich mit den Gewebsvorgängen nach verschiedenen Maßnahmen zur chirurgischen Blutstillung. Auf sie wollen wir hier eingehen.

Was lag in der Tat näher für den sich auf die akademische Laufbahn vorbereitenden Arzt, als die in Berlin bei Virchow vertiefte pathologisch-anatomische Forschungsmethode auf ein sich ihm in London offenbartes Problem von allgemein chirurgischem Interesse anzuwenden? So verglich Kocher 1869 die Gewebsveränderungen nach Anwendung der neuen Techniken der Akupressur (1862) und Torsion (1868) mit denjenigen nach der traditionellen Ligatur. Die Versuchsanordnung ging auf den britischen Chirurgen J. F. D. Jones zurück, der damit um 1800 der damals fast hundertjährigen Thromboseforschung eine neue Dimension eröffnet hatte. Wie Kocher beschreibt, hatte Jones große Arterien von Hunden und Katzen ganz oder teilweise durchtrennt, dann die Tiere entweder ausbluten lassen oder den Todeseintritt durch eine Hautnaht verzögert. Nachher hatte er das betreffende Gefäß und die umliegenden Gewebe makroskopisch untersucht und dabei gefunden, daß das Blutkoagulum nur an den Rißstellen der innersten Gefäßwandschicht, der Intima, festhing.

Kocher paßte nun diese Technik seiner Zeit an. Unter anderem untersuchte er die Gefäße zusätzlich mit dem Mikroskop. Nach der Öffnung der Arterie führte er die Blutstillung mittels der zu prüfenden drei Methoden herbei, und zwar für Intervalle von ein paar Sekunden bis zu einigen Wochen. Einige Präparate stammten daher auch von mit Ligaturen oder Akupressur behandelten und später verstorbenen Patienten. Diese Abwandlung der Versuchsbedingungen gestattete Kocher die Erfassung der Vorgänge in präzis bestimmter Zeitabhängigkeit. Die dadurch gegebene funktionelle Deutung brachte Klarheit in ein von der Literatur her verworren scheinendes Gebiet: In der resultierenden Arbeit, betitelt «Über die feineren Vorgänge bei der Blutstillung durch Acupressur, Ligatur und Torsion» (1869), erkannte Kocher richtigerweise die Rolle, die sowohl der arteriellen Intimaläsion als auch der Stasis des Blutstroms bei der schnellen Phase der Blutgerinnung zukommt. Er wies damit den alten, die ausschließliche Wichtigkeit eines dieser Faktoren befürwortenden Hypothesen[2] den richtigen Platz zu. Ferner zeigte er, daß der dauernde Verschluß eines Blutgefäßes nach Unterbindung, Nadelung oder Verdrehung vor allem auf der Gerinnung des Blutes im Innern beruht und nicht auf dem äußerlich bewirkten Abschluß.

«So sind wir denn durch unsere Untersuchungen dahin geführt, die alte Petit'sche Lehre* wieder in ihre Rechte einzusetzen, wonach das innere Coagulum den Hauptfactor der definitiven Blutstillung darstellt»,

bemerkte er abschließend. Ein schönes Beispiel für die Periodizität gewisser Vorstellungen in der Medizin einerseits, dem Wandel der Begründung andererseits.

Nicht nur im fachlichen, auch im persönlichen Bereich stand diese Arbeit im Zusammenhang mit Kochers Bildungsreise. Er unternahm sie nämlich in seiner Freizeit im Laboratorium von Edwin Klebs, den er bei Virchow in Berlin getroffen hatte und der mittlerweile 1866 Berns erster Professor für pathologische Anatomie geworden war. Sein Institut lag im Gebäude der Staatsapotheke, gegenüber dem Inselspital, ein Stockwerk höher als die Privatabteilung der Universitätskliniken[4].

Wie erwähnt fiel Kochers Arbeit in eine Zeit, in der einige Chirurgen begannen, der minuziösen Blutstillung erhöhte Bedeutung zuzumessen, neue Methoden dafür zu suchen und sich um den grundlegenden physiologischen Mechanismus zu interessieren. Es ist die Zeit der Entwicklung der Arterienklemme[5]. Auch Billroth hatte die Wichtigkeit der Blutstillung 1863 in seinem *Lehrbuch der allgemeinen chirurgischen Pathologie und Therapie* betont und dafür die Akupressur empfohlen[6]. Diese Empfehlung beruhte allerdings nur auf klinischer Erfahrung, wie sein ehemaliger Berner Student einschränkend bemerkte. Kochers experimentelle Ergebnisse bestätigten im übrigen die Virchow-Billrothsche Anschauung von der rein intravaskulär, d.h. ohne Mitwirkung der Gefäßwand, zustande kommenden Organisation des Thrombus, welche nicht unangefochten geblieben war. Und nach den oben angeführten Londoner Diskussionen erfahren wir nicht ohne Interesse, daß der junge Forscher mit seiner experimentellen Arbeit den klinischen Erhebungen eines speziellen Komitees der *Clinical Society of London* zuvorkam, das seinen Bericht erst 1870 veröffentlichte[7].

---

* Jean-Louis Petit (1674–1760), Gründungsmitglied und späterer Direktor der *Académie Royale de Chirurgie* in Paris, hatte seine diesbezüglichen Beobachtungen und Leichenversuche in den Jahren 1731 und 1732 angestellt[3].

Betrachten wir nun die Schlußfolgerungen für die Praxis, die Kocher sogleich aus seinen Laboratoriumsversuchen zog. Wie Billroth sagte er voraus, die Akupressur würde die Ligatur bald aus ihrer alten Position verdrängen. Er zog sie auch dem kürzlich empfohlenen *compressor arteriae* vor, eben der Arterienklemme, und zwar wegen des – rein hypothetischen – Wegfalls der Intimaläsion bei deren Anwendung und der Größe dieses neuen Instrumentes. Allerdings entwickelte auch er, wie manch ein Chirurg, in der Folge bald ein frühes Billrothsches Modell zu einer eigenen handlichen Arterienklemme weiter; denn der praktische Vorteil dieser Methode lag doch zu offensichtlich auf der Hand. Wegen ihrer «Rattenzahnspitzen» rasch bei vielen Zeitgenossen beliebt, wird die Kocher-Klemme (s. Umschlagvorderseite) heute allgemein gebraucht[8]. Bezeichnenderweise ließ ihr Urheber im nachhinein seine ersten Grundlagen-Experimente von 1869 durch eine Studentin auf diese im Gegensatz zur Akupressur nun «Forcipressur» genannte Blutstillungsmethode ausdehnen[9].

Überhaupt blieb sein Interesse an der Physiologie der Blutgerinnung und an der chirurgischen Blutstillung zeitlebens bestehen, wie spätere von ihm angeregte Forschungen belegen. So entwickelte 1912 sein Oberarzt Anton Fonio (1881–1968) mit dem Blutplättchenpräparat «Koagulen» ein Medikament zur Beherrschung diffuser, schwer lokalisierbarer Blutungen[10]. Ferner arbeitete ein paar Jahre vorher der Berner Privatdozent Kurt Kottmann (1877–1952) eine In-vitro-Messung der Blutgerinnungsgeschwindigkeit aus, der Kocher große Bedeutung bei seiner funktionellen Schilddrüsendiagnose beimaß (s. S. 144).

Eine besondere Form der Blutstillung stellt bei Verletzungen größerer Blutgefäße die Gefäßnaht dar. Im Gegensatz zur Unterbindung ist sie ein konservierendes Verfahren. Seit den 1880er Jahren versuchten sich einige Pioniere mit sehr wechselhaftem Erfolg darin. 1902 und 1907 erschienen die zwei ersten experimentellen Arbeiten des in den Vereinigten Staaten tätigen Franzosen Alexis Carrel auf diesem Gebiet. Bald wurden Carrels Arbeiten auch klinisch anerkannt; 1912 erhielt er für sein gefäßchirurgisches Werk einen Nobelpreis[11]. Kocher nahm 1902 die Gefäßnaht erstmals als «neueste Errungenschaft» in die *Operationslehre* auf und erwähnte, sie schon an Halsvenen mit Glück angewendet zu haben[12]. Wer aber würde erwarten, daß er schon 1903 ebenfalls Tierversuche zur zirkulären Arteriennaht veröffentlichen ließ[13]? Sie waren allerdings nur teilweise erfolgreich verlaufen. Den Grund der Mißerfolge bildete der Verschluß des Gefäßlumens durch Thromben. Die nächste Auflage der *Operationslehre* enthielt 1907 bereits die neuesten Skizzen von Carrels spezieller End-zu-End-Naht, die eine Stenose der genähten Arterien und Venen verhütete. Sie waren Kocher durch persönliche Beziehungen aus Amerika zugekommen[14]. Daß der Schweizer mit dem wissenschaftlich fundierten Ersatz des Catguts durch Seide, die wegen ihrer Feinheit für solche delikate Arbeiten allein taugte, eine Voraussetzung für dieses hochpräzise Werk geschaffen hat, sei hier erstmals als Hinweis vermerkt (s. S. 40).

Doch nun zurück ins Jahr 1869! Mit seiner Blutstillungsarbeit nahm der junge Einzelforscher Stellung zu einem aktuellen und umstrittenen Problem und legte seine Überzeugung von der Notwendigkeit experimenteller Erhärtung empirischer Funde dar. Der von ihm erstrebte akademische Erfolg blieb ihm in der Tat nicht versagt: Drei Jahre später wurde der 31jährige zum Professor für Chirurgie in Bern gewählt. Sein Alter war dabei für jene Zeit weniger bemerkenswert* als die Tatsache, daß mit ihm zum ersten Mal ein Schweizer in Bern diese Stelle erhielt. Er betrachtete dies als eine «Erhöhung durch Gott auf den Ehrenposten», und später schrieb er an seine Frau: «Meine Ansprüche an die Stelle bestanden mehr darin, daß ich zu guten Hoffnungen berechtigte, als daß ich gerade viel geleistet hätte[15].»

Gemessen an dem, was er noch leisten würde, mochte dies zutreffen. Und immerhin waren zwei ausländische Sachverständige schon vorher zu ähnlich formulierten Schlußfolgerungen gelangt, nämlich Langenbeck in Berlin und Billroth, der nun den Lehrstuhl in Wien innehatte. Ihr Urteil spielte bei dieser Wahl wohl eine gewichtige Rolle[16]. Billroths Empfehlungsschreiben an die bernische Regierung ist besonders interessant, weil er seine Stellung in Berufungsfragen nicht mißbraucht zu haben scheint[17]. Seine Begutachtung Kochers war denn auch nüchtern. Sie gründete einmal auf einem persönlich gewonnenen Eindruck während Kochers Zürcher Semester von 1865: Ein «medizinischer Klub» hatte sich in jenem Sommer auf Anregung Billroths gebildet, dem sowohl Studenten – als Vortragende – als auch Professoren – als Kritiker und Verantwortliche für den gemütlichen zweiten Teil – angehörten. Kocher hatte an der dritten Sitzung dieser Vereinigung im Juni 1865 im Zusammenhang mit seiner Dissertation über neueste Fiebertheorien gesprochen, und Billroth improvisierte nachher am Klavier...[18]. Billroth schrieb dann im Frühjahr 1872 im erwähnten Gutachten, er hätte Kocher zwar nie operieren sehen, ließ jedoch keinen Zweifel offen, daß er seine Veröffentlichungen und den dahintersteckenden Forschergeist hoch einschätzte. Er habe ihn deswegen bereits als einen Mitarbeiter des von ihm und Franz von Pitha (1810–1875) herausgegebenen *Handbuches der allgemeinen und speciellen Chirurgie* ausgewählt[19].

Neben der Blutstillungsarbeit hatte bestimmt noch ein weiterer Originalbeitrag Kochers einen günstigen Eindruck auf Billroth gemacht, nämlich seine bestechend einfache Methode zur Reduktion der frischen

---

* In der Schweiz wurden um diese Zeit seine Fachgenossen August Socin (1837–1899) in Basel mit 27 und Rudolf Ulrich Krönlein (1847–1910) in Zürich mit 34 Jahren Professoren für Chirurgie und Klinikdirektoren, sein Kollege Hermann Sahli (1856–1933) in Bern mit 32 Jahren Chef der inneren Medizin.

Schulterluxation (1870) – ein Ergebnis seines anatomisch-funktionellen Verständnisses[20].

Mechanische Pathophysiologie

Früher herrschte die Neigung vor, die Behandlung der Luxationen – und Frakturen – von den Ergebnissen der Krankenbefragung abhängig zu machen, indem man von der Vorstellung ausging, daß eine Verrenkung am besten auf dem umgekehrten Weg, wie sie entstanden, eingerichtet werden könne. Damit war der Arzt aber vielen Zufälligkeiten ausgeliefert, da es wohl nur schwer gelang, aus den Angaben der von Schmerz und Schreck halbbetäubten Patienten den Unfallhergang zu rekonstruieren. So sah man seit einiger Zeit ein, daß eine genaue Kenntnis der anatomischen Verhältnisse der vorliegenden Luxation in jedem Fall die Richtschnur für das therapeutische Handeln bilden müsse[21].

Zum Studium sowohl der Anatomie wie der Einrenkungsmethoden boten sich traditionsgemäß Leichenexperimente an. So nahm von Pitha im vorgenannten, von ihm und Billroth herausgebrachten *Handbuch* eine aus solchen Versuchen hervorgegangene Methode der Einrichtung der vorderen (präglenoidalen) Schultergelenksluxation auf, die Albert Schinzinger (1827–1911) 1862 in der *Prager Vierteljahresschrift* veröffentlicht hatte. Sie bestand aus zwei Handgriffen: Adduktion gefolgt von Außenrotation des in der Ellenbeuge abgewinkelten Armes. Diese Methode bildete nun Kocher weiter aus: Bei seinem wiederholt beschriebenen Besuch in Wien, der sich aber nicht belegen läßt, soll er im Jahre 1870 zum Erstaunen des vorher erfolglosen Billroth und der Studenten einen frisch verrenkten Oberarmknochen mit den *drei* Handgriffen seiner Methode reponiert haben[22]. Diese Anekdote entspricht kaum einer wahren Begebenheit. Kocher weilte nämlich erstmals auf seiner Hochzeitsreise, also wohl 1869, und dann erst 1883 wieder in Wien[23]. In seinem Tätigkeitsbericht erwähnt Lücke, Kocher habe sein Vorgehen am 4. Dezember 1869 vor dem Kantonalverein bernischer Ärzte vorerst an der Leiche vorgeführt, wonach es sich am Lebenden bewährt habe[24]. Die angebliche Wiener Episode bringt uns aber doch auf das Wesentliche an den drei Handgriffen:

> «Wenn auch beide [d.h. die Schinzingersche und Kochersche] Methoden in ihrer practischen Ausführung wenig voneinander abweichen, und das Kochersche Verfahren nur *ein* neues Element, die Elevation, zum Schinzingerschen hinzufügt», wie eine Doktorandin Kochers Jahrzehnte später erläuterte, «so steht doch Kocher in der Auffassung und Begründung seiner Methode auf einem durchaus neuen und originellen Standpunkt[25].»

Seine Versuche hatten ihm den klinischen Eindruck bestätigt, wonach nicht die Muskelspannung, sondern die Bänder – insbesondere das *liga-*

mentum coraco-humerale – das Haupthindernis bei der Wiedereinrichtung der Schulter bildete, ein Hindernis, das meist ohne Narkose und von einer Person mit seinen drei Handgriffen überwunden werden konnte (Abb. 4a und b). Tatsächlich machten sie ihren Autor rasch international bekannt. Nachdem er sie 1881 am Internationalen Medizinischen Kongreß in London demonstriert hatte[26], wurde sein Verfahren im gleichen Jahr ins Spanische übersetzt, und es ist nunmehr klassisch geworden[27].

Setzte sich die Kochersche Methode in der Praxis wohl durch, so blieben Zweifel an ihrer theoretischen Begründung bestehen. Noch im Jahr 1906 leitete Kocher die eben zitierte Doktorandin zu Leichenversuchen an, die der Widerlegung der gegen seine Befunde «von verschiedener Seite ... erhobenen Einwände» dienen sollten[28]. Weiter benützte er solche Versuche zur Erforschung des Mechanismus der Luxationen an Hüfte und Daumen[29]. Wie früher der berühmte Guillaume Dupuytren (1777–1835) und seine Schüler in Paris[30] wandte sie Kocher ferner zum experimentellen Studium des Hergangs von Oberarm-, Brustbein- und Schenkelhalsbrüchen an[31]. Da ihm die Praxis recht gegeben hatte, tat er dies trotz des Vorbehalts, daß Leichenversuche über die Frage der Muskelspannung nicht unbedingt Aufschluß geben könnten und deswegen nur das Tierexperiment zur Aufklärung der Genese von Frakturen zu befürworten sei. Zusammen mit intraoperativ erhärteten Diagnosen bildeten solche Arbeiten die Grundlage zu einer Einteilung der Frakturformen, die Kocher 1896 als Monographie in deutscher, 1904 in französischer Sprache herausgab[32]. Die sich seit 1896 überraschend entwickelnde Röntgendiagnostik unberücksichtigt lassend, kam diese Arbeit nun etwas spät. Sie zeugt nicht minder von Kochers Sorge um möglichst genaue Diagnose vor Behandlungsbeginn und von der vorradiologischen Möglichkeit dazu: der Erhebung klinisch-pathologischer Korrelationen.

Die mechanisch-experimentelle Forschungsrichtung lag auch den – immer mit therapeutischer Endabsicht unternommenen – Kocherschen Studien zur Inkarzeration von Hernien sowie den von ihm angeregten Doktorarbeiten über die Entstehung des Klumpfußes, des Schiefhalses und des Blasenkatarrhs zugrunde[33]. Die Methode zur Reduktion der Schultergelenksluxation ist also bloß das erste praktische Ergebnis seines mechanisch-funktionellen Vorstellungsvermögens, das später viele seiner Operationsmethoden auszeichnete (s. S. 40), aber ihn in der Deutung pathogenetischer und physiologischer Vorgänge auch auf Abwege führte.

So sah er sich bald einmal gezwungen, neben den älteren mechanischen und pathologisch-anatomischen die neu entdeckten bakteriologischen und biochemischen Forschungsmethoden anzuwenden. Bevor wir jedoch darauf eingehen, scheint es angebracht, kurz einen allgemeinen Ausblick zu halten. Es wird von Vorteil sein, wenn wir die dabei gewonnene Orientierung fürderhin nicht vergessen.

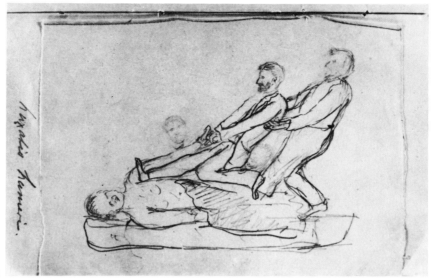

Abb. 4
Professor Kocher demonstriert im Kolleg die schwierige Einrichtung einer Schulterluxation nach alter Methode (a) und den Verrenkungsmechanismus am Knochen zur Erläuterung seines einfacheren Verfahrens (b), Handzeichnungen des Studenten F. de Quervain (um 1890).

Ausblick

Der Kochers Leichenversuchen zugrunde liegende Gedanke, eine rationelle Therapie müsse der Ausfluß der richtigen Erkenntnis der Gesundheitsstörung sein, ist so alt wie die Medizin überhaupt. Für Kochers weitere Entwicklung wird wesentlich sein, daß er sich – trotz einer gewissen Vorliebe dafür – nicht nur von mechanistischen Vorstellungen leiten ließ, wie uns schon seine Blutgerinnungsforschung gezeigt hat.

Diese illustriert übrigens einen zweiten wichtigen Punkt: Die praktische Durchführung einer «rationellen Therapie» hatte auf physiologische Gegebenheiten aufzubauen; für den Chirurgen Kocher hieß das konkret, physiologische Kenntnisse, gewonnen durch naturwissenschaftliche Forschung, fördern die chirurgische Technik. Es zeugt vom Weitblick Billroths, wenn er in dem Empfehlungsschreiben für die bernische Regierung betonte, daß Kochers erste Arbeiten «den Stempel der Solidität und ernster Wissenschaftlichkeit» trügen. Sie kündigen nämlich den Weg an, der ihren Autor vom Nothelfer, der in ausweiloser Situation auf empirischer Grundlage eingriff, zum physiologischen Chirurgen werden ließ, der sich bei der Ausführung von Wahloperationen auf eigene experimentelle Forschung abstützen konnte.

Dieser Weg hatte schon im 18. Jahrhundert einige Chirurgen, darunter Jean-Louis Petit und John Hunter, zu höchsten Leistungen geführt. Wie in der Schilderung der Beiträge zur Blutgerinnung und zur Therapie der Schulterluxation angetönt, ist er aber ebenso dornenvoll, mühsam und zeitraubend wie erfolgversprechend. Die Notwendigkeit, in einem Nachtrag zu seiner Arbeit über die Blutgerinnung zu einer vorher im gleichen Band des *Archivs für klinische Chirurgie* erschienenen Arbeit mit abweichendem Ergebnis Stellung nehmen zu müssen, zeigte Kocher noch eine weitere Art von Schwierigkeiten an – die sich ja prompt auch bei der Schulterluxation einstellten: die wissenschaftliche Kontroverse. Sie bedingt bei jedem Forscher Augenblicke des Zweifelns an sich selbst. Kocher war davon nicht ausgenommen.

Im Innersten jedoch überzeugt, den richtigen Pfad eingeschlagen zu haben, empfand er weder solche Hindernisse noch seine neue Position als Klinikchef als wirkliche Last. Im Gegenteil, er wußte die sich ihm bietenden Arbeitsmöglichkeiten voll auszuschöpfen. So ist er dem Berner Lehrstuhl und seiner Heimat während 91 Semestern bis zu seinem Tod im Jahr 1917 treu geblieben, trotz späterer ehrender Berufungen aus dem Ausland. Sein Wirken vollzog sich in gerader Linie, ohne die im akademischen Beruf damals wie heute so häufigen Unterbrechungen durch Ortswechsel. Eine gewisse Umstellung im äußeren Rahmen seiner Tätigkeit bedeutete einzig die Übersiedlung der chirurgischen Klinik aus dem 150 Jahre alten Inselspital im Stadtzentrum in neue Gebäude gleichen Namens am Stadtrand im Jahr 1884 (s. S. 33). Sich selber treu geblieben, starb Kocher am 27. Juli 1917 sechsundsiebzigjährig aus voller geistiger und körperlicher Schaffenskraft heraus an akutem Nierenversagen[34]. Eine solche Zeitspanne von 45 Jahren, an der gleichen Wirkungsstätte zugebracht, stellt für den, der sie auszunutzen vermag, eine geistige Macht dar; denn der Zeitfaktor ist nicht nur im physikalischen Weltbild, sondern auch in der Geisteswelt eine unerläßliche Dimension.

Anmerkungen

1. K. 1868a, 1869b.
2. Seit dem 18. Jahrhundert wurden die Rolle eines inneren und äußeren Koagulums (J. L. Petit, gefolgt von Virchow und Billroth), der Kontraktion der Gefäßwand (S. F. Morand), erhöhter Gewebsdruck (J. Bell), Intimaläsion (J. F. D. Jones), Intimaschwellung (C. P. Pouteau) diskutiert, s. Buess 1955, S. 174–186; 1972, S. 290–296. Zusammen mit Kochers Arbeit (K. 1869a) erschien eine von Tschausoff, welche nur mit der Ligatur und ohne Kochers zeitliche Variationen zu widersprüchlichen Ergebnissen kam, in *Arch. klin. Chir.* 11: 184–229 (1869). Kocher ging darauf in einem «Appendix» ein (ibid., 712–720).
3. K. 1869a.
4. Bonjour 1981, S. 22; Hintzsche 1954, S. 406.
5. Tatsächlich popularisierten Péan und Spencer Wells um 1870 die damals noch «forcipressur» genannte Methode als ein Mittel zur Blutstillung mit ihren noch heute bekannten Arterienklemmen. Diese waren aus früheren Modellen von Liston (um 1840), Charrière (1858) und Koeberlé (1862) hervorgegangen. s. hierzu Harvey 1929.
6. Billroth 1863, S. 114–121; ders. *Wien. med. Wschr.* 18: 1–5, 17–20, 33–36, 49–51 (1868).
7. Das Komitee, welches klinische Daten zur Kontroverse über Akupressur versus Torsion sammeln sollte, war 1868 gegründet worden und stellte seinen Schlußbericht am 10. Dezember 1869 der *Clinical Society* vor. *Brit. med. J.* ii: 615 (1868); ibid. i: 58 (1870).
8. Die «Kocher-Klemme» wurde erstmals 1882 veröffentlicht (K. 1882b, S. 1934. Die zeitgenössische Beurteilung stammt von Senn (1887, S. 380). Einen Kommentar aus neuester Zeit gibt Lenggenhager 1964.
9. s. Schultz 1878. Die Technik wurde verbessert, und man arbeitete mit Hunden und Kaninchen.
10. Fonio 1914; s.a. K. 1914b, S. 909. Zu Fonio s. Meyer-Salzmann 1979, S. 100, 111–113.
11. Malinin 1979, S. 52–53, 61.
12. K. 1892a, 4. Aufl. 1902, S. 431.
13. D. Amberg 1903.
14. K. 1892a, 5. Aufl. 1907, S. 232–233.
15. Zit. bei Bonjour, op. cit., Anm. 4, S. 33.
16. ibid., S. 32; Photokopien der Briefe Langenbecks und Billroths befinden sich im Medizinhistorischen Institut der Universität Bern, die Originale im Staatsarchiv Bern.
17. Greither 1964, S. 21.
18. Absolon 1979, S. 239.
19. s. K. 1874c.

20 K. 1870. Später empfahl er die Methode auch bei veralteten Luxationen (K. 1888a) sowie bei solchen des Hüftgelenks (K. 1874d).
21 s. Bigelow 1869, aufgeführt bei GM, No. 4424; s. Schinzinger 1862, zit. bei Pitha 1868, S. 30, 41–43.
22 Der früheste Hinweis auf diese angebliche Begebenheit findet sich im Nachruf von B. Moynihan 1917.
23 Bonjour, op. cit., Anm. 4, S. 30, 49.
24 Lücke 1873, S. 369–370.
25 D. Bach 1906, S. 16.
26 K. 1881b. Die Methode ließ sich nun auch bei veralteten Luxationen anwenden.
27 s. Lopez-Piñero und Garcia Ballester 1966; s. GM, No. 4425.
28 Bach, op. cit., Anm. 25, S. 20.
29 K. 1874d, D. Monnier 1873.
30 s. Malgaigne 1847, S. 805–806.
31 D. Otz, D. Lardy 1886.
32 K. 1896a, K. 1904b.
33 K. 1877a, D. Dubelt 1876, D. Favre 1890, D. Heller 1898.
34 A. Kocher 1918, Manuskript.

4
Ätiopathologische Forschung und physiologische Chirurgie

Der junge Professor

Kochers erste, nach seinem Amtsantritt in Fakultät und Inselspital selbständig vorgenommenen Ovariotomien und Kropfoperationen endeten tödlich. Als Grund für diese Mißerfolge gab er die von der Wunde ausgehende Allgemeininfektion (Sepsis) an[1]. Sogleich überprüfte er mit um so mehr Aufmerksamkeit seine Wundbehandlung, als er während seiner zwei letzten Assistentenjahre bei seinem Vorgänger 1868/69 – als einer der ersten auf dem europäischen Festland – die im Jahr 1867 von Joseph Lister (1827–1912) veröffentlichte Methode des sogenannten antiseptischen Wundverbands mit Karbolsäure (Phenol) erfolgreich angewandt hatte. Insgesamt war damals die Sterblichkeit in der Chirurgischen Klinik von 15,5% auf 9% gesunken, die Letalität der Operierten von 19% auf 11%, wie aus den von Kochers Hand geschriebenen Jahresberichten der Jahre 1867 und 1868 hervorgeht[2]. Kocher selbst hatte darin namentlich die besseren Erfolge der Operationen

> «... zum großen Teil der ausgedehnten Anwendung der antiseptischen Listerschen Verbandmethoden» zugeschrieben und diese Ansicht damit begründet, daß «die Prozentzahl der an Pyämie und Septicämie Verstorbenen ... eine viel geringere als früher [sei][3]».

In Bern brauchte auch Professor August Breisky (1832–1889) in der Geburtshilfe die Karbolsäure schon seit 1867 mit anhaltend günstigem Ergebnis weiter[4]. In Basel war das Karbol ebenfalls seit dem Frühjahr 1868 durch die Kollegen August Socin und Johann Jakob Bischoff (1841–1892) mit gleichem Dauererfolg in Chirurgie und Geburtshilfe eingeführt worden[5]. So hatte schließlich Kocher im Jahr vor seiner Wahl im *Correspondenzblatt für Schweizer Ärzte* klar für Lister Partei ergriffen:

> «Wer genau und nach des Urhebers Vorschrift die antiseptische Vorschrift ... befolgt – und den Andern steht kein Urtheil zu – wird zu dem Schluß kommen, daß sie vor den früher bekannten Methoden gerade für die häufigsten und gefährlichsten Wunden unbestreitbare Vortheile voraus hat, und daß sie für die andern Wunden vielfach noch eine größere Sicherheit gibt, als die gebräuchlichen Verbandwei-

sen. Darum darf billig jeden Arzt ein Vorwurf treffen, der es unterläßt, sich mit den Regeln und der Anwendungsweise der antiseptischen Behandlung ... vertraut zu machen[6].»

Auch ihre Nichtanwendung mit dem Vorwand einer noch umstrittenen theoretischen Grundlage hatte er damals verworfen: Obwohl er den Einwänden gegen die Pasteursche Keimtheorie zur Erklärung der Wundinfektion völlig beistimmte, bemerkte er zu deren Übernahme durch Lister lediglich: «Die Hypothese hat ihre Schuldigkeit gethan, indem sie den Gedanken zu der neuen [antiseptischen] Methode gab: die Hypothese kann dahin fallen[7].»

Recht pragmatisch und mit einem für ihn charakteristischen moralisierenden Unterton hatte Kocher also die Vorbehalte mangelnden Erfolgs und zweifelhafter Theorie der Karbolantisepsis zerzaust. Dabei sah er weiter – zurück und voraus – als jene Kritiker, die sich etwa noch von Listers Methode befremdet zeigten, weil sie von Augenzeugen betrachtet weit weniger ideal dastand, als die Medizingeschichte sie seither zu schildern liebt. So hatte Kocher weiter geschrieben:

«Man darf die Lister'sche Methode nicht als ein Pfühl betrachten, auf welchem man sich des Nachdenkens über die günstigsten *mechanischen* Verhältnisse einer Wunde im speciellen ... entschlagen kann[8].»

Vermeidung von Zerrung der Wundränder, von Druck mittels Pflasterstreifen, Rücksicht auf die Mechanik des Kreislaufes durften ihretwegen nicht plötzlich vergessen werden! Ein Leitmotiv Kocherscher Chirurgie hatte in diesem, vom praktischen Arzt verfaßten Sammelreferat erstmals angeklungen. Mithin hörte er als allein verantwortlicher Klinikleiter sozusagen die Stunde der praktischen Bewährung der vorher aus kurzer Assistentenerfahrung und Literatur gezogenen Schlußfolgerungen schlagen.

Die Sachlage erwies sich nun als weniger eindeutig, als er sie vor einigen Monaten geschildert hatte. Er wußte einerseits, daß man den Listerschen Angaben seit seinem Weggang aus der Klinik vor zweieinhalb Jahren weniger Beachtung schenkte. So äußerte sich sein Vorgänger Lücke in einem ausführlichen statistischen Bericht über seine Tätigkeit in Bern nur kurz über diese auch seitens der Verwaltung für aufwendig gehaltene Wundversorgung. Gute Ergebnisse schien häufig der Gasbrand zunichte gemacht zu haben. 1871 war die Gesamtsterblichkeit in der Klinik wieder auf 13,5% angestiegen, die Letalität der Operierten aber weiter von 11% auf 9,5% gesunken. Hauptsächliche Todesursache waren die infektiösen Wundkrankheiten geblieben[9]. Andererseits hatten Kochers erste zwei Kniegelenksresektionen vor seiner Wahl zum Klinikleiter trotz Karbol-Wundbehandlung tödlich geendet und ihm gezeigt, daß damit auch Gefahren verbunden sein konnten[10]. So stand er nun stark unter dem Eindruck, der Infektionsgefahr wäre am besten durch die Herrichtung hygienischer Lokalitäten zu begegnen.

Die Abtötung von Keimen aus der Luft und die Verhinderung ihres Eintritts in die Operationswunde – das antiseptische Prinzip – bildete also nur einen Teil der Strategie in Kochers Feldzug gegen die Wundinfektion. Durch die Sanierung der mißlichen Zustände an der Chirurgischen Kinik, die ihn leicht im Glauben bestärken konnten, die auftretenden Infektionen hingen von den Örtlichkeiten ab, konnte vielleicht dieses Übel nicht nur bekämpft, sondern von Grund auf ausgerottet werden. Der frisch ernannte Professor erachtete daher die Lösung der Raumfrage als dringende Aufgabe. Unter anderem beantragte er dazu ein halbes Jahr nach seiner Wahl bei seiner vorgesetzten Behörde die Verlegung des über der Privatabteilung gelegenen Seziersaals des Pathologischen Instituts in Anbetracht der Durchlässigkeit der Böden ...[11]. Und er führte drei Ovariotomien außerhalb der Klinik aus.

Diesem Vorgehen wurden allerdings bald administrative Grenzen gesetzt. Im Februar 1874 blickte Kocher auf fünf dieser Eierstockschnitte zurück. Von den drei auswärts operierten Kranken war eine, dagegen alle beide im Inselspital behandelten gestorben. Als er diese Mißerfolge den Spitalverhältnissen zuschrieb und der «verehrlichen Inseldirektion» einen entsprechend geharnischten Bericht gab, erhielt er zur Antwort,

> «daß man ferner Ovariotomien außerhalb des Inselspitals auf Kosten des letzteren nicht mehr gestatten werde, ... [so] wurde mir», fuhr er fort, «mit diesem kategorischen Non possumus der Nervus rerum kurz und bündig abgeschnitten. Es blieb deshalb nichts übrig, als sich gegen die bösen Geister des Inselspitals in andrer Weise zu wappnen[12].»

Wenn auch keine «Innovation aus Mangel», so ergab sich doch für ihn als verantwortlichem Chef aus dieser Situation die Notwendigkeit einer genaueren Überprüfung des Vorhandenen. Kurz entschlossen schrieb er an Lister, erkundigte sich nach weiteren Einzelheiten und versprach ihm, seine Methode unvoreingenommen zu prüfen, «to give the method a fair trial», wie er sich ausdrückte[13]. Offensichtlich tat er das mit einem gewissen Erfolg, denn im Juli 1875 konnte er über weitere fünf Ovariotomie-Patientinnen berichten, von denen nur eine gestorben war*. Als Unterschied in seiner Methode gab er die strikte Anwendung der Listerschen Antisepsis einschließlich der kontinuierlichen Karbolsprühnebelung an[14]. Betrug die Gesamtsterblichkeit in der Chirurgie im ersten Jahr Kocherscher Leitung nahezu unverändert 11%, so sank sie 1873 auf 8%[15].

Nun wandte Kocher die Listersche Behandlung nicht überall an, sondern beschränkte sie im Sinne eines richtigen Versuchs «mehr auf speziell dazu geeignete Fälle ..., [führte] nebenbei aber auch zum Vergleich eine größere Versuchsreihe von offener Wundbehandlung (nach Prof. Rose,

---

* Je zwei im Privat- und im Inselspital Operierte waren «geheilt», der Operationsort der verstorbenen Patientin ist nicht angegeben.

Zürich) [aus]», wie es in einem Jahresbericht heißt[16]. Dies betraf etwa die Kniegelenksresektionen, bei denen er nach seinen zwei unglücklichen Anfangserfahrungen bis 1877 die offene Wundbehandlung bevorzugte[17]. Begierig, mehr zu lernen, reiste er Ende September 1875 neuerdings nach London, also bevor er erstmals zu einem Deutschen Kongreß für Chirurgie nach Berlin fuhr. Er suchte bei der Berner Regierung um Verschiebung des Semesterbeginns nach, damit er die führenden Chirurgen, unter anderen den Meister-Ovariotomisten Spencer Wells, auch treffen könne, und verlangte gleichzeitig einen Kredit zur Schließung «bedenklicher Lücken im Instrumentarium der chirurgischen Klinik[18]». Gut versehen mit Büchern, Instrumenten und – wie er sie nannte – «technischen Eroberungen», genau klassifiziert von 1 bis 41, kehrte er nach Hause zurück[19]. Vierunddreißigjährig fühlte er sich zu selbständigem Handeln gerüstet.

Schritte hin zur Selbständigkeit

Bald entwickelte sich Kochers «faire Erprobung» der Listerschen Technik zu derjenigen eigener Methoden der Keimbekämpfung (Antisepsis). Wie andere Chirurgen beobachtete er nämlich schwere Nebenwirkungen des Phenols[20]. So klärte er in den nächsten zehn Jahren die Wirksamkeit von nicht weniger als sechs anderen Substanzen im Laboratoriumsversuch ab, bevor er vorderhand beim Sublimat blieb[21]*.

Allerdings verfolgte er gleichzeitig eine weitere, von Spencer Wells angegebene Fährte zur Erklärung seiner Mißerfolge. Waren diese etwa nicht allein den hygienischen Verhältnissen im alten Inselspital anzulasten, sondern spezifischer, ungenauer Blutstillung zuzuschreiben, welche nach seinem englischen Freunde ja zu Thrombose und Infektion führen konnte? Kochers praktische Folgerung war nun derjenigen Spencer Wells' entgegengesetzt, und er war selbständig genug, seinen Standpunkt zu vertreten. So schrieb er 1875, die Ovariotomie betreffend:

> «Noch jetzt halten wir trotz der Einwendungen, daß Spencer Wells es anders macht, daran fest, daß bei schwierigen Fällen es indicirt ist, sehr langsam zu operiren, durch äußerst sorgfältige Unterbindung sämmtlicher Gefäße jede Blutung und Nachblutung zu vermeiden[23].»

Diese blut-, aber nicht zeitsparende Operationsweise hat Kocher zeitlebens beibehalten. Es brauchte um so mehr Mut und Selbstsicherheit dazu, als das schnelle Operiren, ein Überbleibsel aus der vornarkotischen Chirurgie, allenthalben befürwortet wurde[24]. Besucher in Bern zeigten sich immer wieder davon beeindruckt, wie die nach beendeter Kropf-

---

* In chronologischer Reihenfolge verwandte Kocher bis 1885 klinisch: 1. Phenol, 2. Thymol, 3. Aluminiumazetat, 4. Salicylsäure, 5. Zinkchlorid, 6. Jodoform, 7. Bismutsubnitrat, 8. Sublimat[22].

operation fleckenlosen Abdecktücher den Eingriff kaum verrieten. Doch bestätigte die stets zunehmende Zahl von Operationen mit glücklichem Ausgang Kocher in seinen Bemühungen. Vierzig Jahre später schrieb der bekannte britische Chirurg Lord Moynihan, selbst ein Befürworter des «Streichelns der Gewebe», daß Kochers «ganzes Werk die Verrücktheit derjenigen offenbare, die mit der einzigen Absicht auf Geschwindigkeit operieren[25]».

Schon der junge Kocher wandte also seine Aufmerksamkeit nicht ausschließlich der chirurgischen «Umwelt» zu, sondern, im wesentlichen Gegensatz zu seinen Zeitgenossen, ebenso dem Tun des Chirurgen selbst. Damit war für ihn von der allgemeinen Sauberkeit zu derjenigen des Chirurgen und seiner Instrumente nur ein Schritt, wie ihm in London auffiel. Er führte denn auch auf der Liste seiner 1875 von dort heimgebrachten «Eroberungen» als Nummer eins an: «Ich will chirurgische Bürsten einführen[26].» Nach der Sorge um die allgemeine sehen wir diesen Schritt zur persönlichen Hygiene des Operateurs heute als entscheidende Weiteröffnung der Tür zur Keimfreiheit (Asepsis) bei chirurgischen Eingriffen an. Erst diese vermochte ja später die Gefahr der tödlichen Blutvergiftung wirklich zu bannen. Dazu bedurfte es zuerst jedoch einiger grundlagenwissenschaftlicher Erkenntnisse gänzlich neuer Art.

Wohl zeitigten die verschiedenen auf allgemeinen Annahmen beruhenden empirischen Maßnahmen der Antiseptik Erfolge, doch blieb ihr Wirkungsmechanismus unbekannt. Das lag an der allgemeinen Unkenntnis der genauen Ursache der von Wunden ausgehenden Blutvergiftung (Sepsis). Zu diesen theoretischen Fragen wollte auch Kocher seinen forscherischen Beitrag leisten. Er benützte die unter akademischen Chirurgen üblichen Tierversuche mit mikroskopischer pathologisch-anatomischer Auswertung. Wohl unter Klebs' Einfluß* suchte der junge Professor experimentell nach dem die akute Osteomyelitis verursachenden Agens. Mit einem Referat darüber trat er 1878 das erste Mal vor den Kongreß der Deutschen Gesellschaft für Chirurgie in Berlin[29]. Diese Untersuchungen an Hunden – das Vorgehen wurde von Kollegen als recht roh bezeichnet – stellten in ihrer Annahme lebendiger, aber unspezifisch-toxischer Erreger typische Forschungen seiner Zeit dar[30]. So ließ der erste Diskussionsredner gleich verlauten, er glaube einem Kollegen die Feststellung schuldig zu sein, daß dieser

> «eine Arbeit, die ... im Allgemeinen den Gang der [Kocherschen] Untersuchungen verfolgt, ... und im Großen und Ganzen zu denselben Resultaten kommt, so eben dem Drucke übergeben hat[31]».

---

* Klebs veröffentlichte 1871 einen Artikel über «die Ursache der infectösen Wundkrankheiten» im *Correspondenzblatt für Schweizer Ärzte*[27]. Er wird heute als direkter Vorläufer der Bakteriologie anerkannt[28].

Im Sinne der Theorien und Beobachtungen Klebs' (1872) und Billroths (1874) suchten diese Versuche nach einer allen Infektionen gemeinsamen mikrobiellen Ursache, stellten die schon diskutierte Spezifität einzelner Erreger in Abrede und betrachteten chemische und mechanische Reize als gleichbedeutend[32].

Da erregten nach 1876 einige Arbeiten anderer Natur, etwa diejenigen Robert Kochs (1843–1910) über den Milzbrand und die Wundeiterung, allgemeine Aufmerksamkeit. Sie vertraten den gegensätzlichen Standpunkt, daß ein einzelner Mikrobentyp wohl eine bestimmte Krankheit hervorrufen könnte, nicht aber verschiedene Krankheiten. Die Grundlage dazu bildeten neue, genau bestimmte methodische Kriterien. Damit trennte sich die experimentelle Forschung nach der objektivierbaren causa primitiva einer Krankheit in zwei Disziplinen mit unterschiedlicher Arbeitsweise: in Toxikologie und Bakteriologie[33].

Daß Kocher sich der mit den Methoden der pathologischen Anatomie nahe verbundenen Toxikologie zuwandte, sei hier als Einschiebung vermerkt. Seine klinisch-pathologische Studie der chronischen Phosphorvergiftung der Zündholzarbeiter, der sogenannten Phosphornekrose, publiziert 1893, führte schließlich zur Ausrottung der verstümmelnden Krankheit in der Schweiz durch gesetzliche Maßnahmen[34].

Die Bedeutung der neuen Lehre von den spezifischen Krankheitserregern, der Bakteriologie, für die antiseptische Chirurgie war rasch klar. In erster Linie gestattete sie die Aufstellung einheitlicher Erfordernisse für den Wirksamkeitsnachweis von Antiseptika. So entzog Koch aufgrund seiner strengen bakteriologischen Methodologie nach 1881 der Anwendung jener schwachen Chlorzinklösungen jede Berechtigung[35], die Kocher ein paar Monate vorher aufgrund von Experimenten eines Dissertanden nach pathologisch-anatomischen Beurteilungsgrundsätzen empfohlen hatte[36]. Der Chirurg zog die Konsequenzen. Möglicherweise auf seinen Wunsch ließ sich in den Jahren 1883 bis 1885 sein Privatassistent Ernst Tavel (1858–1912) in Wien, Paris und Berlin in der neuen Wissenschaft ausbilden. Jedenfalls schuf Kocher 1886 für ihn ein bakteriologisches Laboratorium, ähnlich dem zwei Jahre früher von seinem Kollegen August Socin in Basel eingerichteten[37]. Der Neubau der Universitäts-Krankenanstalten erleichterte dieses Vorhaben.

Der eigene Weg

Nicht nur Durchbrüche in der internationalen medizinischen Wissenschaft, sondern auch bauliche Neuerungen der bernischen Spitalverhältnisse gestalteten nämlich diese Zeit zu einer hoffnungsvollen für Kocher. Seit nahezu einem Jahrzehnt hatte er sich für die Schaffung eines neuen Kantons- und Universitätsspitals eingesetzt, von dem er sich eine Sanierung der prekären Platzverhältnisse, vor allem aber der hygienischen Zustände und damit eine Senkung der immer noch recht hohen

Sterblichkeit seiner Kranken versprach. Mancherlei Schwierigkeiten galt es zu überwinden, besonders auch die alte Animosität des Volkes gegen die Hochschule, die Kliniken für Unterrichtszwecke und die Professoren, «die alles zu großartig haben wollten». 1877 regte Kocher zum 100. Todesjahr Hallers eine – erfolgreich durchgeführte – öffentliche Geldsammlung an. Im Frühjahr 1878 unternahm er mit einem beauftragten Architekten eine Reise nach Deutschland zum Studium von Krankenhäusern. Sein Bericht wurde in der Folge maßgebend. Im Herbst des gleichen Jahres benutzte er die Gelegenheit seines Rektorats, am Stiftungstag der Universität einen eindringlichen Appell an die Allgemeinheit zu richten, sie möge zur Verbesserung der Krankenpflege im Kanton Bern beitragen. Seine Rede «Inselspital, Hochschule und Publikum» verfehlte die Wirkung nicht. 1880 wurden die inzwischen vorgelegten Pläne in der Volksabstimmung gutgeheißen. Im Sommer 1884 konnte das neue Inselspital bezogen werden, an dessen Vorarbeiten Kocher somit ein bedeutender Anteil zukam[38].

Die Bettenzahl der Chirurgie wurde von 98 auf 133 erhöht. Davon standen allerdings nur 53 der Kocherschen Klinik zu, die restlichen gehörten zu zwei nichtklinischen Abteilungen unter anderer Leitung*. Ferner standen Kocher sechs Arbeitszimmer und ein Hörsaal mit 80 Plätzen zur Verfügung. Letzterer diente gleichzeitig als Operationsraum. Anscheinend wurden Eingriffe noch zusätzlich in einem kleinen angrenzenden Zimmer durchgeführt[40].

Die Tätigkeitsberichte der ersten Jahre lobten die gute und rasche Wundheilung. Wunden heilten nun in soviel Tagen, wie sie früher Wochen gebraucht hatten. Trotzdem blieben die recht hohen Todeszahlen eine Sorge. 1885 starben von 32 an Brüchen Operierten 7, von 17 Bauchoperationen endeten 3, von 31 Amputationen 5 tödlich; zusammengerechnet belief sich die Letalität der Operierten auf 7 %. Im folgenden Jahr waren es 6 % und 1887 nur noch 4 %. Diese Zahlen zeigen, wie die neuen Lehren Pasteurs, Listers und Kochs doch nach und nach Früchte trugen.

In dieser Richtung hatte Kocher bisher allein oder mit dem Medizinischen Chemiker Marceli Nencki (1847–1901), dem Pionier einer «chemischen Bakteriologie[41]» gearbeitet. Nach der Rückkehr Tavels aus der bakteriologischen Ausbildung konnte er sich nun auf einen Spezialisten stützen. Bis 1914 prüften Kochersche Doktoranden in Zusammenarbeit mit Tavel Substanzen auf ihre Wirksamkeit gegen die inzwischen bekannten Keime der Wundinfektion[42]. Insbesondere betrafen solche Arbeiten auch die Keimtötung an den Händen, Instrumenten und Geräten des Chirurgen. Kocher setzte die Ergebnisse sofort in die Praxis um. Die

---

* Oft mußten Matratzen und Bodenbetten eingeschoben werden. Diese blieben auch nach der Erweiterung der Klinik um 20 Betten in den Jahren 1896 bis 1900 eine Dauereinrichtung[39].

Wirkung auf die Operationsletalität blieb, wie oben dargestellt, nicht aus. Schon 1887 bezeichnete der Amerikaschweizer Nicholas Senn die Organisation von Klinik und Operationsraum im neuen Berner Inselspital als «die vollkommenste, die ich gesehen habe, eingeschlossen die von Volkmann[43]» (s. Abb. 1). Dieses Urteil bedeutete bei den bescheidenen Raumverhältnissen ein schönes Kompliment, denn der Hallenser Professor (1830–1889) galt – und gilt heute noch – als einer der führenden Verfechter der Antisepsis in Deutschland (s. S. 83)[44]*. Inzwischen war Kocher selbst dem Begründer der Antisepsis, Lister, bekannt genug, daß dieser ihn in einer privaten Angelegenheit als Gewährsmann brauchte, wie ein Brief an Kocher aus dem Jahre 1890 zeigt[46].

In Zusammenarbeit mit Tavel führte Kocher weitere solide ätiopathologische Forschungen durch. Insbesondere regte er Arbeiten an, die sein von Zeitgenossen anerkanntes Verdienst[47] bei der schrittweisen Einführung des keimfreien (aseptischen) Operierens begründeten: Seine frühe, im Boden empirischer Erfolge wurzelnde Sauberkeit wurde ersetzt durch das Auskochen von Instrumenten und Nahtmaterial aufgrund bakteriologischer Analyse, die zeigte, daß sie erst nach dieser Prozedur frei von pathogenen Keimen (steril) waren. Das für verbleibende Nähte verwandte Catgut ließ sich aber schlecht sterilisieren. Ohne zu zögern, ersetzte es Kocher 1888 durch feine Seide. Obwohl diese im Körper nicht resorbiert wurde, ergab sich daraus kein Nachteil. Und behend auf Victor von Bruns Schlagwort «Fort mit dem [Karbol-]Spray» (1880) anspielend, rief Kocher am Berliner Kongreß 1888 aus: «Fort mit dem Catgut[48]!»

Schneller als das Kochen in Wasser wirkte die zudem einfacher zu handhabende Sterilisation unter gespanntem Dampf mit 3 Atmosphären Druck. Kocher und Tavel propagierten sie schon in den frühen 90er Jahren, gut ein Jahrzehnt vor der allgemeinen Anerkennung dieses Prinzips[49]. 1890 bewilligte die Spitalverwaltung der Klinik einen ersten eigentlichen Operationssaal. Er hatte eine Bodenfläche von 20 Quadratmetern und eine Höhe von 2,5 Metern. Ganz aus Eisen, Glas und Marmor gebaut, war dieser «Käfig» zwar ideal sauber, aber zu grell beleuchtet, im Sommer unerträglich heiß und ungenügend belüftet. Dazu fehlten Nebenräume für Instrumente, Verbandsmaterial und zur Patientenvorbereitung. Fortschrittlich waren indessen der in die Wand eingebaute Dampfsterilisator und die Waschgelegenheiten für die Ärzte. Für Kocher galt der Grundsatz, die Reinigung der Hände nicht mehr im Waschbecken, sondern unter fließendem Wasser vorzunehmen: Der Chirurg sollte sich nicht in seinem eigenen Schmutz waschen[50].

Neben diesen praktischen Belangen ging man auch alte theoretische Fragestellungen methodisch neu an. So wurde die Hypothese des Bluter-

---

* Anläßlich eines Besuches beurteilte allerdings Kocher dessen Klinik 1883 in einem privaten Brief recht abfällig[45].

gusses als Infektionsquelle in Bern experimentell-bakteriologisch untermauert, als Tavel zeigte, daß Blutergüsse und verletzte Gewebe einen günstigen Nährboden für das Wachstum von Mikroorganismen bildeten[51]. Die beiden Forscher prägten die Begriffe «Hämatominfektion» und «Läsionsinfektion». Zusammen publizierten sie 1895 und 1909 die zwei Bände umfassenden *Vorlesungen über chirurgische Infektionskrankheiten*[52].

Nach Erscheinen des ersten Bandes, beeindruckt von den Schilderungen amerikanischer Besucher in Bern, lud William Keen (1837–1932) Kocher als europäische Autorität ein, 1899 am Jahreskongreß der American Surgical Association in Chicago den Einführungsvortrag zur Diskussion über Wundinfektionen zu halten. Es scheint dem sprachgewandten Schweizer keine Mühe bereitet zu haben, dieser Einladung, wenigstens was den Vortrag betrifft, nachzukommen. Er fuhr nicht selbst hin, sondern ließ ihn vom Sekretär verlesen – damals wie heute eine ergötzliche Lektüre[53]. So lehnte Kocher die Anfang der 90er Jahre von Halsted eingeführten Gummihandschuhe zum Operieren ab, prägte jedoch den Satz, der Chirurg solle sie vor und zwischen den Operationen tragen, zum Beispiel bei der Untersuchung schmutziger Patienten in der Poliklinik. Dafür seien die Fingernägel des gesamten Operationspersonals bis aufs Fleisch zurückzuschneiden. Der Vorteil dieser Methode habe ihn seinerzeit in der Klinik Arbuthnot Lanes (1856–1943) in London stark beeindruckt. Sterile Gummihandschuhe könne man wohl brauchen, meinte er,

> «sofern man unabhängig in der Form seiner Fingernägel, im Berühren jeden beliebigen Dinges sowie in der Freiheit sein will, seine Hände zu waschen oder nicht zu waschen, und wenn man eine Menge Geld ausgeben will[54]».

Ausführliche Empfehlungen technischer Art folgten dieser ersten Schlußfolgerung, an der er noch ein Jahrzehnt später festhielt[55].

Damit war das Problem der Wundinfektion für Kocher theoretisch und praktisch gelöst. Ein Abschnitt in der Geschichte der modernen Chirurgie fand für ihn einen gewissen Abschluß. Vom unbestimmten Bemühen um Sauberkeit war er auf dem Umweg über die Infektionsbekämpfung, die Antisepsis, wie auch auf dem direkten Weg der noch peinlicheren, schließlich wissenschaftlich begründeten Sauberkeit, der Asepsis, zur Vorbeugung der Infektion gelangt. Vorbei waren jetzt die Zeiten, in denen er noch recht zynisch den dringenden Verdacht der «inneren Herrenkliniker», «daß der Abtritt des Inselspitals... schon mehrfach Kranken Typhus eingebracht» habe, mit der Möglichkeit auf die gleiche Stufe stellte, daß Einatmung gewöhnlicher Fäulnisfermente «an einem geeigneten Nährboden im Körper [z.B. prädisponierter Schilddrüse] Zersetzungsvorgänge herbeiführen können[56]». Man operierte nicht mehr, wie noch 1882 der berühmte Jules Péan (1830–1898) in Paris, in Frack und schwarzer Krawatte[57], sondern das heute noch gültige aseptische Ritual war bei Kocher schon 1889 *de rigueur*, allerdings kombiniert

Abb. 5
Kocher bei einer Operation im Jahre 1912. Als Gast ist Professor W.S. Halsted, Baltimore, zugegen.

und kompliziert mit antiseptischen Maßnahmen. Der reinen Asepsis stand Kocher nämlich jahrelang skeptisch gegenüber. Handschuhe und Mundschutz gab es 1912 bei ihm noch nicht (s. Abb. 5). So sollte die Sublimatspülung der Wunde allfällige Fehler des Arztes gutmachen, um so mehr als zwei Mitarbeiter das häufige Vorkommen von Eitererregern selbst in aseptischen Wunden nachgewiesen hatten. Wie sein Assistent und Hilfsoperateur (s. unten) Carl Arnd (1865–1912)* beschrieb, wollte Kocher

> «jede Operation zu einem bakteriologischen Experiment ausgestalten. Es durfte kein Fehler vorkommen ... und er hat es, wie wenige, fertiggebracht, mit eiserner Disziplin die Zahl der Infektionen aufs äußerste zu reduzieren ... Es machte schließlich jedermann auf der Klinik förmlich Jagd auf technische Fehler auf diesem Gebiet[58].»

Ein klares Bild der Leistungen, welche die Kontrolle der Wundinfektion sowohl ermöglichten als auch bedingten, geht hervor aus den folgenden Zahlen, die Hintzsche für jedes fünfte Jahr bis zum Weltkrieg zusammengestellt hat. Sie betreffen die Eingriffe auf allen drei chirurgischen Abteilungen des Berner Inselspitals[59].

Jahr	Zahl der Operierten	Davon gestorben	Letalität in %
1887	742	28	3,77
1892	1251	65	5,27
1897	1842	81	4,34
1902	2360	96	4,06
1907	2433	75	3,08
1912	2542	58	2,28

An personeller Hilfe hatte Kocher einzig einen internen und zwei externe reguläre Assistenten, jedoch eine Anzahl Volontärärzte. Erst 1895 erhielt er die Stelle eines eigentlichen, Hilfsoperateur genannten, Stellvertreters zur rascheren Besorgung der operativen Krankheitsfälle**. 1900 suchte er um Vergrößerung des aseptischen Operationssaals nach, zumal

> «viele Studenten und Besucher seinen Eingriffen beizuwohnen wünschten», wie es heißt. Da solche «Besuche dazu angetan sind, den Ruhm unserer Klinik zu mehren und Berns guten Namen in alle Welt zu tragen»,

wurde die Forderung als berechtigt anerkannt und 1902 ein Raum errich-

---

* Später Leiter einer nichtklinischen chirurgischen Abteilung am Inselspital.
** Die Stelle wurde der Reihe nach von Otto Lanz (1895–1899), Carl Arnd (1899–1903) und Kochers ältestem Sohn Albert (1904–1918) versehen.

tet, der – ohne die Zuschauertribüne – 67 Quadratmeter einnahm. Der Operationstrakt wurde 1913 nochmals ausgebaut[60].

Bei all diesen Angaben ist zu bedenken, daß zunehmend schwierig zu heilende Kranke in diesem Kantonsspital aufgenommen werden mußten, weil leichtere Fälle vermehrt in den neugegründeten Bezirksspitälern versorgt wurden[61]. Versetzen wir uns nochmals in die Anfangszeit der Kocherschen Tätigkeit am Inselspital zurück, so führt uns diese Feststellung darauf hin, daß mit dem herabgesetzten Infektionsrisiko der chirurgischen Behandlung ein unerwarteter Gesichtspunkt erwuchs. Man konnte immer einschneidendere Eingriffe wagen, doch trat damit ein Problem in den Vordergrund, für das die Chirurgen teilweise selbst verantwortlich waren: der Operationsschock[62]. Seiner Natur nach – und seit der Beherrschung der Wundinfektion erst recht – gehörte Kocher zu den angriffigen Chirurgen. In den Vereinigten Staaten reihte man ihn zu Lebzeiten für eine ganze Reihe von Eingriffen unter die Erstoperateure ein[63]. Trotzdem, über den bereits in den 1860er Jahren wiederholt beschriebenen Operationsschock, bedingt durch die Gesamteinwirkung einer Reihe bei einem schweren operativen Eingriff in Betracht fallender Faktoren, scheint er sich kaum größere Sorgen gemacht zu haben. Dabei spielten der Zufall einerseits und die fachübergreifende Zusammenarbeit andererseits, beide mit günstiger Auswirkung, eine Rolle.

Einen dieser beim Schock beteiligten Faktoren, den massiven Blutverlust, suchte Kocher ja im Zuge der Verhinderung der «Hämatominfektion» durch akkurate Blutstillung zu vermeiden. Einem zweiten Faktor, der schweren Verletzung, wirkte er ebenfalls unbewußt bei der Verhinderung der «Läsionsinfektion» entgegen durch sein bewußt gewebsschonendes Operieren, ohne unnötiges Ziehen, Drücken und Reißen: Kochers Sorge für die Abwendung der Wundinfektion schloß zufälligerweise diejenige für die Verhinderung des Operationsschocks zum Teil ein.

Auf verständiger Offenheit für Fragen der Physiologie beruhte dagegen eine Maßnahme, die der Chirurg zuerst nach Angaben des einst in Bern tätigen Physiologen Moritz Schiff (1823–1896) gebrauchte. Es war die intraarterielle Infusion von bis zu 14 Unzen (420 g) defibriniertem Blut bei Patienten mit sinkendem Puls und schwindendem Bewußtsein. Acht Tage nach seiner Wahl zum Professor in Bern führte er in einem Kreditbegehren zur Deckung «der allernotwendigsten Bedürfnisse» einen Apparat für Transfusion zu 40 Franken auf[64]. Daß er ihn auch verwandte, zeigen verschiedene ab 1873 für seine Vorlesung aufgezeichnete Krankengeschichten sowie eine Stellungnahme am deutschen Chirurgenkongreß im Jahr 1878[65]. Wohl wegen der dabei aufgetretenen Schüttelfröste benützte er aufgrund von Versuchen des nachmaligen Berner Physiologen Hugo Kronecker (1839–1914) später subkutane und schließlich intravenöse Infusionen körperwarmer 0,6%-Kochsalzlösung[66]. Nicholas Senn war Zeuge, als Kocher 1886 bei einer Patientin mit *intra operationem* schwindendem Puls, dilatierten Pupillen und äußerst fahl gewordener

Haut sogleich den Kopf tief und die Beine hoch lagern ließ. Dann infundierte er über einen Liter solcher Kochsalzlösung in die *vena basilica mediana,* bis die Kranke wieder das Bewußtsein erlangte. Dies tat er, ohne die geringste Aufregung zu zeigen und, wie Senn weiter berichtete, «mit solcher Bestimmtheit, wie wenn er die Maßnahme seinen Studenten an der Leiche vordemonstriert hätte[67]». Heute wird dieses Vorgehen aufgrund unserer Einsicht in die Pathophysiologie des Schocks jedem Sanitätssoldaten beigebracht, damals war es außergewöhnlich, da der «Shock» oder «Collaps» allgemein als Störung des Nervensytems medikamentös behandelt wurde[68]. Auch Kocher injizierte erfolglos Äther unter die Haut, kam aber durch seine gleichzeitigen Bemühungen zum Ersatz verlorenen Blutes zu den intravaskulären Infusionen, deren Menge er empirisch über diejenige des verlorenen Blutes erhöhte. Und, bezeichnenderweise für ihn, er ließ nach seinen klinischen Erfolgen mit der intravenösen Kochsalzlösung die Wirkung dieser Volumenauffüllung 1894 im Laboratorium Kroneckers experimentell erhärten[69].

Im Sommer 1895 besuchte ihn ein junger Amerikaner, George Crile – und kehrte voller Bewunderung für ihn nach Cleveland zurück[70]. In der Folge unternahm Crile experimentelle Untersuchungen zur Entstehung und Verhütung des Operationsschocks, die für unsere heutige Auffassung als Störung der Blutvolumenverteilung wesentlich wurden. So scheint Kocher als Anreger im Hintergrund an dieser wichtigen Entwicklung mitbeteiligt, ein Umstand, der bisher unbeachtet geblieben ist[71]. Der Schweizer erkannte denn auch sogleich die Bedeutung von Criles erstmals 1899 veröffentlichten Versuchen: Im Dezember 1900 faßte er sie anläßlich eines sogenannten «Referierabends» für das Berner Professoren-Kollegium zusammen. Hielten Kronecker und Sahli wenig davon, so fühlte sich Kocher um so mehr durch die nun experimentell gezeigte Möglichkeit der Schockentstehung bei übermäßigem Blutverlust während einer Operation in seiner sorgfältigen Operationsweise bestärkt[72]. Er maß damals dem Puls zur Überwachung des Kreislaufs während der Narkose Bedeutung zu (s. S. 62). So empfahl er bei durch schwindenden Puls angezeigter Schockgefahr die intravenöse Infusion körperwarmer Kochsalzlösung zur Blutdrucksteigerung, registriert durch kräftigeren, vollen Puls, schon in der ersten Auflage seiner *Operationslehre* (1892) angelegentlich[73]. Die Kopftieflagerung, die sorgfältig temperierte physiologische Kochsalzlösung zum Abspülen der Eingeweide unter Vermeidung jeglichen Antiseptikums (Gefahr der chemischen Läsion!) wandte er nun bereits zur Verhütung des Schocks bei großen Eingriffen in der Bauchhöhle an, nebst der Kompression, die er laut einem Privatbrief Criles erwähnte[74].

Zum Abschnitt über «physiologisches Operieren» gehören weiter Kochers Versuche zur ästhetischen Narbenbildung: während Jahren verglich er den Heilungsverlauf von in Spaltrichtung der Haut und gegen dieselbe angelegten kleinen Schnitten in allen Körpergegenden[75]. Als

Folge davon legte er fortan seine Schnitte in der Spaltrichtung der Haut an.

«Ich habe reichlich Gelegenheit für Kropfoperationen diese Unterschiede zu sehen, da gerade einige meiner nächsten Kollegen Wert darauf legen, abweichend zu operieren»,

schrieb er dazu[76]. Der nach ihm benannte «Kragenschnitt» ließ die Kropfnarbe fast unsichtbar werden, ein sicher beim weiblichen Geschlecht nicht zu vernachlässigender Vorteil – aber nicht das Wesentliche: «Nicht darauf kommt es an, feine Narben zu erzielen», schrieb er 1897 betreffend Eingriffe am Kopf, «sondern die Gesichtsmuskeln und ganz besonders deren motorische Nerven müssen erhalten bleiben[77]». Offenbar war dies keine Selbstverständlichkeit; denn Kocher kam auf diesen Punkt in seiner *Operationslehre* immer wieder zurück. So steht noch in der fünften Auflage:

«Wie hässlich sieht die Form des Halses aus, wenn man z. B. bei einer Kropfoperation die vom Sternum [Brustbein] zum Kehlkopf ziehenden Muskeln gelähmt hat! Es bilden sich tiefe Einsenkungen, welche für elegante Leute sehr abschreckend wirken ...[78].»

Mit diesem Beitrag verwandt war Kochers großes Verdienst in der Chirurgie der Extremitäten. Aufgrund sorgfältiger Studien gab er Schnitte zur Eröffnung der Gelenke an, nicht, wie vor ihm, für die Bequemlichkeit des Chirurgen angelegt, sondern so, daß sie der Funktion der Gelenke nicht schadeten[79]. Diese Zugänge haben in den letzten Jahrzehnten von den Gesichtspunkten der operativen Orthopädie und Frakturbehandlung aus eine neue Bedeutung erhalten.

Die vorangehenden Beschreibungen machen des jungen Professors zunächst zeitabhängige und später unabhängige Anlage ätiopathologischer Forschungen klar. Wie in früheren Arbeiten müssen wiederum seine Anstrengungen zur experimentellen Bestätigung empirisch gefundener Tatsachen hervorgehoben werden. Das Kapitel veranschaulicht umgekehrt auch Kochers Vertrauen auf neue Forschungsergebnisse und deren eigenwillige Anwendung in der Praxis. Besonders offensichtlich zeigte sich dies in seinem Weg von der vieldeutigen Situation der Antisepsis hin zur Asepsis und «physiologischen» Operationsweise, wobei die einzelnen Schritte teilweise identisch waren. Bei seinen technischen Beiträgen zur Asepsis ist das schadlose Vertragen verbleibender steriler Seidennähte im Hinblick auf die baldige Entwicklung der Gefäß- und Transplantationschirurgie als hochbedeutende Feststellung einzustufen (s. S. 19f). Die «physiologische Chirurgie» schloß Maßnahmen zur Verhinderung, Registrierung und Bekämpfung des Operationsschocks ein. Dabei handelte es sich um eigentliche Pionierleistungen; denn sie erfolgten gut zehn Jahre bevor beispielsweise die intravenöse Kochsalzinfusion in den Vereinigten Staaten bekannt wurde[80]. Auch das physiologische Operieren bedeutete einen für die Weiterentwicklung der modernen Chirurgie wesentlichen Beitrag Kochers. Sein frühes direktes Bemühen um Asepsis und die darin enthaltene «physiologische Chirurgie» zeigen wirkliche schöpferische Selbständigkeit. In seiner mittleren Schaffenszeit in Bern wird diese Originalität einen weiteren Ausdruck in den Forschungen zur Aufklärung gewisser krankmachender Mechanismen finden, mit welchen Kocher nun auf das Gebiet der pathologischen Physiologie vorprellte. Davon wird das nächste Kapitel handeln.

Hier bleibt noch die Tatsache zu erwähnen, daß dieser Teil seines Werkes offensichtlich auf dem alten Kontinent weniger Aufnahme fand als in Amerika. Obschon sie im deutschsprachigen Europa erwähnt wurden[81], scheinen sich beispielsweise weder die moderne Pathophysiologie noch die damit vorgezeigte Therapie des Operationsschocks vor dem Ende des Zweiten Weltkriegs dort allgemein durchgesetzt zu haben[82]. Woher rührte das? Lag es etwa daran, daß Kochers empirische Befunde in Amerika experimentell auf ihren Wirkungsmechanismus abgeklärt und damit auf eine wissenschaftliche Grundlage gestellt wurden – wie das umgekehrt in Europa für die erfahrungsmäßig ermittelte Rolle der Sauberkeit zur Verhütung der Wundinfektion geschehen war?

Anmerkungen

1 K. 1874a, K. 1875a.
2 Hintzsche 1954, S. 399–400; Karamehmedovic 1973, S. 13.
3 Zit. bei Hintzsche, op. cit., S. 400.
4 Lesky 1965, S. 469; Klebs 1871a.
5 Reichen 1949, S. 13, 50.
6 K. 1871a, S. 118.
7 ibid.
8 ibid., S. 116.
9 Lücke 1873; Hintzsche, op. cit., Anm. 2, S. 400–401; Hintzsche 1967.
10 K. 1878b.
11 KM. 1872b.
12 K. 1875c, S. 393–394.
13 Godlee 1917, S. 352.
14 K. 1875c.
15 Hintzsche, op. cit., Anm. 2, S. 401.
16 Kocher, zit. ibid.
17 s. K. 1878e; zur «offenen Wundbehandlung nach Rose» s. Madritsch 1967, S. 14–15, 21–22.
18 KM. 1875.
19 KM. (1866) 1875 n.p.
20 s. z.B. Reichen, op. cit., Anm. 5, S. 13, 50. Eine Diskussion zu dieser Frage mit Beteiligung Kochers fand am 7. Kongreß der Deutschen Gesellschaft für Chirurgie (1878), im Anschluß an einen entsprechenden Vortrag von E. Küster, statt: s. *Verh. D. Ges. Chir.* 7, I: 50–67; II: 17–55 (1878).
21 D. Amuat 1881, D. Schuler 1885, D. Viquerat 1889.
22 D. Collon 1886, S. 12.

23 K. 1875c, S. 394–395. Kocher zeigte seine Eigenständigkeit auch bei seinem ersten Vortrag vor dem Deutschen Chirurgenkongreß gegenüber dem Nestor der deutschen Chirurgen von Langenbeck, der ihn seinerzeit der Berner Regierung empfohlen hatte, s. K. 1878k; s.a. S. 20, 24 der vorliegenden Arbeit.
24 Cartwright 1967, S. 41, 43, 276.
25 «His whole work demonstrated the folly of these who operate with the single desire for speed» (zit. bei Moynihan 1917, S. 168).
26 s. Anm. 19.
27 Klebs 1871b.
28 Röthlin 1962.
29 K. 1878a.
30 Trendelenburg 1923, S. 45, 47; s.a. Röthlin, op. cit., Anm. 28.
31 König 1878.
32 s. K. 1878a und die Diskussion darüber, *Verh. D. Ges. Chir.* 7, I: 14–19 (1878); Klebs, op. cit., Anm. 27; Absolon 1981, S. 150–156; Engler 1970, S. 129.
33 Lain Entralgo 1950.
34 K. 1893a; Bonjour 1981, S. 83.
35 s. Karamehmedovic, op. cit., Anm. 2, S. 13.
36 Amuat, op. cit., Anm. 21; K. 1881c.
37 Karamehmedovic, op. cit., Anm. 2, S. 18–19; Reichen, op. cit., Anm. 5, S. 58.
38 K. 1878g; Hintzsche, op. cit. Anm. 2, S. 419–420; Rennefahrt 1954, S. 141.
39 Hintzsche, ibid., S. 458.
40 ibid., S. 399, 456–457.
41 Bickel 1972, S. 12–13, 78; bezüglich Zusammenarbeit s.a. K. 1878a, S. 6, 9.
42 Zusammenfassung in D. Adamson 1914.
43 «It is the most perfect operating room I have seen, Volkmann's not excepted» (zit. bei Senn 1887, S. 380).
44 Wangensteen 1978, S. 427, 439.
45 s. Bonjour, op. cit., Anm. 34, S. 48.
46 Lister 1890 (Manuskript).
47 s. z.B. Gottstein, in: Kocher und de Quervain 1901, S. 96.
48 K. 1888b, S. 3; s.a. Trendelenburg, op. cit., Anm. 30, S. 41.
49 Stiles 1919; Karamehmedovic, op. cit., Anm. 2, S. 38. Ende 1889 ersuchte Kocher den Erziehungsdirektor um Kredit für einen ersten Apparat zur Sterilisation mit gespanntem Dampf; er wurde bewilligt (KM. 1889).
50 Hintzsche, op. cit., Anm. 2, S. 456.
51 Karamehmedovic, op. cit., Anm. 2, S. 41–42, 45–47.
52 Kocher und Tavel 1895/1909.
53 K. 1899a.
54 «When you wish to be quite independent as to the form of your nails, the touching of everything you like, and the liberty to wash or not to wash your hands and when you can spend plenty of money» (zit. bei Ravitch 1982, Bd. I, S. 230).
55 K. 1892a, 5. Aufl. 1907, S. 104; Primerose 1909; s.a. K. 1900a.
56 K. 1878b, S. 229.
57 Cartwright, op. cit., Anm. 24, S. 113.
58 Lanz und Flach 1892; Quervain (1930, S. 1032–1033) berichtet seine Erlebnisse mit Kocher betreffend reine Asepsis im Jahr 1893; Arnd 1918, S. 23.
59 Hintzsche, op. cit., Anm. 2, S. 458.
60 ibid., S. 436–437, 456–457.
61 ibid., S. 402; Rennefahrt, op. cit., Anm. 38, S. 165.
62 English 1980, S. 8–9, 20.
63 Ravitch, op. cit., Anm. 54, Bd. I, S. 65, 75, 172, 211, 622.

64 KM. 1872a.
65 KM. 1873-74, II, S. 50; ibid. III, S. 70; K. 1878l.
66 Kronecker und Sander 1879. Für klinische Anwendung durch Kocher s. Givel 1882, Manuskript. Kronecker war von 1884 bis 1914 Professor der Physiologie in Bern.
67 «... as deliberately as though he was demonstrating the operation before his class on a cadaver» (zit. bei Senn 1887, S. 381).
68 s. Fischer 1870.
69 D. Gomberg 1894.
70 Crile 1947, S. 56, 70.
71 English, op. cit., Anm. 62, erwähnt Criles Besuch in Bern nicht und Kocher nur im Zusammenhang mit seinen Hernien- und Schilddrüsenoperationen.
72 Fulton 1946, S. 180.
73 K. 1892a, 4. Aufl. 1902, S. 30, und besonders 5. Aufl. 1907, S. 91-92.
74 ibid., 4. Aufl. 1902, S. 285; 5. Aufl. 1907, S. 742-743.
75 ibid., 1. Aufl. 1892, S. 17-23, sowie in allen weiteren Auflagen.
76 ibid., 5. Aufl. 1907, S. 42.
77 ibid., 3. Aufl. 1897, S. 87.
78 ibid., 5. Aufl. 1907, S. 45.
79 K. 1888c; Arnd, op. cit., Anm. 58, S. 24.
80 English, op. cit., Anm. 62, S. 7, 11.
81 s. z.B. Lexer 1918, S. 15-16.
82 s. Fuchsig 1972, S. 203; Sandblom 1972, S. 213.

5
Pathophysiologische Forschung und neurochirurgische Anwendung

Einleitung:
Die Pathophysiologie der Geschoßwirkung

Im Gegensatz zur pathologischen Anatomie, die klassischerweise die krankheitsbedingten statischen Strukturveränderungen erforscht, will die pathologische Physiologie die krankmachenden Mechanismen und die krankhaften Funktionsstörungen ergründen. Die Suche nach diesen dynamischen Veränderungen wuchs, nach einer jahrhundertealten, vorwiegend spekulativen Vorzeit, ab 1840 zu einer durch die neue Laborphysiologie begünstigten Forschungsrichtung. Dies war besonders in Deutschland der Fall, wo gegen die Jahrhundertwende die Pathophysiologie auf dieser Grundlage ihre erste Lehrbuchdarstellung in der mehrfach aufgelegten und übersetzten *Pathologischen Physiologie* des Heidelberger Klinikers Ludolf von Krehl (1861–1937) fand (s.a. S. 178f)[1].

Kocher leistete drei wichtige Beiträge in dieser Hinsicht: Er klärte die Wirkungsweise von Geschossen auf den Körper ab, er versuchte die Dynamik der Schädel-Hirn-Verletzungen zu verstehen sowie die Entstehung von Schilddrüsenerkrankungen zu ergründen. Sein Interesse für den Mechanismus der Geschoßwirkung führte ihn zur Erforschung der Pathophysiologie des Hirndruckes und letztlich zu einer chirurgischen Behandlung der Epilepsie. Diesen nur scheinbar zufälligen Zusammenhängen wollen wir jetzt nachgehen, während die pathologische Physiologie der Schilddrüse in Kapitel 9 besprochen werden soll.

Die Kunst der Wundversorgung, die bis zur Mitte des letzten Jahrhunderts noch einen wesentlichen Teil der Chirurgie ausgemacht hatte, hat seit jeher in enger Beziehung mit kriegerischen Ereignissen gestanden. Hatte sie in den ausgedehnten napoleonischen Kriegen unzweifelhafte Förderung erfahren, so gehörte nach dem Aufkommen der Narkose und der Entwicklung antiseptischer Kautelen die Kriegschirurgie um so mehr zur Grundausbildung des Chirurgen, als es ja in der Zeit an Waffengängen nicht mangelte. Kochers Beschäftigung damit mag im besonderen in Bern noch durch Demme, Klebs und Lücke (s. S. 15) angeregt worden sein[2]. Im Gegensatz zu ihnen, sowie seinen Schweizer Kollegen Socin und Krönlein, nahm er zwar an keinem Feldzug teil, doch las er bereits als Privatdozent über Kriegsverletzungen – und der Deutsch-Französische Krieg (1870/71) hielt das Interesse allenthalben wach.

Mit dem Aufkommen von Handfeuerwaffen, die den Geschossen immer höhere Initialgeschwindigkeiten verliehen, hatte man im Laufe des 19. Jahrhunderts neuartige Verletzungen beobachtet. Nach dem Deutsch-Französischen Krieg entstand eine heftige Polemik darüber, ob diese zerfetzten Wunden die Folge der Wirkung der neuen Waffen oder ob sie der Verwendung explodierender Projektile, sogenannter Dumdumgeschosse zuzuschreiben wären. Hatten vor und während des Krieges in der Schweiz bereits Kochers Basler Kollege Socin und sein Freund Klebs den Wundverlauf klinisch und pathologisch-anatomisch auf dem Kriegsschauplatz studiert[3], über die Wirkungsmechanismen der Geschosse auf den menschlichen Körper gab es bloße Vermutungen[4]. Es war nun Kocher, der sich dieser Frage systematisch zuwandte. Wie bei den Studien zur Blutgerinnung zeigten auch hier Versuche aus der ersten Hälfte des Jahrhunderts den Weg. Berühmte französische Chirurgen wie der Baron Percy (1754–1825) und Joseph-François Malgaigne (1806–1865) hatten Tausende von Schießversuchen mit den damaligen Waffen gemacht und vorweg in klinisch-pathologisch-anatomischer Hinsicht ausgewertet[5]. Erneut beachtete Kochers Forschungsansatz zusätzlich das funktionell-pathophysiologische Element. Mittels einer Serie einleuchtender Schießversuche an Metallbüchsen, Wasserträgen sowie an isolierten Organen bewies er die Richtigkeit einer dieser früheren Vermutungen: Der Hauptanteil der Geschoßwirkung war auf den hydrostatischen Gewebsdruck zurückzuführen. In nur luftgefüllten Büchsen entsprach die Größe des Ausschusses etwa derjenigen des Einschußlochs, je dichter der Büchseninhalt war, desto größer wurde das Ausschußloch. Mit Hilfe des Berner Physikers Aimé Forster (1843–1926), der die nötigen ballistischen Berechnungen anstellte, zeigte er den verhältnismäßig geringen Anteil von Hitze und Zentrifugalkraft an der Geschoßwirkung. Nicht die Geschosse, sondern die Gewebe waren explosiv[6]! Diese Befunde nahmen der Polemik um die Dumdumgeschosse ihre Schärfe, und ihr Beobachter wurde damit zu einem Pionier in der Erforschung der Wirkung moderner Infanteriegeschosse auf den menschlichen Körper.

Wiederum zog Kocher aus seinen Versuchsergebnissen Folgerungen für die Praxis. Sie gestatten ihrerseits interessante Rückschlüsse auf seine Persönlichkeit und seinen Charakter: Anläßlich des 11. Internationalen Medizinischen Kongresses in Rom brach er 1894 in einem Hauptvortrag mit Demonstrationen eine Lanze für die «Verbesserung der Geschosse vom Standpunkte der Humanität»:

«Der Zweck eines Krieges zwischen civilisierten Nationen ist nicht wie unter Wilden möglichst viele Menschenleben zu vernichten», rief er aus, «und Zweck der Schußwaffen darf nur der sein, mittelst eines Geschosses – dieses gleich der Zunge kleinen Dinges, das aber großen Schaden anrichtet – nach Art der früheren Lanzen einen Menschen so zu verletzen, daß aus einem kampfestüchtigen Gegner ein pflegebedürftiger Patient wird.»

Da man nun einmal auf die erhöhte Anfangsgeschwindigkeit nicht verzichten wollte, forderte er, gestützt auf seine Forschungen, wenigstens zur Verminderung der Geschoßwirkung ein Verbot der Verwendung weicher Geschosse und solcher mit relativ großem Durchmesser mittels internationaler Konventionen[7].

Wieweit derartige Äußerungen Kochers – sie finden sich auch in andern Zusammenhängen[8] – einer religiösen Überzeugung entsprangen, muß dahingestellt bleiben. Er und seine Gattin blieben zwar aktive Mitglieder der Herrnhuter Brüdergemeinde, doch besagt das wenig in diesem Zusammenhang. Wie die meisten Zeitgenossen sah er den Krieg offenbar als eine unausweichliche Notwendigkeit an. Er konnte höchstens danach trachten, die Folgen für den einzelnen Menschen zu lindern[9].

Wie wir schon in der Blutgerinnungsfrage gesehen haben, blieb Kocher gerne einem einmal gewählten Forschungsgebiet treu. So setzte er Versuche über Geschoßwirkungen bis ins 20. Jahrhundert hinein fort[10], die in der Schweiz seit den 1880er Jahren besonders auch der Aarauer Chirurg Heinrich Bircher (1850–1923) und später sein Zürcher Kollege Krönlein mit anderer Zielsetzung aufnahmen[11]. Kochers gültige Gewebsdrucktheorie erklärte die Verschiedenheit der Geschoßwirkung je nach getroffenem Organ. Sein Verdienst ist von zeitgenössischen und heutigen Chirurgen anerkannt worden: Victor Horsley (s. S. 58) bestätigte seine Ergebnisse fast zwanzig Jahre später und dehnte die Experimente auf lebendige (anästhesierte) Tiere aus. Und die Wangensteens heben in ihrer großen Geschichte der Chirurgie (1978) diesen Beitrag Kochers neben seinem darmchirurgischen Werk und seiner langsamen physiologischen Operationsweise hervor[12].

Ganz unbekannt scheint dagegen heute zu sein, daß der Berner Chirurg die gleiche Theorie in den frühen 1880er Jahren als Arbeitshypothese zur Erklärung der Auswirkungen anderer Verletzungen, insbesondere der Schädel-Hirn-Traumen, brauchte.

Die Pathophysiologie des Hirndrucks

1881 nahm Kocher am 7. Internationalen Medizinischen Kongreß in London teil (s. S. 99). Ein allgemein besprochener Höhepunkt war dort die direkte Konfrontation zwischen den Hauptvertretern der sogenannten «Generalisten» und der «Lokalisten» in der Debatte über die Lokalisation der Hirnfunktion. Sie endigte mit einem Sieg der Lokalisten[13], welche zeigen konnten, daß gewisse Hirnrindenzonen, nicht aber das ganze Hirn, Zentren für bestimmte motorische, sensorische und autonome Funktionen bildeten. Kocher muß diese Auffassung rasch zur seinigen gemacht haben; sie hatte ja auch praktische Auswirkungen für die Chirurgie:

> «Seit durch physiologische Experimente und die ergänzenden Erfahrungen der Chirurgen an Lebenden mit Sicherheit festgestellt ist, daß gewisse Rindenbezirke des Gehirns Foci für bestimmte Functionen ... repräsentiren», schrieb er bereits in der ersten Auflage der *Operationslehre*, «kommt der Chirurg in die Lage, wegen Lähmungs- und Reizzuständen ganz genau umschriebene Stellen der Hirnrinde aufsuchen zu müssen[14].»

Im Zuge der gleichzeitigen Entwicklung der allgemeinen Chirurgie waren solche Eingriffe in den Bereich des Verantwortbar-Möglichen gerückt mit dem vorläufigen Ziel der Verminderung des Hirndrucks, vielleicht der Entfernung von nekrotischem Gewebe und von Narben.

In Analogie zu seiner Druckteorie der Geschoßwirkung sah Kocher in allgemeinen oder lokalen Hirndruckveränderungen den entscheidenden pathophysiologischen Mechanismus für Krankheitssymptome seitens der Hirnrinde[15]. Daher regte er einen seiner Volontäre, den Italiener Ambrosio Ferrari, in den 1880er Jahren zur experimentellen Abklärung des Auftretens von Hirnerscheinungen nach Einwirkung stumpfer Gewalt an. Ferrari steckte feine Deckgläschen an verschiedenen Stellen in die Rinde von Leichengehirnen, dann schloß er das Schädeldach wieder zu. Hernach ließ er eine Eisenkugel von 2,9 kg aus einer Höhe von 30 bis 150 cm auf Kuppe oder Seitenwand des nackten Schädels anschlagen, wobei ein Gehilfe den Schädel auf einer Unterlage hielt. Nach dem Experiment untersuchte er die Verteilung der gebrochenen Deckgläschen und stellte so die Druckausbreitung fest. 1893 interpretierte Kocher die Befunde aus dieser originellen Versuchsanordnung so, daß, wie bei eindringenden Geschossen, auch bei Hirnerschütterung erhöhter hydrostatischer Druck für die Schädigung der Hirnrinde verantwortlich war. Seine Beobachtungen der Druckausbreitung erlaubten nun, einzelne Symptome wie Fieber, Respirations- und Zirkulationsstörungen im Sinn der «Lokalisten» als Herdsymptome aufzufassen, das heißt ausgehend vom Ort der direkten Traumaeinwirkung (Coup) oder dem in Stoßrichtung gegenüberliegenden Ort des «Contrecoup[16]». Das seit den Hippokratischen Schriften wiederholt formulierte Konzept von «coup» und «contrecoup» wurde durch diese Versuche neu unterstützt und pathophysiologisch gedeutet – allerdings auf rein mechanistische Weise[17].

Diese Resultate führten Kocher weiter zur Abklärung der Pathophysiologie von Hirnsymptomen bei anderen pathologischen Zuständen. Sein Schweizer Assistent Paul Deucher untermauerte 1892 experimentell die umstrittene Theorie des deutschen Chirurgen Ernst von Bergmann (1836–1907), wonach bei einer lokalen Raumbeschränkung im Schädel, wie zum Beispiel bei Frakturen, Narben und Tumoren, der intrakranielle

Druck infolge allgemeiner Liquordruckerhöhung ansteige. Diese Beobachtung führte Kocher wiederum auf Veränderungen in der zerebralen Zirkulation zurück, die er als die schwerwiegendsten Folgen jeglicher Hirnschädigung ansah[18]. Nach Deuchers Versuchen glaubte er sich 1893 berechtigt, bei Schädelverletzungen und Neubildungen zur Verminderung von lokalem und allgemeinem Hirndruck stets die Trepanation zu empfehlen, wie Macewen, Horsley und von Bergmann es vor ihm, mehr intuitiv handelnd, getan hatten[19]. Die Trepanationstherapie, die auch er schon seit 1885 bei Impressionsfrakturen des Schädels ausgeführt hatte, war damit theoretisch gerechtfertigt. Sie erlebte ihre Renaissance seit Ambroise Paré (1510–1590), allerdings vorab aus Gründen der Entwicklung der allgemeinen Chirurgie und neuer diagnostischer Techniken[20]. Aus denselben Versuchen abgeleitet, veröffentlichte Kocher 1893 auch seine Pathophysiologie der Fokalepilepsie, die ihn bereits seit 1886 zur chirurgischen Behandlung mittels Trepanation geführt hatte.

Allerdings wurden grundlegende Besonderheiten der Hirnzirkulation erst kurz danach durch die Engländer Horsley und Leonard E. Hill (1866–1952), den deutschen Internisten Bernhard von Naunyn (1839–1925)* sowie Kocher selbst und seine Schüler experimentell aufgeklärt[21]. Der Schweizer arbeitete dabei zuerst mit einem Modell, in welchem Glas- und Gummiröhren die Blutgefäße darstellen sollten (Abb. 6). Dann ließ er den amerikanischen Volontär Harvey Cushing am Berner physiologischen Institut Kroneckers am Tier über die Beziehungen zwischen intrakraniellem Druck und systolischem Blutdruck experimentieren. Das Resultat ergab eigentlich eine Bestätigung der Resultate Naunyns, jedoch ohne daß letztere in der entsprechenden Publikation Erwähnung fanden[22]. Zum direkten Nachweis vermehrten Hirndrucks in der Klinik ließ Kocher 1899 eine Methode der Hirnpunktion (in Schädelkapsel oder Ventrikel) durch seinen Sohn Albert veröffentlichen. Er gab ihr, zumal bei verzögerten Fällen von Tumor, bei Eiter mit Blutansammlung an gut zugänglicher Stelle, den Vorzug vor der durch Heinrich Quincke (1842–1922)** verbreiteten Lumbalpunktion (1891), weil sie auch therapeutisch gefahrloser zu handhaben wäre. Dabei bedauerte er einmal mehr, wie wenig bei den Internisten von diesem wichtigen Hilfsmittel die Rede sei:

«Die Herren Internen sind doch sonst so punktionslustig, und ich kenne einen internen Kliniker, welcher mit beneidenswerter Unbefangenheit in jedes Exsudat im Abdomen hinein sticht und seinen Schülern dieses Verfahren warm empfiehlt [d.h. Sahli]. Es ist aber ungleich gefährlicher, da, wo man Verletzung von Därmen und anderen Hohlorganen zu fürchten hat, hineinzustechen, als am Schädel,

---

* Professor der inneren Medizin in Bern zwischen 1871 und 1872.
** Professor der inneren Medizin in Bern zwischen 1873 und 1878.

wo bei richtiger Ausführung Nebenverletzungen wenig zu fürchten sind[23],»

was, «bei richtiger Ausführung», noch zu beweisen bliebe!

Kocher verarbeitete 1901 alle eigenen Ergebnisse und eine riesige Literatur zu der Monographie *Hirnerschütterung, Hirndruck und chirurgische Eingriffe bei Hirnkrankheiten*, die Cushing 1908 noch als «the most recent full consideration of the subject» bezeichnete[24]. Sie gehörte auch in Europa zu den Hauptwerken der frühen Neurochirurgie[25]. Wenden wir uns nun noch für eine Weile einem Sonderfall aus diesem Gebiet zu, der chirurgischen Behandlung der Epilepsie.

Chirurgische Epilepsiebehandlung

Seit der Arbeit von John Hughlings Jackson (1835–1911) aus dem Jahre 1863 war die einseitige Epilepsie mit Krämpfen ein bekanntes Krankheitsbild. Mit dem Überhandnehmen der Lehre von der Lokalisation einzelner Funktionen in umschriebenen Hirnrindenbezirken nach 1881 (s. S. 46f) ließ sich die «Bravais-Jackson-Epilepsie» gut mit der Schädigung eines solchen Rindenherdes, möglicherweise durch lokalen Druck, erklären. Ganz besonders lag diese Pathophysiologie bei den nach Schädel-Hirn-Verletzung auftretenden Fällen dieser nun auch Herd- oder Fokalepilepsie genannten Krankheit auf der Hand. Damit standen dem Chirurgen zwei therapeutische Möglichkeiten offen: entweder die Schädelöffnung gefolgt von der Entfernung des krankhaften Gewebes, oder die einfache Trepanation zur Entlastung einer vermuteten Druckerhöhung. In erweiterter Anwendung der experimentellen Ergebnisse Ferraris wählte Kocher den zweiten Weg – eine Indikation, die sich schon in den hippokratischen Schriften findet[26].

Zwischen 1886 und 1891 trepanierte er zur «Druckentlastung» vier Patienten mit epileptischen Fokalanfällen nach Schädel-Hirn-Trauma, wovon er zwei Fälle mit Zystenbildung noch zusätzlich mit verbleibenden Röhrchen zur Drainage der Zerebrospinalflüssigkeit behandelte. Die guten Resultate und auch die Experimente seines Assistenten Deucher (s. S. 47) ließen ihn 1893 die Hypothese formulieren, daß erhöhter intrakranieller Druck das verursachende Moment der Epilepsie sei[27]. Im Jahr 1899 schienen gezielte Experimente seines japanischen Volontärs Ito, die er sich «zum Theil selbst mit angesehen» hatte, an fünf künstlich «epileptisch» gemachten Meerschweinchen diese auf klinischer Erfahrung beruhende Annahme zu bestätigen. Allerdings waren die Drucke nur in einem Tier auch nach der Operation gemessen worden. Damit war für Kocher die «Thatsache der ätiologischen Beziehung gesteigerter intracranieller Spannung zur Epilepsie über jeden Zweifel gestellt[28].»

Im Gegensatz zu ihm wählte Horsley, ebenfalls 1886, den andern Weg, indem er den vermutlichen Herd einer Fokalepilepsie herausope-

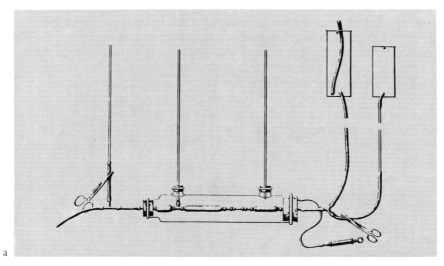
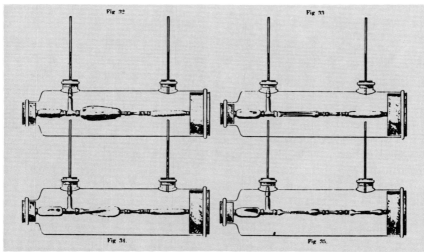

Abb. 6
Modell-Apparat zum Studium der Blutzirkulation im Schädelinnern (a) (Erklärung im gedruckten Text) und deren Verhaltens während vier Versuchsphasen (b): bei normalem Liquordruck (= Hirnvenendruck) (Fig. 32), bei leicht (Fig. 33) und stärker erhöhtem Liquordruck mit Kompression der Hirnvenen (Fig. 34), bei unter den Hirnvenendruck herabgesetztem Liquordruck (Fig. 35).

rierte. Diese Methode war aber wegen der Schwierigkeiten der Herdlokalisation mit weitaus größeren Risiken behaftet. Der Schotte William Macewen (1848–1924), selbst ein hervorragender Operateur am Nervensystem (s. S. 74) warnte 1888 eindringlich davor. Der *Lancet* pflichtete in seinem Kommentar bei:

> «Einem Patienten mit epileptiformen Anfällen kann man kaum anraten, sein jetziges Leiden mit einer Lähmung zu vertauschen, die vollständig sein kann und bestehenbleiben muß oder, ... mit der vollen Entsprechung einer Amputation an Hüft- oder Schultergelenk, da diese ja das Ergebnis der Entfernung großer Keile aus der Hirnrinde wären[29].»

Ob aus solchen Überlegungen, wegen seiner alten Theorie oder aus beiden Gründen – Kocher betonte die Wichtigkeit der Erniedrigung des «erhöhten Drucks», obschon er weder die lokale Druckerhöhung vor noch ihre Erniedrigung nach der Operation beim Patienten gemessen hatte. 1896 ging er weiter noch als Horsley und von Bergmann, indem seine Indikation für die chirurgische Behandlung der Epilepsie nun auch die echte, beidseitige Epilepsie einschloß. Er hielt sie für eine chirurgische Krankheit, wenigstens in Fällen, die sonst auf keine Behandlung angesprochen hatten. Tatsächlich operierte Kocher zwischen 1886 und 1898 sechzehn epileptische Patienten, einige davon mehrmals. Ein eigenhändiger Operationsbericht aus dem Jahre 1896 ist in Anhang I transskribiert. Er illustriert die Schwierigkeiten der Lokalisation einer pathologischen Veränderung im Hirn – aber auch die Neigung Kochers, den Wert seiner Operation trotz tödlichen Ausgangs nicht in Frage zu stellen. Darum ging es ja vorerst nicht, sondern um die Verbesserung der Technik. Wie er sich ausdrückte,

> «... wird [es] erlaubt sein, bevor wir so, ganz entgegen unseren modernen Gepflogenheiten, die Segel streichen, zu fragen, ob nicht vielleicht unsere *Operationsmethoden einer Verbesserung* fähig sind[30]».

Kocher brachte in der Tat bald einen originellen Beitrag. Er bestand in der Einsetzung eines bleibenden «Ventils» – in Wahrheit einer Schädelöffnung – zum Ausgleich rapider Druckschwankungen[31]. In technischer Hinsicht zeigt der erwähnte Operationsbericht, daß er einmal die von Wilhelm Wagner 1889 angegebene osteoplastische Resektion des Schädeldaches anstelle der Trepanation verwandte, da sie größere Schädelöffnungen erlaubte. Dann lieferten ihm die Tierversuche seines russischen Gast-Assistenten Berezowski vom September 1898 eine wesentliche Verbesserung, nämlich eine Methode zur Verhinderung des Verschlusses der Schädelöffnung durch die normale Knochenheilung. Sie sollte die Dauerheilung ermöglichen. Kocher wandte sie bei erster Gelegenheit am 11. November 1898 an, getreu der Losung seines Freundes Ernst von Bergmann aus dessen *Chirurgischer Behandlung von Hirnkrankheiten* (1889):

> «Ich halte es nicht nur für erlaubt, sondern geradezu für geboten, das was der Thierversuch ergeben hat, am Krankenbette zu verwerthen und in Gebrauch zu ziehen.»

Entsprechend gab Bergmann später ein «Glaubensbekenntniss» für Kochers Theorie ab[32]. Berezowski* veröffentlichte seine Berner Forschungsergebnisse 1899, zusammen mit der gesamten Kocherschen Operationsstatistik, die er dahingehend auslegte, daß sich die Resultate in der Epilepsiebehandlung seit Einführung dieser neuen Methode sehr gebessert hätten[33]. Was nun die Bewertung des Erfolgs dieser Behandlung betraf, so hatte von Bergmann schon vor zehn Jahren vor übereilter Genugtuung gewarnt:

> «Kaum auf irgend einem Gebiete der chirurgischen Statistik hat diese sich so trügerisch und bedeutungslos erwiesen, als auf dem der Behandlung epileptischer Krämpfe.» Je mehr man versucht hat, «die Heilerfolge...in Zahlen auszudrücken, desto weniger hat man aus diesen Zahlenverhältnissen gelernt...[34]».

Oft genug fehlte da die genaue Definition der «Heilung». Bedeutete sie einfach das Überleben der Operation oder Rezidivfreiheit über einen gewissen Zeitraum? Wie lange war dieser im letzteren Falle? Täuschten Durchschnittswerte nicht? Welche Kriterien lagen überhaupt der Diagnose «Epilepsie» zugrunde? 1899 faßte ein Kocherscher Doktorand ähnlich lautende Kritiken aus einer bereits umfangreichen Literatur zusammen – ohne sie in der Folge selbst zu berücksichtigen. Und 1901 hielt Kochers ehemaliger Mitarbeiter Fritz de Quervain (1868–1940) in der gemeinsam herausgegebenen *Encyclopädie der gesamten Chirurgie* die erwähnte Kocher-Berezowskische Statistik über elf wegen traumatischer Epilepsie operierte Patienten (mit sechs Heilungen und fünf Rezidiven) als «schwer zu verwertende Zahlen[35]». Genau diese Erfolgszahlen – die Mißerfolge wurden wegdiskutiert – lieferten in Kochers Augen indessen den Beweis der Richtigkeit seines Vorgehens und damit seiner pathophysiologischen Theorie. So hob er 1899 zum Schluß seines entsprechenden Vortrags am Kongreß der Deutschen Gesellschaft für Chirurgie

> «nochmals hervor,...daß in der *sicheren Feststellung der vermehrten intracraniellen Spannung* eine Erklärung des unbekannten Etwas, welches man ‹epileptische Veränderung›... nennt, gefunden ist[36]».

Wegen ihrer *prima vista* einleuchtenden Begründung, viel mehr als wegen ihrer Resultate, übernahm wohl eine Zeitlang eine Anzahl namhafter deutscher Chirurgen wie von Bergmann, Gussenbauer, Kümmell und Lauenstein Kochers Ansicht in dieser umstrittenen Frage. Der frühe deutsche Spezialist Fedor Krause (1852–1937) begann umgekehrt erst auf-

---

* Später Professor in Moskau.

grund der günstigen Berichte der Kollegen zu operieren, obwohl die Kochersche Theorie zunehmend bezweifelt wurde. Der Kochersche Eingriff war ja auch verhältnismäßig leicht auszuführen und bedurfte nur der lokalen Betäubung. Die operative Epilepsiebehandlung wurde regelrecht Mode; in Deutschland berichtete allein Krause 1910 über 80 eigene Epilepsietrepanationen, in Frankreich folgten Tuffier und der erste Neurochirurg dieses Landes, Antoine Chipault (geb. 1866) (s. S. 55 f)[37]. Spätestens 1905 erwiesen sich jedoch die zugrundeliegenden pathophysiologischen Überlegungen bei der Überprüfung durch Dritte als falsch: Manometrische Messungen am Menschen zeigten, daß die intrakranielle Druckerhöhung nicht der unmittelbare Grund, sondern allenfalls eine Begleiterscheinung des epileptischen Anfalls sein konnte[38]. Die Begeisterung für die Therapie ging nach und nach zurück[39].

Alle Einwände statistischer und pathophysiologischer Natur brachten allerdings Kocher nicht von seinem durch «Erfolg» gestützten Standpunkt ab. 1907 führte er «die Entlastung von lokalem und allgemeinem Druck bei Epilepsie» sogar erstmals in seiner *Operationslehre* auf, und zwar als eine «Indikation, welche von mir aufgestellt und durch weit zurückreichende, einschlägige Versuche im Jahre 1893 begründet worden ist[40].» 1911 nahm er zwar die Ausschließlichkeit seiner Epilepsietheorie in einer Kongreßdiskussion zurück, verwies aber entschieden auf seine Versuche und seine klinischen Erfolge. 1916 veröffentlichte er weitere fünf eigene, aufeinanderfolgende Operationen und wies auf die günstigen Resultate anderer, speziell seines ehemaligen japanischen Schülers Ito* hin[41]. Diese neuen Fälle waren in unverändertem Stil publiziert und daher ebensowenig überzeugend wie die früheren.

Obgleich die chirurgische Behandlung der Epilepsie also in der Hauptsache Episode geblieben ist, war sie doch nicht unnütz. In der Meinung der Zeitgenossen beruhte sie auf Forschung. Daher regte sie ihrerseits zu solcher an, was letztlich zu genauerer Kenntnis der Pathophysiologie des Hirndrucks führte. Dieses Beispiel zeigt, daß die Pathophysiologie in Kochers Händen eine angewandte Wissenschaft war. Er brauchte die Versuchsergebnisse seiner jüngeren Mitarbeiter sofort zur Begründung seiner therapeutischen Praxis. Dabei sei die ketzerische Bemerkung erlaubt, daß die Laborversuche zur Entstehung der Epilepsie lediglich Kochers vorgefaßte Meinung bestätigten.

> «Ich habe seit Anfang der 80ger Jahre meine Operationen auf Grund einer *Theorie* ausgeführt, die ich mir nach eigenen Beobachtungen gebildet habe»,

erklärte er zwanzig Jahre später[42]. Die besagten Experimente wurden nämlich erst ausgeführt, als bereits eine Anzahl Patienten «erfolgreich»

---

* Unterdessen Professor in Tokio.

operiert worden war, und zwar von einem Dreigespann unter einem gewissen Erfolgszwang stehender ausländischer Volontäre. Es handelte sich also bei der Epilepsiebehandlung wie bei der Dekompression nach Schädelfrakturen um ein von vielen geübtes empirisches Vorgehen, für das erst nachträglich theoretische Erörterungen gemacht wurden, wobei es Kocher übernahm, diese experimentell zu begründen. Er beharrte darin auf seiner in der eigenständig erforschten Geschoßwirkung wurzelnden Ausgangshypothese. Von seiner Kropfbehandlung, seiner Tuberkulose- und Krebschirurgie her möchte man erwarten, daß er sich eher für das Herausschneiden von schadhaftem Gewebe ausgesprochen hätte – für den Weg also, den Horsley beschritt. Bewußt setzte er sich jedoch hier in Gegensatz zu seinem englischen Kollegen, den er im übrigen sehr schätzte (s. S. 58f).

Hervorzuheben ist vom heutigen Standpunkt die schmale experimentelle Grundlage, die offenbar einer Reihe von Chirurgen für die Annahme einer nicht risikofreien Behandlung ausreichend schien. Dies traf nun keineswegs für Kochers internistischen Kollegen in Bern, Hermann Sahli, zu, der seine Bedenken 1891 in einem Artikel mit dem Titel «Hirnchirurgische Operationen vom Standpunkt der inneren Medicin» vorbrachte[43]. Die damit und schon in den Bemerkungen zur Erfolgsstatistik angeschnittene Frage des Stellenwerts einer Operation im Heilplan des Arztes verdient allerdings eine eingehende Betrachtung. Sie wird in Kapitel 8 folgen. Hier wollen wir noch dem Weg nachgehen, den Kocher zur Überwindung einer der oben angedeuteten Schwierigkeiten der Hirnchirurgie einschlug, nämlich der präoperativen Ortung von Hirnzentren am Patienten.

Kranio-zerebrale Topographie

Das Ziel, bekannte Hirnfunktionszentren, die mit der beobachteten Störung in Beziehung standen, am Schädeläußern zu lokalisieren, war bei der Kocherschen Epilepsiebehandlung so erstrebenswert wie bei der Horsleyschen nötig. Wie auch aus der in Anhang 1 transskribierten Krankengeschichte hervorgeht, beabsichtigte Kocher ja, den lokalen Hirndruck durch die Eröffnung des Schädels gezielt über dem Herd zu vermindern. Der topographischen Beziehung zwischen dem Schädeldach und bekannten Hirnrindenzentren, der sogenannten kranio-zerebralen Topographie, kam deshalb praktisch-diagnostische Bedeutung zu, weil sie ohne die noch unbekannte Radiologie die einzige Möglichkeit einer präoperativen Lokalisierung der aufzusuchenden Hirnstellen bot. Die Möglichkeit war recht neu, denn wie wir gesehen haben, setzte sich die Lehre von der Ungleichwertigkeit einzelner Hirnregionen erst seit Anfang der 1880er Jahre «gegenüber der älteren Vorstellung von der Einheit des Seelenorgans» durch[44]. Unter ihren Vertretern beschäftigten sich nun unter anderen Pierre Paul Broca (1824–1880), der schon zwanzig Jahre zuvor das Zentrum der artikulierten Sprache in der dritten linken Frontalwindung lokalisiert hatte, und Horsley mit der Frage der kraniozerebralen Topographie für praktische Belange an lebenden Menschen[45]. Mit Horsley tauschte Kocher denn auch diesbezügliche Erfahrungen über erste operierte Patienten aus[46]. Sie waren nicht sehr ermutigend. So konnte ihm nichts gelegener kommen als eine intelligente Analyse der Nachteile der bisherigen Methoden und ein neuer Weg zu ihrer Überwindung. Beide fand er 1889 in einer Berner Dissertation aus einem anderen Fachgebiet, der Psychiatrie. Ludwig August Müller, Assistent an der Psychiatrischen Klinik in Préfargier im Kanton Neuenburg erkannte den Grund der bisherigen Schwierigkeiten: Alle Autoren wären von – oft schwer auffindbaren – Fixpunkten am Schädeldach ausgegangen und hätten von dort aus die Zentren mit absoluten Massen lokalisiert. Dies hätte aber zu Abweichungen je nach der Schädelform geführt. Müller schlug nun vor, umgekehrt aufgrund von Verhältniszahlen Fixpunkte zu bestimmen, die den Hirnzentren entsprächen. An einigen Geisteskranken, die er an so bestimmten Schädelstellen versuchsweise trepanierte, zeigte er die befriedigende Treffsicherheit seines Vorgehens[47].

Kocher nahm diese 1889 veröffentlichte Idee sogleich auf. Er entwickelte ein eigenes Instrument, Kraniometer genannt, das gestatten sollte, die einzelnen Hirnrindenbezirken entsprechende Knochenregion bei jeder Schädelform festzustellen (Abb. 7). In einer langen Versuchsserie an Leichen stellte er dazu mit einer Injektionstechnik die Teile der Hirnoberfläche fest, die seinen mit dem Kraniometer auf der Kopfoberfläche ermittelten Meßpunkten entsprachen: Nach der Perforation des Schädels an der betreffenden Stelle markierte er sie am Hirn mit Farbstoff und ließ sie nachher durch einen Zeichner festhalten. Dabei befriedigte ihn bei wiederholter Beobachtung die große Übereinstimmung für jene Hauptpunkte, deren Aufsuchung beim Menschen überhaupt in Frage kam, da ihre Funktion bekannt war[48].

In letzterer Hinsicht mußte er anfänglich auf «die klassischen Untersuchungen Horsleys über die Centren der Hirnrinde beim Affen» zurückgreifen, da man über diejenigen des Menschen noch zu wenig wußte: «Professor Horsley hatte die große Freundlichkeit, uns auf unsere Anfrage hin eine eigenhändige Zeichnung zuzusenden», schrieb Kocher dazu. Später benützte er Sherringtons Ergebnisse von Versuchen mit elektrischer Reizung der Hirnrinde beim Affen. Mit der Zeit konnte er auch Beobachtungen anläßlich eigener Hirnoperationen verwerten. Schließlich beruhten seine topographischen Angaben auf den Ergebnissen elektrischer Reizversuche bei Operationen des deutschen Pioniers Fedor Krause, «deren Reproduktion er uns gütigst gestattet hat[49]».

Kochers so mit vielen Mitarbeitern stets weiterentwickelte Methode findet sich bereits 1892 in der ersten Auflage seines Lehrbuchs *Chirurgische Operationslehre*[50]. Weder neu noch einzig, stellte sie aber eine sachlich begründete Verfeinerung dar. In seiner monumentalen *Chirurgie Opératoire*

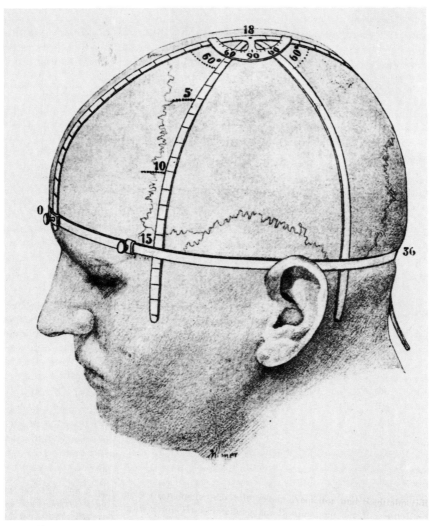

Abb. 7
Verfeinerte Ausführung des Kocherschen Kraniometers zur präoperativen
Bestimmung funktionell bekannter Hirnrindenzonen auf der Schädeloberfläche
(1907)

du Système Nerveux ging Antoine Chipault bereits 1894 auf hundert Seiten auf die seit der Mitte des 19. Jahrhunderts begonnenen Bemühungen zur kranio-zerebralen Topographie ein, ohne Kocher zu nennen. Gestützt auf Müllers historische Angaben gab Kocher selbst in seiner Monographie *Hirnerschütterung, Hirndruck und chirurgische Eingriffe bei Hirnkrankheiten* (1901) nochmals einen kritischen Überblick[51]. Ein Grund des Ausgang der 1870er Jahre verstärkten klinischen Interesses daran war das Ziel eines möglichst beschränkten und daher gezielten chirurgischen Eingreifens. Dies zu betonen sei um so angebrachter, schrieb Kocher, als die Asepsis zur Entfernung großer Teile des Schädels zu rein diagnostischen Zwecken geführt habe, «Anschauungen, ... welche zum Schaden der Patienten ausgeschlagen haben». Und unmißverständlich warnte er davor, einen der größten Fortschritte der Chirurgie so zum Anlaß von Mißbräuchen werden zu lassen:

> «Wir dürfen nicht in den Fehler so vieler Laparatomisten fallen ... an Stelle einer guten Diagnose eine [solche] sogenannte Explorativincision setzen zu wollen. Diese Ausgeburt der antiseptischen Ära, welche leider noch vielerorts zum Verderben wissenschaftlicher Auffassung bei jungen Ärzten ihre Sanction erhält, sollte dem Bewußtsein weichen, daß nur derjenige, der auf Grund genauester Diagnose eine Operation unternimmt, sich von einem Routinier im Style der alten Bruch- und Steinschneider unterscheidet[52].»

In dem erwähnten Überblick führte Kocher auch das erst 1899 «in Anlehnung an unser Vorgehen» veröffentlichte Kraniometer seines Zürcher Kollegen Rudolf Ulrich Krönlein an. Dieser Apparat scheint noch bis in die jüngste Zeit seinen Wert behalten zu haben, vorab zur Lokalisation der Blutungen aus der *arteria meningea media*[53]. Kochers Gerät verlor dagegen rascher an Bedeutung, obwohl es zu seiner Zeit mit entsprechenden Illustrationen gebührende Beachtung in nunmehr klassischen Werken der Neurochirurgie wie Cushings *Surgery of the Head* (1908) und Krauses – auch übersetzter – *Chirurgie des Gehirns und Rückenmarks* (1908) sowie in de Quervains weit verbreiteter *Spezieller Chirurgischer Diagnostik* fand. Dies lag einerseits daran, daß es aus der Frühzeit der Hirnchirurgie stammte, wo Eingriffe noch auf die mit dem Kraniometer wohl gut bestimmbaren motorischen Hirnrindenzonen beschränkt gewesen waren. Schon zu Beginn des 20. Jahrhunderts zeichneten sich aber erfolgversprechende operative Möglichkeiten häufiger in anderen – auch tieferen – Hirnregionen ab, für deren Lokalisierung das Krönleinsche Gerät geeigneter schien. Andererseits konnte auf vollkommene Zuverlässigkeit «keine der Konstruktionen Anspruch erheben», wie Krause 1908 abschließend bemerkte*. Im gleichen Jahr beschritten denn auch Horsley und Richard H. Clarke (1850–1926) mit dem ersten stereotaktischen Instrument einen neuen Weg[54].

So legt das Kraniometer Zeugnis ab über Kochers, auf internationaler Zusammenarbeit fußendes Bemühen für ein von Anfang an wissenschaftliches Vorgehen bei chirurgischen Eingriffen am Zentralnerven-

---

* Seit ein paar Jahren haben die Beziehungen von Schädel und Gehirn mit der Einführung der Computertomographie-Scanner, die auch recht kleine Läsionen zu erfassen erlauben, eine neue Aktualität erhalten.

system. Der Grundgedanke der wissenschaftlichen Zügelung des empirischen Fortschritts blieb wichtig, obwohl das gewählte Mittel nicht originell und durch die allgemeine Entwicklung bald überholt war. Dies führt uns auf Beziehungen zu einigen neurochirurgisch tätigen Kollegen, welche für die Entwicklung dieses Gebietes von maßgeblicher Bedeutung waren.

Kocher und die Wegbereiter der Neurochirurgie

Kein anderes Teilgebiet der Chirurgie außer dasjenige des Nervensystems hat Kocher schon 1907 als eine «Spezialität» bezeichnet, in keinem anderen Zusammenhang hat er mehrfach von der Notwendigkeit «geübter Spezialisten» und der öfteren Wiederholung der Operationen zur Überwindung der Schwierigkeiten gesprochen[55]. Entsprechend intensiv tritt denn auch der persönliche Meinungsaustausch mit interessierten Kollegen und der Verlaß auf ihre Angaben in seinen Arbeiten zutage.

Der älteste unter den in dieser Hinsicht bedeutenden Allgemeinchirurgen war Sir William Macewen, ein Schüler Listers und später dessen Nachfolger in Glasgow. Macewens Biograph Bowman bezeichnet Kocher als dessen «engen Freund[56]». Wahrscheinlich trafen sich die beiden schon 1898, als Kocher im benachbarten Edinburgh weilte. 1901 reiste Kocher dann eigens zu ihm nach Glasgow[57]. Bowman erinnert sich ferner an eine Demonstration der Kohäsionskraft zweier durch ein Vakuum zusammengehaltener Saugglocken durch Macewen und Kocher: Die beiden alten Herren von sehr ungleicher Statur versetzten ein prall gefülltes Auditorium am Internationalen Medizinischen Kongreß von 1913 in London durch einen «Miniaturseilziehkrieg» in nicht geringes Erstaunen! Aus einem Nachruf gehen noch weitere Gemeinsamkeiten mit Kocher hervor: Beide waren frühe Listerianer, arbeiteten über Blutgerinnung und entwarfen eine Hernienoperation[58].

In London stand Kocher mit dem etwas jüngeren, sehr verschieden gearteten Victor Horsley in freundschaftlichen Beziehungen. Auch hier bestanden gemeinsame Forschungsgebiete: Schilddrüse, Geschoßverletzungen und Neurochirurgie. Nicht zufällig gedachte de Quervain ihrer 1918 in einem gemeinsamen Nekrolog; Horsley war 1916, Kocher 1917 gestorben[59]. Schon vor 1892 standen sie miteinander in schriftlichem Kontakt über Hirnlokalisationsfragen (s. S. 55). Eine Photographie aus dem Jahre 1906 zeigt die beiden in Horsleys Londoner Operationssaal (Abb. 8). Kocher weilte ja gerne in der britischen Hauptstadt. Diesmal hatte er als erster Ausländer an der Jahresversammlung der *Medical Society of London* die Festansprache zu halten, wobei Horsley ihn einführte. Als erster Schweizer nach Albrecht von Haller (1703–1777) war er nämlich schon seit 1890 Ehrenmitglied dieser Gesellschaft in Anerkennung seiner Schilddrüsenarbeiten[60]. Als Horsley 1910 Präsident der Chirurgischen

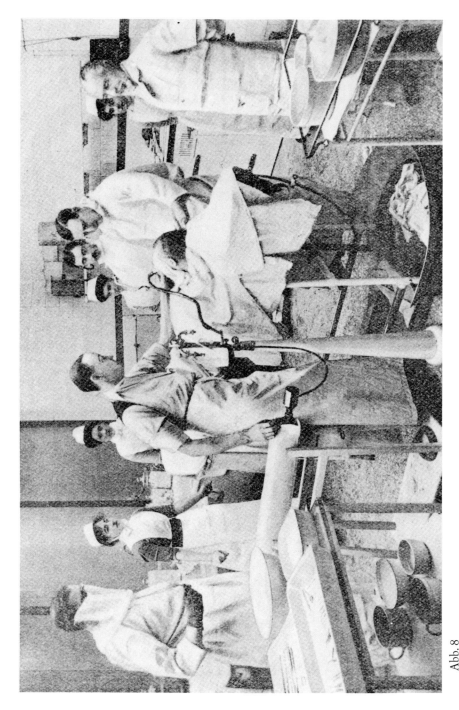

Abb. 8
Kocher (stehend, rechts außen) wohnt in London einer Hirnoperation von Sir Victor Horsley bei (1906).

Abteilung der *British Medical Association* wurde, lud er Kocher ein, am Jahreskongreß über die chirurgische Behandlung der Hyperthyreose zu sprechen[61]. Zwei Jahre später reiste er nach Bern, um Kocher persönlich eine Gratulationsadresse der *Medical Society* zum 40-Jahr-Professorenjubiläum zu überreichen. Kocher dankte ihm dafür in einem Brief, den der Engländer im *British Medical Journal* veröffentlichen ließ[62].

Kocher seinerseits anerkannte die Anregungen, die er von Horsley empfangen hatte. Er empfahl einige seiner Methoden für die Chirurgie der Wirbelsäule, des Schädels und des Hirns in seiner sonst zugegebenerweise etwas einseitigen[63] *Operationslehre*. In seiner neurochirurgischen Monographie ist er der meistzitierte Autor. Horsley vertrat eben eine experimentelle Forschungsmethodik wie er selbst. Dies wird klar, wenn Kocher ihn als Autorität auf dem Gebiet der Schilddrüsenkrankheiten bezeichnet[64] und 1893 bezüglich der Epilepsiebehandlung schreibt:

«Wir halten dafür, daß der Standpunkt, den im vollen Gegensatz [zu Sahli] Victor Horsley einnimmt, daß *alle* traumatischen Epilepsien der operativen Behandlung zu unterwerfen sind, sich sehr wohl rechtfertigen läßt, abgesehen davon, daß wir bei einem so gründlichen Kenner der Hirnphysiologie, wie *Horsley,* welcher zugleich über eine solche Fülle praktischer Erfahrungen verfügt, von vornherein überzeugt sein dürfen, daß seine Schlüsse eine feste objektive Basis haben[65].»

Selbst eine Autorität, war hier Kocher nicht frei von Autoritätsgläubigkeit.

Mit Ernst von Bergmann, dem Autor des ersten deutschen Buches über Hirnchirurgie (s. S. 51) verband Kocher längst auch das gemeinsame Interesse an der Einführung der Asepsis. 1892 unternahm einer seiner Schüler die experimentelle Überprüfung der Hirndrucktheorie von Bergmanns (s. S. 47f). Zwei Jahre später reisten sie miteinander zu einer Konsultation nach Rußland[66]. 1897 besuchten sie zusammen eine Operationsdemonstration der Sektion für Nerven- und Geisteskrankheiten am Internationalen Medizinischen Kongreß in Moskau. Gemäß seiner früheren Losung «viel Kritik und viel Vorsicht» warnte damals von Bergmann nochmals vor dem allzu forschen Operieren am Hirn. Peinlichste Antisepsis schütze hier nicht vor dem Operationstod, da der Operationsschock in einem Drittel der operierten Hirntumorfälle während oder gleich nach dem Eingriff zum Tode geführt habe und man auch der Gefahr des Hirnprolaps machtlos gegenüberstehe[67]. Riet also von Bergmann zur Zurückhaltung, so ging es Kocher gerade um die Verbesserung der Operationstechnik. Damit hatte er insofern recht, als sie – zumal bei Bergmann – recht grob war[68]. Angesichts dieser Verschiedenheiten ist doch der Ausspruch des berühmten Deutschen, des Älteren, er habe von keinem so viel gelernt wie von Kocher, dem Jüngeren, erwähnenswert[69].

Die Kontakte mit dem zweiten wichtigen Deutschen, Fedor Krause, wie mit dem in dieser für die Neurochirurgie wegbereitenden Periode bedeutendsten Franzosen Antoine Chipault haben wir schon erwähnt. Zum Teil wurden sie auch durch Schüler gepflegt. So setzte Berezowski seine in Bern begonnenen Versuche in Paris bei Chipault und dem bedeutenden Kliniker und Forscher André Victor Cornil (1837– 1908) fort, wodurch auch Tuffier auf die Kochersche Epilepsieoperation aufmerksam wurde (s. S. 53).

Gegenseitige Hochachtung kennzeichnete Kochers Beziehungen zu zwei fast dreißig Jahre jüngeren Begründern der eigentlichen Spezialistengeneration, den Amerikanern Cushing und Charles Frazier (1870–1936). Als erster widmete sich nämlich Cushing nach 1901 fast ausschließlich der Neurochirurgie. Besonders hervorzuheben ist, wie schon mehrfach angedeutet, die Beziehung zu ihm. Sie ist wohl die beste Illustration von Kochers direktem Einfluß auf den Beginn der Neurochirurgie als Spezialfach. Cushings eingehende Beschäftigung mit Problemen des Nervensystems begann anläßlich einer Europareise in den Jahren 1900–1901. Zuerst hielt er sich eine sehr kurze Zeit bei Horsley auf, dessen wenig gewebsschonende Operationsweise er nicht schätzte. Dann ging er auf Rat seines Chefs Halsted nach Bern. Halsted hatte ein Jahr zuvor erstmals bei Kocher geweilt und war mit dem Urteil zurückgekehrt: «[He is] the leading surgeon on the continent.» Kein Wunder, hatte Halsted doch ebenfalls eine eigene, sorgfältige Operationstechnik entwickelt. Nun sah er sich darin durch Kocher bestätigt. Auch Cushing fühlte sich ihretwegen in Bern «wie zu Hause». Ferner kannte er bereits Kochers Abhandlungen über die Rückenmarksschädigungen bei Wirbelsäulenverletzungen (s. S. 76f). Sie hatten ihm in Amerika beim Studium eines Falles geholfen. Zuerst recht kühl empfangen, blieb er doch sechs Monate in Bern, wo er die ihm von Kocher aufgegebenen Hirndruckexperimente durchführte, bevor er unter anderen noch mit dem Physiologen Angelo Mosso (1846–1910) in Turin und mit Sherrington in Liverpool arbeitete[70].

Bei Cushings Experimenten handelte es sich für Kocher, der gerade an der Abfassung seiner Monographie über *Hirnerschütterung* war, um die Bestätigung derjenigen, die zwanzig Jahre früher vom Internisten Naunyn in Bern ausgeführt worden waren. Dies gelang dem Amerikaner auf elegante Art dank eines Knochenfensters[71] zur direkten Beobachtung des Hirndruckes am anästhesierten Tier. Er fand parallel zu jedem Hirndruckanstieg einen Blutdruckanstieg – einen immer etwas höher bleibenden Blutdruck zur Gewährleistung der Zirkulation. Von größerer praktischer Wichtigkeit bei Operationen war indessen der Befund des markanten Blutdruckabfalls bei plötzlicher Verminderung des Hirndrucks durch operative Schädelöffnung. Es schien Cushing nämlich nun höchst fragwürdig, auf Hirndrucksenkung abzielende Eingriffe ohne gleichzeitige Blutdruckkontrolle durchzuführen. Keine der bei Kronecker dazu vorhandenen Apparate war für Verwendung beim Menschen in einem

Operationsraum geeignet. Erst als er von Bern nach Italien weiterreiste, stieß er in Pavia auf den 1896 von Riva-Rocci (1863–1937) eingeführten – im Prinzip heute noch gebrauchten – Apparat mit der aufblasbaren Armmanschette. Diese überzeugte ihn sofort[72].

Cushing weilte daraufhin nochmals für vier Wochen in Bern. Ob er Kocher darüber berichtete, wissen wir nicht. Seit langem mit Druckproblemen beschäftigt, hatte dieser bereits 1892 in der ersten Auflage der *Operationslehre* die seit Jahren geübte Praxis der voroperativen Verabreichung von Cognac oder Marsala zur Blutdrucksteigerung damit begründet, daß

> «wir ... durch Blutdruckcurven den Einfluß belegen [können], welchen diese Stimulantien auf das Verhalten des Pulses während der Narkose ausüben[73]».

Es könnte sich dabei um Aufzeichnungen bei den Tierversuchen Deuchers (s. S. 47) mit und ohne Narkose gehandelt haben[74]. Kocher betonte daraufhin stets die Gefahr des Blutdruckabfalls bei Chloroformnarkose, ohne entsprechende Messungen zu erwähnen[75]. Doch die Tierversuche erklären, weshalb er sich mit einer Beurteilung anhand des Pulses begnügen konnte. Den Riva-Rocci-Apparat erwähnte er erstmals im Frühjahr 1906, als er ihn offenbar routinemäßig bei der Abklärung von Kropfpatienten vor einer mit Risiken behafteten Operation benutzte (s. S. 142). In seiner *Operationslehre* fehlte ein Hinweis also noch 1902, um 1907 mit der uns eigentlich überraschenden Bemerkung aufzutauchen, er kontrolliere nun auf Fraziers Rat den Blutdruck, damit bei Schockgefahr eine Hirnoperation sofort unterbrochen und nach Horsleys früherer Empfehlung in einer zweiten Sitzung beendet werden könne[76]. Wie im Falle des Hirndruckes extrapolierte Kocher direkt vom Tierversuch auf den Menschen und sprach beim Blutdruck jahrelang von einer rein klinisch, ohne Meßwerte beurteilten Größe, wie das allgemein üblich war[77].

Nicht so Cushing. Er nahm den Blutdruckapparat mit zurück und führte ihn sogleich in überseeische Operationsräume ein[78]. So überzeugte er auch Crile davon[79], für dessen weitere Schockforschung dieses vergleichsweise einfache technische Vorgehen wiederum sehr wichtig wurde.

In die Vereinigten Staaten zurückgekehrt, setzte Cushing seine tierexperimentelle Arbeit über intrakraniellen Druck fort und wandte gewonnene Erkenntnisse am Patienten an. Wie sein Lehrer Halsted blieb er ferner bis in persönliche Details von Kocher beeinflußt. So soll er später manchmal dessen kalte Art, neue Assistenten zu empfangen, bewußt als eine Art Prüfung nachgeahmt haben: Kocher sei nämlich überzeugt gewesen, daß, wer eine solche Behandlung nicht aushalte, nicht genügend Liebe zur Chirurgie habe und nicht dazu tauge, einen so schweren Beruf auszuüben[80]. Bedeutungsvoller war indessen Cushings Begeisterung für Halsteds und Kochers langsame, gewebsschonende Operationsweise, für die er in der Folge als Lehrer selbst berühmt wurde. Kochers Erfolg damit ließ sie auch in der Neurochirurgie anwendbar erscheinen, ja sie stellte eine recht eigentlich unumgängliche Voraussetzung für die Entwicklung dieses Spezialgebietes dar. Sein Gedankengut ging in Cushings schon erwähnte Monographie *Surgery of the Head* (1908) ein, in ein Buch, von dem es wohl zutreffenderweise heißt, daß es der Markstein der Anerkennung der Neurochirurgie als Spezialgebiet gewesen sei[81]. Darin empfahl der Spezialist nun eine Reihe von Artikeln, Methoden, Instrumenten und klinischen Beobachtungen seines allgemein chirurgischen Lehrers. Dagegen äußerte er sich in der Frage der chirurgischen Epilepsiebehandlung mit vorsichtiger Zurückhaltung[82]. Wie Halsted, so kam auch Cushing mehrmals nach Bern zurück und hielt zeitlebens Kochers Andenken hoch in Ehren.

Auf seine Art anerkannte Kocher seinerseits den jungen Cushing. Nach einer kurzen Zeit der Indifferenz behandelte er den Amerikaner schon während seines ersten Aufenthalts in Bern bevorzugt, wie ein damaliger Schweizer Mitarbeiter berichtet[83]. Dann räumte er 1901 in seiner Monographie über *Hirnerschütterung* dessen Berner Hirndruckarbeit viel Gewicht ein. Er schrieb, sie hätte «dank dem ungewöhnlichen Geschick und unermüdlichen Eifer des Autors zu werthvollen Ergebnissen geführt», und er freue sich dazu «den Anstoß gegeben und den Experimenten teilweise beigewohnt zu haben», da er «die Resultate derselben für die Lehre vom Hirndruck in wesentlichen Punkten für entscheidend halte[84]». Später blieb er in brieflicher Verbindung mit ihm. So war es Cushing, der ihm 1906 die Skizzen Carrells zur Arteriennaht vermittelte (s. S. 19)[85]. Und umgekehrt sandte Kocher im Ersten Weltkrieg dreizehn erfahrene Schweizer Krankenschwestern für Cushings und Carrels Operationsteam in die Nähe von Paris[86]. In die letzte Auflage seiner *Operationslehre* nahm er seinerseits des Jüngeren Methoden und Resultate mit günstigem Kommentar auf[87].

Auch mit Frazier in Philadelphia war Kocher in brieflichem Kontakt. Er reproduzierte u.a. zwei Figuren aus dessen Abhandlung über Kleinhirntumoren in der 5. Auflage der *Operationslehre*[88].

So kommen wir zum Schluß, daß die systematische Erforschung mehrerer Gebiete unter Zuhilfenahme der physiologischen Experimente allein schon rechtfertigt, Kocher neben die von Ackerknecht genannten Allgemeinchirurgen Macewen, Horsley, Krause und Chipault zu stellen, deren Beschäftigung mit der Neurochirurgie von entscheidender Bedeutung für das Entstehen der Spezialität wurde[89]. Dazu kommt aber eine operative Pionierleistung Kochers, nämlich die erste submuköse Resektion des *septum nasi* für die Entfernung der Hypophyse (1909), mit der er einen für die weitere Entwicklung der Hypophysektomie sehr wichtigen Zugang schuf[90]. Daß er wie Macewen, Horsley und Krause um 1890 das *ganglion Gasseri* zur Behandlung der Trigeminus-Neuralgie entfernte sowie ab 1907 Groß- und Kleinhirntumoren, sei nur nebenbei erwähnt, weil das manch anderer Allgemeinchirurg auch tat. Andere Neuralgien behan-

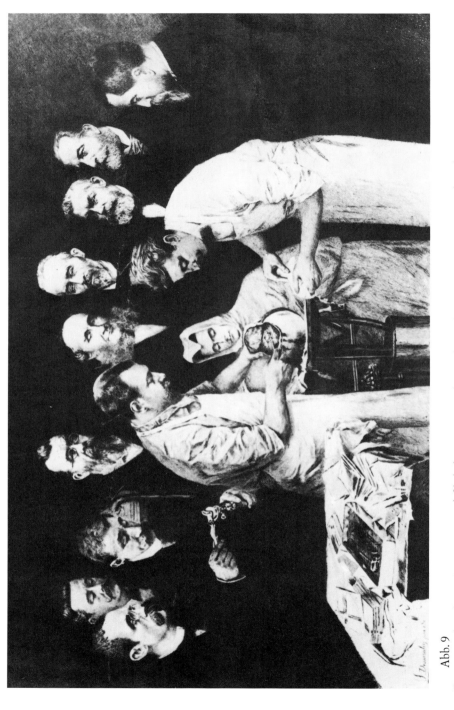

Abb. 9
Demonstration einer Hirnoperation anläßlich des Internationalen Medizinischen Kongresses in Moskau (1897). Operateur ist E. Doyen, Paris (links), assistiert von Bourcart (Cannes). Zuschauer (von links): Roux (Lausanne), Malibran (Cannes), Vivant (Monte-Carlo), Sklifassowski (St. Petersburg), Simpson (Edinburgh), Czerny (Heidelberg), von Bergmann (Berlin), Toupet (Paris). Kolorierter Stich nach Photographie.

Abb. 10
Kocher im Kreis der Ehrenmitglieder des Royal College of Surgeons of England. Photographie, aufgenommen anläßlich des Internationalen Medizinischen Kongresses in London 1913. Zugegen waren (stehend, von links): J. Nicolaysen, G.W. Crile, F.D. Bird, F.J. Shepherd, R. Bastianelli, W.J. Mayo, H. Cushing; (sitzend, von links): J.B. Murphy, W. Körte, H. Hartmann, E. Fuchs, A. von Eiselsberg, **T. Kocher**, T. Tuffier.

delte er ebenfalls operativ mit Nervendurchtrennung oder -dehnung. Gleichfalls redete er bei Tumoren – entgegen dem vorsichtigen von Bergmann und den zögernden Internisten – der Operation unbedingt das Wort, sei es nur zur symptomatischen Bekämpfung von Schmerz oder Erblindung – womit er bei seinem Können wohl recht hatte[91]. Dem Gegenargument der diagnostischen Schwierigkeit und der durch entsprechende Fehler bedingten Mißerfolge hielt er wiederum entgegen, eine erfolglose Operation könne ja bei richtiger Technik gefahrlos wiederholt werden. Die Überzeugung, daß die mögliche Heilung durch chirurgischen Eingriff letztlich von der Operationsmethode und vom Zeitpunkt abhänge, zieht sich wie ein roter Faden durch sein Werk:

> «Die Verhältnisse liegen [in der Hirnchirurgie] ähnlich und werden sich so wie so auch in der Zukunft ähnlich gestalten wie etwa für die operative Behandlung des Magenkrebses und ähnlicher Affectionen. Sobald der Nachweis zu führen ist, daß ein chirurgischer Eingriff ohne Gefahr ausführbar ist, so soll derselbe bei der Aussichtslosigkeit anderer Therapien ehestens und in jedem Falle zur Anwendung kommen, und es ist durchaus nicht mehr gestattet, solche Fälle aus Gründen unsicherer [innerer] Therapie auf die lange Bank zu schieben[92].»

Als wirklich originelle Beiträge müssen wir aber noch diejenigen zur Rückenmarksphysiologie und -diagnostik anführen, die im folgenden Kapitel besprochen werden. Wie die kranio-zerebrale Topographie sollten sie eine Grundlage zu gezieltem neurochirurgischem Eingreifen bilden und damit den Zauderern das Wasser abgraben.

Schließlich stand Kocher in lebendiger Beziehung mit führenden neurochirurgisch tätigen Allgemeinchirurgen und vermochte Cushing, dem verdienstvollsten Vertreter der nachfolgenden Spezialistengeneration, entscheidende Anregungen zu geben. Alles in allem war Kocher ein ganz großer Wegbereiter der Neurochirurgie als chirurgischem Spezialfach. Zu ihrem allgemeinchirurgischen Hintergrund steuerte er gebend in hohem Maße bei, ja sogar zu einzelnen spezifisch neurochirurgischen Belangen. Daß er bei letzteren vor allem der Nehmende war, steht für seine rasche Anerkennung der Arbeit jener ersten Spezialisten oder – wie Kocher sie nannte – «Meister in chirurgischer Neurologie[93]», zumal Cushings*.

Es besteht ja kein Zweifel, daß nach etwa 1905, in einer nächsten Periode der Weiterentwicklung der Neurochirurgie bis zum Zweiten Weltkrieg, die Vereinigten Staaten führend wurden. Trotz der großen Anfänge und weiterer Ansätze vollzog sich nämlich der Ausbau in Europa nur langsam. Lehrstühle wurden hier erst in den 1930er Jahren geschaf-

---

* Hier muß noch erwähnt werden, daß Walter Dandy (1886–1946), neben Cushing und Frazier der bekannteste amerikanische Neurochirurg, auch ein Schüler Halsteds und Cushings gewesen ist[94].

fen. In den deutschsprachigen Ländern blieb die «Spezialität» bis nach dem Zweiten Weltkrieg, von wenigen Ausnahmen abgesehen, in den Händen der Allgemeinchirurgie, die sie vorbereitet hatte[95].

Ein 1897 am Internationalen Medizinischen Kongreß in Moskau entstandenes Bild (Abb. 9) bringt uns zurück in diese erste Periode der Wegbereiter. Es dokumentiert sehr schön Kochers und von Bergmanns Interesse an der Hirnchirurgie. Eine 1913 beim gleichen Anlaß in London gemachte Gruppenaufnahme zeigt dann Kocher und Cushing inmitten der am Kongreß teilnehmenden Ehrenmitglieder des *Royal College of Surgeons of England* (Abb. 10). Darunter befindet sich eine Anzahl uns in diesem Buch beggnender Chirurgen wie Crile, Eiselsberg, Mayo und Tuffier. Kocher war bereits im Jahre 1900 bei der erstmaligen Ernennung von Ehrenmitgliedern* zum hundertjährigen Bestehen des *College* gewählt worden. So viel zuteil gewordene Ehre war für den Sechzigjährigen kein Grund zum allmählichen Rückzug aus seiner rastlosen Tätigkeit. Uns bietet sich indessen hier Gelegenheit zum Rückblick während eines kurzen Marschhaltes.

Zwischenhalt

Aus den vorangehenden Abschnitten geht die Internationalität Kochers besonders hervor. Daneben illustrieren die bereits zitierte Literatur aus vielen Sprachgebieten, die in Tabelle I sicher unvollständig aufgeführten Reisen als Professor sowie die aus Tabelle II hervorgehende Anzahl und geographische Herkunft seiner 135 wichtigsten Besucher des Jahres 1910 seine weitläufigen Beziehungen. Sie prägen die Forscher-Atmosphäre an der Berner Klinik, die um 1900 etablierte und zukünftige Professoren aus Amerika, England, Japan, Italien und Rußland zu Arbeitsaufenthalten in die Schweizer Hauptstadt zog. Berezowski schrieb in der Einleitung zu seinem in Bern entstandenen Artikel:

> «A priori konnte ich schon erwarten, daß ich bloß mit Analyse des klinischen Materials kein befriedigendes Resultat bekommen würde, sondern genöthigt sein würde, manche Frage noch mit Hülfe von Thierexperimenten zu beantworten. Andererseits mußten die Thatsachen, welche auf experimentellem Wege zu Tage gefördert werden, unbedingt mit klinischen und pathologisch-anatomischen Bildern beim Menschen in Uebereinstimmung gebracht werden. Deshalb geht in meiner Arbeit Experiment mit der Analyse des klinischen Materials Hand in Hand[96].»

Klinische Beobachtungen am kranken Menschen und experimentelle am Versuchstier wurden also in Wechselbeziehung gesetzt. Das entspricht

---

* Darunter auch von Bergmann, Keen und Macewen.

Tabelle I
Reisen Kochers als Professor (1872–1917)

Jahr	Ziel	Zweck
1875	**London** (mit Zwischenhalten in Paris und Straßburg)	Orientierungs- und Weiterbildungsreise
1878	Heidelberg–Wiesbaden–Frankfurt a.M.–Halle (Saale)–Leipzig–**Berlin**–Tübingen	DGC und Orientierung über Spitalbauten
1881	**London**–Schottland	IMK
1883	**Berlin**–Hamburg–Halle–Prag–Wien	DGC und Orientierungsreise
1884	St. Petersburg	Privatkonsulation
1887	Berlin	DGC
	Dublin	BMA
1891	Vichy	Private Badereise
1892	Karlsbad	Private Badereise
1893	Karlsbad	Private Badereise
1894	Kiew	Privatkonsulation
	Rom	IMK
1895	Berlin	DGC
1896	Paris	AFC
1897	Moskau	IMK
1898	London–**Edinburgh**	BMA
1899	Berlin	DGC
1900	St. Petersburg	Privatkonsulation
	London	RCS
	Paris	IMK
1901	Berlin	DGC
	Glasgow	Orientierungsreise zu Macewen
1902	Berlin	DGC
1903	Heidelberg	Universitätsjubiläum
1905	Berlin	DGC
	Brüssel	SIC
1906	Berlin	DGC
	London–Cardiff	MSL
	München	DKM
1908	Berlin	DGC
1909	Stockholm	Nobelpreis
1910	Berlin	DGC
	Paris	AFC
	London	BMA
1911	Berlin	DGC
1912	**Berlin**–Düsseldorf	DGC
1913	London	IMK
1914	Berlin	DGC
	Freiburg–Straßburg–Wiesbaden–Frankfurt a.M.	Militärchirurg. Orientierungsreise

(Erklärung der Abkürzungen s. S. 69)

AFC	Jahreskongress der Association Française de Chirurgie
BMA	Jahreskongress der British Medical Association
DGC	Jahreskongress der Deutschen Gesellschaft für Chirurgie
DMK	Deutscher Medizinischer Kongress
IMK	Internationaler Medizinischer Kongress (im Dreijahreszyklus)
MSL	Jahresversammlung der Medical Society of London
RCS	Hundertjahrfeier des Royal College of Surgeons of England
SIC	Kongress der Société Internationale de Chirurgie

Vortragsreisen innerhalb der Schweiz sind nicht aufgeführt.

Tabelle II
Besucher Kochers laut Eintragungen in das private Gästebuch der Familie aus dem Jahre 1910

Herkunftsland	Anzahl	Herkunftsland	Anzahl	Herkunftsland	Anzahl
USA	55	Chile		Brasilien	
Rußland	12	Holland		Finnland	je 2
Großbritannien	10	Indien		Norwegen	
Deutschland	8	Italien	je 3	Argentinien	
Frankreich	6	Spanien		Belgien	
Kanada	6	Ungarn		Böhmen	
Österreich	4	Uruguay		Japan	je 1
				Schweden	
				Philippinen	
				Ägypten	

Die Bezeichnung des Herkunftslandes entspricht den Angaben der betreffenden Gäste. Sie ist daher geographisch, nicht politisch zu verstehen.
Quelle: KM. 1909–1911

dem klinisch-pathophysiologischen Forschungsansatz. Kocher pflegte ihn bis ins hohe Alter unentwegt: Zu seinen Tierversuchen mußte er sich 1915 von der Spitaldirektion sagen lassen, er habe sich «um den Gestank seiner Hundestallungen, welche zeitweilig ein ganzes Krankengebäude verpesten», wenig gekümmert, und noch 1917 stellte er auf eigene Rechnung einen zweiten Tierwärter für den Hundestall an, nachdem ihm die Stelle vorher verweigert worden war[97]. Neben den im Laboratoriumsexperiment ermittelten Tatsachen gehörte dazu auch das systematische Sammeln klinischer Daten und ihre Korrelation mit *intra operationem* oder *post mortem* erhobenen pathologisch-anatomischen Befunden, die ihm unter anderem die Erarbeitung der bereits erwähnten kranio-zerebralen Topographie ermöglichten. Auf diese Forschungsmethode wollen wir im folgenden Kapitel näher eingehen.

Anmerkungen

1 Krehl 1898, 1905.
2 s. Wangensteen und Wangensteen 1978, S. 499–505, mit ausführlicher Bibliographie zur Geschichte der Militärchirurgie. Lücke veröffentlichte wiederholt über Kriegschirurgie, s. Lücke 1865; Lücke 1871; s.a. Valentin 1956, S. 33. Der Bericht über die Tätigkeit auf dem italienischen Kriegsschauplatz von Demmes Sohn Karl Hermann (1831–1864) erschien 1863/64 in zweiter Auflage, s. Demme 1863/64; 1861 erhielt dieser einen Lehrauftrag für Militärchirurgie, s. Feller 1935, S. 205–206; zu Klebs s. Anm. 3.
3 Zu Socin s. Meyer 1979, S. 58–65; Buess und Portmann 1980, S. 304; zu Klebs s. Colombo 1961, S. 16–17.
4 s. Busch 1873, Horsley 1894.
5 Malgaigne 1847, Bd. I, S. 57, 59.
6 K. 1875b; K. 1879a; K. 1880c.
7 K. 1894a, S. 321.
8 So sprach Kocher in einem Brief an den Deutschen Chirurgenkongreß im Zusammenhang mit der Totalentfernung der Schilddrüse von «Versündigung» und wollte sie polizeilich «verboten» haben, K. 1886a; s.a. Trendelenburg 1923, S. 240.
9 s. in diesem Sinne das Werk von Florence Nightingale und Henri Dunant. Viele Ärzte, allen voran Rudolf Virchow, redeten allerdings einer Neuorganisation der Gesellschaft auf der Grundlage der Physiologie das Wort, s. Ackerknecht 1953, S. 123–138; hierzu s.a. Koelbing 1972.
10 Eine Photographie bei Bonjour 1981 (Fig. 14, S. 55) zeigt ihn bei Schießversuchen in Anwesenheit englischer Chirurgen anno 1904. 1895 faßte er zwanzig Jahre Erfahrung auf diesem Gebiet in einer Monographie zusammen (K. 1895b); s.a. D. Halter 1906.
11 Zu Bircher s. Colombo, op. cit., Anm. 3, S. 69–73; zu Krönlein s. die Bibliographie bei Madritsch 1967, Nrn. 59, 64, 67. – Auch Reverdin unternahm Schießversuche, s. Reverdin 1971, S. 143–145, 202.
12 Horsley 1894; Wangensteen, op. cit., Anm. 2, S. 498–499.
13 Haymaker 1970, S. 220; Young 1970, S. 235–245.
14 K. 1892a, 1. Aufl., S. 30.
15 Dieser Schritt ist in der Einleitung zu Kochers Monographie über *Hirnerschütterung* usw. genau beschrieben (K. 1901a, S. 2–3).
16 K. 1893b.
17 Zum Konzept von «Coup» und «Contrecoup» s. das ausgezeichnete Buch von Neuburger, das eben in bibliographisch ergänzter englischer Bearbeitung von E. Clarke erschienen ist (Neuburger 1897), S. 194–213.
18 D. Deucher 1892; Deucher 1892.
19 Bergmann 1889, S. 97f., 182–183, 189; s.a. Ackerknecht 1975, S. 234, und Temkin 1971, S. 385.
20 Impressionsfrakturen bildeten eine Indikation für die Trepanation seit der Antike. Zur Geschichte der Trepanation s. O'Connor und Walker 1951; Schipperges 1955; Kochers erste Fälle sind aufgeführt bei Berezowski 1899, S. 308–322.
21 s. Hill 1896; Naunyn 1925, S. 347f.; für eine zeitgenössische Übersicht s. K. 1901a; s.a. Horrax 1952, S. 100.
22 K. ibid., S. 149–171; Cushing 1902. Cushing entschuldigte dies später mit seiner mangelnden Literaturkenntnis (s. Fulton 1946, S. 192) und fragte, weshalb ihn Kocher nicht darauf hingewiesen habe, zumal dieser Naunyn in seiner Monographie 1901 ausführlich zitierte (K. ibid., S. 69, 93–95, 171)? s.a. Naunyn 1902.
23 K., op. cit., Anm. 14, 4. Aufl. 1902, S. 104; 5. Aufl. 1907, S. 251–257, 298–299.

24 K. 1901a; Cushing 1908, S. 198.
25 In Krehls Lehrbuch der Pathophysiologie wurde sie zusammen mit Naunyns und Cushings Arbeiten noch nach dem Ersten Weltkrieg wiederholt zitiert, s. Krehl 1921, S. 247, 249–255. Ein wichtiges deutsches Buch war ab 1908 Fedor Krauses *Chirurgie des Gehirns und Rückenmarks...* (Krause 1908).
26 Zur Tradition der Trepanation bei Epilepsie s. Temkin 1971, S. 236, 293–295, 385.
27 K. 1893c, s.a. die moderne Beschreibung mit Illustration bei Horrax, op. cit., Anm. 21, S. 293.
28 Ito 1899; K. 1899b, S. 15–16.
29 «A patient troubled with epileptiform seizures can scarcely be advised to barter his present infirmity for paralysis which may be total and must be abiding or, ... for the equivalent of amputation of the hip and shoulder joints since this would be the result of removing large wedges of the cerebral cortex» (*Lancet* 1888, ii: 329, zitiert bei Bowman 1942, S. 28).
30 K. 1899b, S. 9; s.a. Oppenheim 1911, S. 1231; KM. 1896.
31 Die Methode ist beschrieben und illustriert bei Marshall 1951, S. 292–293.
32 Bergmann, op. cit., Anm. 19, S. 176, Bergmann 1899, S. 18. Zu Wagners (1848–1900) Methode s. GM, Nr. 4862.
33 Berezowski, op. cit., Anm. 20, S. 265–269, 284–307, 324–347.
34 Bergmann, op. cit., Anm. 19, S. 148.
35 D. Schär 1899; K. und Quervain 1901, Bd. 1, S. 421.
36 K. 1899b, S. 18. In der Diskussion äußerten sich mehrere Redner in günstigem Sinn; s. Bergmann 1899, Lauenstein 1899.
37 Krause 1910, S. 583–586; Quervain 1902, S. 771.
38 s. die Versuche von Nawratzki und Arndt (1899) sowie die gezielt durch Kochers Theorie hervorgerufenen Arbeiten von Bier, der in Patienten [sic!] mittels experimenteller Hirndruckerhöhung keine Krampfanfälle auslösen konnte (nach Bier 1901 und Friedrich 1905, S. 852–853, 865).
39 1931/32 lehnte Krause in Übereinstimmung mit vielen anderen Autoren in seinem letzten großen Epilepsiewerk die operative Behandlung der genuinen Epilepsie in der Regel ab – die er 1911 noch zögernd befürwortet hatte, s. Behrend 1938, S. 126.
40 K. 1892a, 5. Aufl. 1907, S. 264.
41 K. 1910h; K. 1916a.
42 K. 1899b, S. 10.
43 Sahli 1891a; s.a. Krönlein 1891, Oppenheim 1897.
44 Bergmann, op. cit., Anm. 19, S. 1.
45 Müller 1889, S. 5–12.
46 K. 1893c, S. 51.
47 s. Anm. 45.
48 K., op. cit., Anm. 14, 1. Aufl., S. 31–38; 3. Aufl. 1897, S. 51–58; s.a. Quervain, op. cit., Anm. 37, S. 758. – Die Anwendung des *Kraniometer* gab auch am Lebenden zufriedenstellende Ergebnisse: Laut einer Dissertation entsprach bei 13 von 17 Trepanationen die getroffene Hirnstelle dem klinischen Befund, D. Schär 1899.
49 K. ibid., 1. Aufl., S. 36; 5. Aufl. 1907, S. 291–292.
50 ibid., 1. Aufl., S. 30–38; eine Liste der Mitarbeiter findet sich ibid., 2. Aufl. 1894, S. 2.
51 Chipault 1894, Bd. I, S. 39–140; K. 1901a, S. 408–417.
52 ibid., S. 403–404. Kochers Betonung der präoperativen Diagnose war von Zeitgenossen anerkannt. Sein Berner Kollege Arnd, Chefarzt der nichtklinischen chirurgischen Abteilung am Inselspital schrieb 1910, bei Kocher seien Probe- oder Explorativeingriffe «förmlich verfehmt» gewesen (Arnd 1910, S. 367); s.a. Bier 1917, Quervain 1930.

53 Madritsch, op. cit., Anm. 11, S. 33.
54 Cushing, op. cit., Anm. 24, S. 168–172; Krause 1908, S. 140–144; s.a. Richter 1982, S. 15; Quervain 1907, S. 36–37, 1950, S. 42; Jefferson 1957, S. 907–908.
55 K., op. cit., Anm. 14, 5. Aufl. 1907, S. 250, 286, 306.
56 Bowman, op. cit., Anm. 29, S. 56.
57 Fulton 1946, S. 191.
58 Bowman, op. cit., Anm. 29, S. 338; *Glasgow Med. J.* 51: 217–237 (1924); betr. Hernien s.a. GM, Nr. 3596 (Macewen) und Nr. 3600 (Kocher).
59 Quervain 1918.
60 *Brit. med. J.* i: 930 (1890); ibid. i: 1247 (1906); K. 1906a. Kocher war mit Ausnahme Cushings der einzige Ausländer, der in der 200jährigen Geschichte dieser Gesellschaft (1773–1973) jemals die Festansprache hielt, s. Hunt 1972, S. 82.
61 K. 1910a; er hatte an früheren Kongressen der *British Medical Association* gesprochen: 1887 in Dublin über Kachexia strumipriva und 1898 in Edinburgh über Ileus, s. *Brit. med. J.* ii: 360 (1887), resp. K. 1898f. Neben seinen privaten Reisen nach England besuchte er noch zwei Internationale Medizinische Kongresse in London 1881 und 1913, ibid. ii: 548 (1881), resp. ibid. ii: 418, 472 (1913); s.a. Tabelle Ia.
62 ibid. ii: 1141 (1912).
63 K. 1892a, 4. Aufl. 1902, S. VII.
64 K. 1911a, S. 403.
65 K. 1893c, S. 1.
66 Buchholtz 1925, S. 512.
67 Bergmann, op. cit., Anm. 19, S. 189; Bergmann 1897.
68 Crile 1947, S. 70.
69 Garré 1917, S. 1111.
70 Fulton, op. cit., Anm. 57, S. 160, 192, 195–200; Wangensteen, op. cit., Anm. 2, S. 541.
71 Die Idee eines Knochenfensters geht auf den französischen Epilepsieforscher V. Magnan (1873) zurück, s. Temkin 1971, S. 348.
72 Cushing 1903, S. 252.
73 K., op. cit., Anm. 14, S. 7.
74 Deucher hatte dabei Puls-, Blutdruck- und Respirationskurven registriert. Deucher, op. cit.ª, Anm. 18.
75 s. K., op. cit., Anm. 14, alle Aufl. im allgemeinen Abschnitt über Operationsvorbereitung.
76 ibid., 5. Aufl. 1907, S. 286–287.
77 Ein Blick in die frühen Auflagen von Sahlis maßgebendem *Lehrbuch der klinischen Untersuchungsmethoden* genügt für die Feststellung der Wichtigkeit des Pulsfühlens zur Beurteilung des Blutdruckes um die Jahrhundertwende; s. Sahli 1894, 5. Aufl. 1909, S. 103–106, 166–172.
78 Cushing, op. cit., Anm. 72.
79 English 1980, S. 87.
80 MacCallum 1930, S. 100, 160, 172–176; Fulton, op. cit., Anm. 57, S. 569; Crowe 1957, S. 185; Bonjour op. cit., Anm. 10, S. 73.
81 Harvey 1976, S. 207.
82 Cushing, op. cit., Anm. 24, darin empfahl Cushing warm Kochers Monographie (K. 1901a) auf S. 198, dessen kranio-zerebrale Topographie (S. 168–172), dessen Befürwortung der Äthernarkose (S. 262); dessen Silberdrain zur Dauerdrainage traumatischer Zysten (S. 272); Kochers Theorie der Hirnerschütterung (S. 185, 192) und deren immer noch gültige Einteilung in 4 klinische Stadien sind besonders hervorgehoben (S. 195–196), s.a. Green und Stern 1951a, S. 65.

83 Michaud 1939.
84 K. 1901, S. 95.
85 K., op. cit., Anm. 14, 5. Aufl. 1907, S. 232–233.
86 Fulton, op. cit., Anm. 57, S. 182, 396.
87 K., op. cit., Anm. 14, 5. Aufl. 1907, S. 264–268, 306–307; bereits ein Jahr nach Cushings Abreise finden sich in der 4. Aufl. Hinweise auf dessen Verwendung der Lokalanästhesie, ibid., 4. Aufl. 1902, S. 5, 8.
88 ibid., S. 290–291.
89 Ackerknecht, op. cit., Anm. 19, S. 233–235.
90 K. 1909a; Johnsen 1951, S. 161–166.
91 K. 1901a, S. 4; D. Boddy 1888; *Brit. med. J.* i: 803 (1889); K., op. cit., Anm. 14, 5. Aufl. 1907, S. 251, 290, 300, 308; K. 1916a.
92 K., loc. cit. 1901a, S. 430.
93 K., op. cit., Anm. 14, 5. Aufl. 1907, S. 312.
94 Wangensteen, op. cit., Anm. 2, S. 540–541.
95 Ackerknecht, op. cit., Anm. 19, S. 238; Fuchsig 1972, S. 197.
96 Berezowski, op. cit., Anm. 20, S. 53.
97 Direktion des Inselspitals 1915, Manuscript; KM. 1917.

6
Klinisch-pathologische Forschung: Die Dermatome

Die systematische Korrelation klinischer mit pathologisch-anatomischen Beobachtungen, die *méthode anatomo-clinique* der Franzosen, hatte sich im 18. Jahrhundert entwickelt und in der Pariser Spitalmedizin zu Beginn des 19. Jahrhunderts eine Blüte erlebt[1]. Seither behauptete sie sich als eine zuverlässige Forschungsmethode in der Krankheitsbeschreibung. So begegneten wir ihr auch bei Kochers kranio-zerebraler Topographie und seiner Klassifikation der Frakturen (s. S. 22). Weiter fußte seine Beschreibung eines speziellen Typs der Epiphysenlösung des Femurkopfs während der Pubertät, die er 1894 *coxa vara* nannte[2]* – und wofür er später gegenüber einer 1888 erschienenen Publikation in einem langatmigen Artikel die Priorität beanspruchte[3] –, auf diesem Vorgehen. In seinen Schilddrüsenarbeiten werden wir es wieder finden. Sein bedeutungsvollstes Stück klinisch-pathologischer Forschung schuf er indessen mit einem weiteren Beitrag zur neurotopographischen Diagnostik, nämlich derjenigen des Rückenmarks. Damit wies er sozusagen nebenbei die Gültigkeit eines wichtigen physiologischen Konzepts, der Dermatome, am Menschen nach und erarbeitete als erster vollständige Tafeln der menschlichen Dermatome. Frucht klinischer Feststellungen an nachher autoptisch oder operativ verifizierten Rückenmarksverletzungen, beruhte dieses Werk auf der Auswertung genauer Aufzeichnungen, die er über einen Zeitraum von mehr als zwanzig Jahren gesammelt hatte.

Wie vor Eingriffen am Hirn stellte sich für den wissenschaftlichen Chirurgen vor solchen am Rückenmark die Aufgabe der Lokalisation einer pathologischen Veränderung; denn nur danach konnten auch vom ethischen Standpunkt auf die Dauer planmäßige Operationen verantwortet werden, wie sie als erste Macewen in Glasgow schon 1883, gefolgt von Horsley in London 1887 erfolgreich ausgeführt hatten[4]. Gerade der von Horsley operierte und vom erfahrenen Neurologen William Gowers (1845–1915) diagnostizierte Fall zeigt die damaligen Schwierigkeiten mit der präoperativen Lokalisation. In der Tat war Gowers' Diagnose in dieser Hinsicht sehr ungenau gewesen[5]. Aus diesem Gesichtswinkel kam der seit den 1850er Jahren aus theoretischem Interesse bearbeiteten

---

* Jetzt heißt das Krankheitsbild Epiphyseolisthesis.

Grundvorstellung von nach Rückenmarks-Segmenten gegliederten Bezirken der Hautsensibilität und der Muskelinnervation, den sogenannten sensiblen und motorischen Dermatomen, praktische Bedeutung zu: Sensorische und motorische Ausfälle ließen sich nämlich als Leitsymptome auffassen, die zu präziser Ortung von Läsionen des Rückenmarks führen könnten.

So wurde nun die Frage der Dermatome von verschiedenen Seiten intensiv angegangen: Anatomen verfolgten die periphere Verteilung von Spinalwurzeln, Nervenplexi und einzelnen Fasern mittels feiner Dissektion. Britische und amerikanische Kliniker untermauerten das Segment-Konzept durch ihre Beobachtungen an Patienten mit Krankheiten oder Verletzungen des Rückenmarks und der peripheren Nerven. Ein anderer Zugang lag in der Erforschung der embryologischen Entwicklung der Zuordnung einzelner Nerven zu bestimmten Muskel- bzw. Hautbezirken.

Einen Überblick über diese Arbeiten gab 1893 Charles S. Sherrington in der Einleitung zu seinem nunmehr klassischen Artikel «Experiments in the examination of the peripheral distribution of the fibres of the posterior roots of some spinal nerves I[6]». Selbst beschrieb er darin auf der Grundlage von Tierversuchen mit großer Präzision die einzelnen Rückenmarkssegmenten entsprechenden sensiblen Hautzonen an der untern Extremität des Affen. Die Arbeit enthielt auch die heute als «Sherringtonsches Gesetz» bekannte Beobachtung der Überlappung dieser Hautzonen. Allerdings war sich Sherrington bewußt, daß

> «das hier angeschnittene Problem dem Tierversuch nur beschränkt zugänglich ist. Es wartet auf eine vollständigere Lösung durch die Gelegenheiten, welche menschliche Krankheit bieten kann, wo die Reaktion eines instruierten Patienten aufgezeichnet und auch menschlich erfragt werden kann[7].»

Für ihn stellten diese sorgfältigen Detailstudien der sensiblen Bahnen denn auch den ersten Schritt in eine andere Richtung dar, nämlich zum Verständnis der Mechanismen der Reflexaktion[8].

In der Frage der Hautversorgungsgebiete der sensiblen Hinterwurzeln einzelner Rückenmarksnerven versuchten in der Tat nun einige Kliniker erfolgreich, eine Übersicht zu gewinnen. So stellte der Engländer William Thorburn (1861–1923) 1890 und 1893 die verschiedentlich publizierten Einzelfälle mit Angaben über den Verlust der Sensibilität zusammen[9]. Gleichzeitig veröffentlichte Henry Head (1861–1940), ein Freund Sherringtons, zwei unvollständige, aber sehr suggestive Schemata sensibler menschlicher Dermatome. Er hatte sie indirekt bestimmt, unter Benutzung der Verteilung der Hauteruptionen verschiedener *Herpeszoster*-Fälle und der hyperästhetischen Hautzonen bei gewissen inneren Krankheiten. Dies kam einer klinischen Analyse der Hautverteilung der Hinterwurzeln à la Sherrington gleich. Noch heute spricht man ja von den «Headschen Zonen», welche die Segmente des Rückenmarks auf der Basis der Hautirritation veranschaulichen[10].

Der Kliniker Theodor Kocher hatte seinerseits schon 1885 seine Fälle von Rückenmarkstrauma seit seiner Studentenzeit unter Bezug auf Veränderungen der autonomen Funktion von Blase und Darm sowie von Pulsrate und Körpertemperatur als Dissertation veröffentlichen lassen[11]. Nun machte ihn sein Fakultätskollege, der Physiologe Hugo Kronecker, auf Sherringtons Artikel aufmerksam[12*]. So nahm er auch die erwähnten englischen klinischen Arbeiten zur Kenntnis und faßte den Entschluß, sich anhand der vorhandenen Krankengeschichten und systematisch zu erforschender neuer Fälle an die Beschreibung aller Dermatome zu machen. Wie aus seinen später veröffentlichten Krankengeschichten ersichtlich ist, begann er jetzt gezielt, Befunde an Rückenmarksverletzten im Hinblick auf die aktuell gewordene Frage zu erheben. Wie vor ihm Thorburn und Allen Starr (1854–1932) in England und Amerika sowie nach ihm Chipault, Paul von Bruns (1846–1916) und andere in Frankreich und Deutschland[13] folgte also Kocher Sherringtons Hinweis, daß solche Fälle eine gute direkte Erforschung der menschlichen Rückenmarksphysiologie erlaubten. Head anerkannte Kochers Beitrag zu Recht, als er 1906 schrieb:

> «Unter allen diesen [Klinikern] trat einzig Kocher den großen Schwierigkeiten entgegen und machte sich daran, die obere Begrenzung [Niveau] der Analgesie in einer großen Zahl von [durch Operation oder Autopsie] verifizierten Rückenmarksläsionen zu bestimmen[14].»

1939 erinnerte sich Kochers Nachfolger F. de Quervain sehr wohl an den mühseligen Aufwand, der damit verbunden gewesen war:

> «Was das bedeutete, das weiß noch heute jeder der damaligen Assistenten, der stundenlang an Werk- und Sonntagen die Reflexe der unglücklichen Rückenmarksverletzten beobachten mußte[15].»

Entsprach diese Gründlichkeit in der klinischen Beobachtung Kocherscher Eigenart, so nicht minder die Umsicht, mit der er aus diesem sorgfältig erhobenen Material, aufgrund weiterer anatomischer und physiologischer Studien, seine Schlüsse zog. Als er mindestens einen genau verfolgten Fall von isolierter Verletzung eines jeden Wirbels und einer jeden Nervenwurzel beisammen hatte, entstanden 1896 in mühsamer Arbeit, einem riesigen Puzzle vergleichbar, anhand der beobachteten sensorischen und motorischen Ausfälle seine Diagramme aller menschlichen Dermatome (Abb. 11) und spinalen Motilitätstafeln. Sie waren enthalten in der auch als Monographie erschienenen Arbeit *Die Verletzungen der*

---

* Kocher faßte ihn später als Einleitung zu seiner eigenen Arbeit ausgezeichnet zusammen.

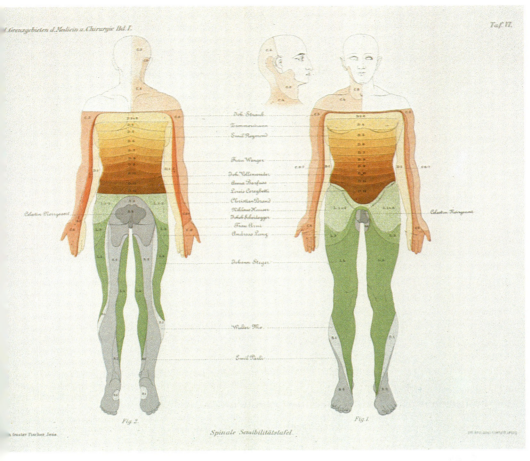

Abb. 11
Die erste vollständige Tafel der menschlichen Dermatome, veröffentlicht von T. Kocher im Jahre 1896; sie zeigt als Kuriosum die Namen der einzelnen Patienten mit spezifischen Befunden.

Wirbelsäule zugleich als Beitrag zur Physiologie des menschlichen Rückenmarks[16]. Wie später Head, bestätigte Kocher darin das Sherringtonsche Gesetz beim Menschen, was Thorburn beispielsweise mißriet. In seiner Einführung zum Schema der sensorischen Dermatome liest man daher:

> «Es erschien uns wünschenswert, vom chirurgischen Standpunkt aus, d.h. nach Erfahrungen am Menschen einmal eine solche Tafel anzulegen, um bei weiteren Beobachtungen die nötigen Korrekturen einzuzeichnen. Denn es ist doch notwendig, die freilich viel exakteren Ergebnisse der experimentellen Forschung am Tier allmählich durch die klinischen Beobachtungen für den Menschen zu ergänzen, um außer den Sensibilitätstafeln, wie wir sie für die Hautversorgung durch die peripheren Nerven besitzen, auch eine solche zu konstruieren, welche man mit *Sherrington* als *Sensibilitätstafel der spinalen Hautgebiete* bezeichnen kann...[17].»

Wie zuvor Starr[18], vergaß Kocher neben dieser theoretisch-physiologischen Fragestellung die ursprünglich angestrebte praktisch-klinische Verwertung seiner Feststellungen nicht: die Ortung pathologischer Veränderungen im Rückenmark. Dabei erlaubten die Motilitätstafeln der spinalen Muskelgruppen zusätzlich zu den sensorischen und motorischen Ausfällen noch lokalisatorische Rückschlüsse je nach dem Verhalten der sogenannten tiefen Reflexe und der Sehnenreflexe (Eigen- und Fremdreflexe). In dieser Absicht veröffentlichte Kocher in der Monographie von 1896 denn auch eine neue diagnostische und prognostische Bewertung der Reflexe: Als erster verneinte er nämlich die alte Ansicht, wonach die tiefen Reflexe (d.h. Fremd- und Eigenreflexe) nach Durchtrennung des Rückenmarks dauernd verschwänden, was dann zeitgenössische Neurologen als zutreffend anerkannten[19]. Er beschrieb selbst einen neuen dieser tiefen Reflexe[20]. Eindringlich waren auch seine mit Photographien und Zeichnungen veranschaulichten Schilderungen des verschiedenen Gepräges einzelner Transversalsyndrome, die sich über Jahrzehnte in der Literatur erhielten[21].

Rasch stützten sich Chirurgen und Internisten auf diese für ihre praktische Tätigkeit nützlichen Angaben, zumal Heads vollständiges, aber nur sensorisches Dermatom-Schema erst 1900 herauskam[22]. Auch jüngere Wissenschaftler hatten sie zu beachten[23].

Wie von Kocher vorausgesehen, wurden hier und dort Korrekturen seiner Angaben notwendig, als eine Anzahl Forscher die Dermatome weiter studierte. Doch bezeichnete noch 1936 der führende deutsche Neurochirurg Otfrid Foerster (1873–1941), dem es inzwischen gelungen war, die meisten menschlichen Dermatome nach Durchtrennung der Nervenwurzeln präzis zu beschreiben, Kochers Tafeln als die wohl bekanntesten neben denjenigen von Head[24]. Dies ist sicher teilweise ihrem Eingang in die zeitgenössischen Lehrbücher zuzuschreiben. Das maßgebende amerikanische Werk über den Schmerz enthielt sie ebenso[25] wie Hermann Sahlis und William Oslers (1849–1919) mehrfach übersetzte Standardlehrbücher der inneren Medizin, so daß sie darin noch bis Anfang der vierziger Jahre unseres Jahrhunderts unverändert erschienen. Gleicherweise nahm de Quervain Kochers Tafeln in seine *Spezielle Chirurgische Diagnostik* auf, ein Werk, das von 1907 bis nach dem Zweiten Weltkrieg aufgelegt und in fünf Sprachen übersetzt wurde[26].

Die Bedeutung der Kocherschen Arbeit lag einmal in der Schaffung eines in seiner Vollständigkeit und Einheitlichkeit einzig dastehenden Urmaterials, das sich zuverlässig verwerten ließ. Dann schloß Kocher sowohl sensible wie motorische Ausfälle ein, kam zu nützlichen klinischen Folgerungen und faßte seine Beobachtungen auf höchst didaktische Weise in farbigen Tafeln zusammen. Damit gehört ihm die Priorität der kompletten «Kartographie» der menschlichen Dermatome. Die Nützlichkeit, ja Unentbehrlichkeit derselben in der vor-neuroradiologischen Zeit ist einleuchtend. Man kann diesen Beitrag füglich mit Rudolf Nissen als die «Grundlage der topischen Rückenmarksdiagnostik» bezeichnen[27]. Hervorgerufen durch das Streben nach präoperativer Lokaldiagnose, zeitigten diese Bemühungen für den auf dem Boden der Physiologie stehenden Chirurgen Kocher sozusagen im Nebenschluß Erkenntnisse von Bedeutung, die Internisten, Chirurgen und Physiologen gleichermaßen anerkannten. Die Erarbeitung der neurotopographischen Diagnostik war eine wirkliche Tat, die, wiewohl heute vergessen[28], aus Beweggrund und Ergebnis unsere Hochachtung verdient[29].

Kochers Dermatom-Tafeln und kranio-zerebrale Topographie stellen Meisterstücke klinisch-pathologischer Forschung dar. Sie zeigen, was unmittelbare Krankenbeobachtung mit vergleichsweise wenig Hilfsmitteln an einer kleinen Klinik zu leisten vermochte. Genau dies hielt Cushing, ansonsten ein kritischer Besucher, mit sicherem Blick als wesentlichen Vorteil eines *post-graduate* Aufenthalts in Bern fest. In einem Leserbrief schrieb er im März 1901 an die Zeitschrift *American Medicine*:

«Kochers allmorgendliche klinische Vorlesungen ... sind ein Hochgenuß, und man verläßt sie stets mit viel Anregung zum Nachdenken und Nachahmen. Sie sind umso bemerkenswerter, wenn man bedenkt, daß das Spital nicht mehr als 90 chirurgische Betten hat ... und keine nennenswerte Poliklinik, die Patienten lieferte. Dies zeigt einmal für alle den Wert einer kleinen, sorgfältig durchstudierten Klinik mit einem beständigen Personal. Die Fülle an Material in einigen unserer Spitäler ist derartig, daß sie das medizinische Personal überwältigt, das zudem oft wechselt, außerstande, Einzelheiten aus dem kaleidoskopischen Krankheitsbild zu erfassen, das vor ihren Augen vorbeizieht[30].»

Allerdings bedarf es auch in einem kleinen Spital zur Ausschöpfung der Möglichkeiten der Ausrichtung des Betriebs auf das planmäßige Sammeln von Krankengeschichten durch den Chef, wie dies für Kocher seit

Beginn seiner Tätigkeit zutraf. Nicht nur bemerkenswerte Tatsachen mußten systematisch aufgezeichnet werden, schrieb dazu sein Assistent und späterer Kollege Carl Arnd, sondern ganz einfach

> «alles ... was an nicht rein physiologischen Vorgängen beim Heilungsverlauf irgend einer Operation bemerkt worden war. So sammelte sich ein Krankengeschichtenmaterial an, das noch nach Jahren zur Lösung aller möglichen Fragen herbeigezogen werden konnte, an die weder der Chef noch der Assistent jemals gedacht hatten...[31].»

Auch dafür stellt die Dermatom-Forschung ein eindrucksvolles Beispiel dar. Für uns liegt auf der Hand, daß sich eine derartige Krankengeschichtensammlung auch zur Bewertung des Erfolgs therapeutischer Maßnahmen eignete. In den nächsten Kapiteln wollen wir sehen, was Kocher in dieser Hinsicht daraus machte.

Anmerkungen

1. Faber 1930, S. 28–58, s.a. Lain Entralgo 1950.
2. Bick 1948, S. 197; K. 1894b.
3. K. 1895a.
4. In der Geschichtsschreibung galt bisher Horsley als Erstoperateur (s. GM, Nr. 4860). Arbeiten Macewens aus den Jahren 1884 und 1888 zeigen indessen, daß dieser bereits vier Jahre vor Horsley, am 9. Mai 1883, einen ersten gleicherweise extramedullären Tumor exstirpierte, gefolgt von einem weiteren im Jahr 1884. Beide Fälle waren geheilt (Macewen 1884, 1888, S. 308–309). Die Einwendungen Scarffs (1955, S. 309–311) bezüglich der Natur der entfernten Geschwulst sind bei genauer Lektüre der Originalberichte hinfällig, da sowohl im Fall Macewens («Fibrom»?) wie Horsleys («Myxom»?) die genaue histologische Diagnose nicht bekannt ist. Bei beiden Fällen handelte es sich indessen um komprimierende Tumoren, die zu Lähmungserscheinungen geführt hatten.
5. Gowers und Horsley 1888, S. 384–385.
6. Sherrington 1893: Besonders waren die Beobachtungen L. Türcks an 25 Hunden und 350 Patienten unbekannt, da sie nie ausführlich veröffentlicht worden waren.
7. Sherrington, zit. bei Cohen 1958, S. 29.
8. Swazey 1969, S. 63–66; Liddell 1960, S. 123–125, s.a. Granit 1966.
9. Thorburn 1890, 1893.
10. Head 1893, 1894, 1896.
11. D. de Reynier 1885.
12. K. 1896b, S. 546–547.
13. s. Quervain 1908.
14. «Of these, Kocher alone faced the difficulty and determined to record the upper level of the analgesia in a large number of verified spinal lesions.» Head und Thompson 1906, S. 603.
15. Quervain 1939b, S. 69. Die Mitarbeit zahlreicher Assistenten trug dazu bei, das Interesse für diese Probleme in der Schweiz zu wecken (Quervain 1931).
16. K. 1896b.
17. ibid., S. 657.
18. Starr 1894.
19. Oppenheim 1911, S. 266; Foerster 1936, S. 150, 173.

20 Foerster, ibid., die Originalstelle ist bei Kocher 1896b, S. 556: Einseitige Kontraktion der unteren Abdominalmuskulatur bei Kompression der Hoden.
21 «Unsere Kenntnisse von dem ... Gepräge der einzelnen Transversalsyndrome gehen in erster Linie auf die bekannten Arbeiten von Thorburn und Kocher zurück», schrieb Foerster (ibid., S. 100; s.a. S. 102).
22 Head und Campbell 1900.
23 s. z.B. Oppenheim 1911, S. 125–136, 261–273; Sippy 1902; Foerster, op. cit., Anm. 19, S. 100–106.
24 Foerster, ibid., S. 249.
25 Behan 1915, S. 55.
26 Sahli 1899, S. 860–865, 7. Aufl. 1932, Bd. III, S. 658, 661–662, 665–671; Osler 1905, s. 878–879 (Tafeln) und 880 (Text), 15. Aufl. 1944, S. 1222–1226; Quervain 1907, S. 390–396, die 10. deutsche Aufl. 1950, S. 486–487, enthält nur noch die spinalen Motilitätstafeln; s.a. Tröhler 1973, S. 17–18, 41–42.
27 Nissen 1966, S. 449.
28 Kochers Beitrag zur Dermatom-Forschung ist anscheinend von Historikern übersehen worden. Er findet weder Erwähnung in der langen historischen Einleitung zu Fultons Physiologie des Nervensystems (Fulton 1938), in Garrisons revidierter Geschichte der Neurologie (Garrison 1969) noch in Clarkes und O'Malleys neuem Werk (1968).
29 s. Tröhler 1983.
30 «Kocher's daily 8 a.m. clinics ... are a treat, and one unvariably comes away with much for thought and imitation. They are the more remarkable when one realizes that the hospital contains but 90 surgical beds, ... and that there is no great feeding outpatient department. It only goes to show the value of a small, carefully studied clinic with a permanent staff. The wealth of material of some of our hospitals is such that it swamps the attendants, themselves often a shifting body, unable to catch the detail of the kaleidoscopic picture of disease passing before their eyes.» Gleicherweise schrieb Cushing auch über Sahlis Vorlesungen (Cushing 1901, S. 581).
31 Arnd 1918, S. 31–32.

7
Statistisch-evaluative Forschung: Die Quantifizierung des Erfolgs

Als Kocher 1895 an die Zusammenstellung seiner Beobachtungen an Rückenmarksverletzten ging, konnte er leicht auf mehr als zwanzigjährige Krankengeschichten zurückgreifen. Das ist in der Tat um so auffälliger, als er sie aus eigener Initiative so ausführlich verfaßt und in seinem Privathaus aufbewahrt hatte[1]. Im folgenden wollen wir denn auf das Sammeln und Auswerten von Krankengeschichten im allgemeinen und auf Kocher im speziellen eingehen; denn es macht einen weiteren bedeutenden Teil seiner wissenschaftlichen Arbeit aus.

Vorgeschichte

Mit der zunehmenden Bedeutung der statistischen Auswertung prophylaktischer und therapeutischer Maßnahmen in der heutigen Medizin ist auch die historische Entwicklung der klinischen Versuche in den letzten Jahren vermehrt bearbeitet worden[2]. So wurde kürzlich bekannt, daß die zahlenmäßige Auswertung systematisch aufgezeichneter klinischer Beobachtungen schon im letzten Drittel des 18. Jahrhunderts einen nicht unwesentlichen Zug der britischen Medizin und Chirurgie ausmachte. Das damit angestrebte Ziel, die Zuverlässigkeit medizinischer Aussagen zu erhöhen, betraf sowohl die Krankheitsbeschreibung wie auch die Überprüfung des Behandlungserfolgs. Diese Methode der *arithmetical observation* wurde seitdem in England weiter verfeinert. Nach der Wende zum 19. Jahrhundert war sie dort gängig und, namentlich unter Chirurgen in Armee und Navy sowie an öffentlichen Spitälern, unbestritten[3]. In den großen Pariser Spitälern kam sie als *méthode numérique* um 1830 zur Blüte, wobei der Internist und Pathologe Pierre Charles Alexandre Louis (1787–1872) und die von ihm mitgegründete *Société Médicale d'Observation* als Hauptvertreter gelten[4]. Aber der Chirurg Joseph-François Malgaigne wandte sie zur gleichen Zeit mit ebenso aufsehenerregenden Resultaten auf das Studium von Luxationen, Frakturen, Hernien und deren überlieferter Therapie an wie Louis auf die Tuberkulose und den Typhus[5]: Endlich zahlenmäßig ausgedrückt, erwiesen sich Amputationen als ebenso mörderisch – und unnütz – wie der traditionelle Aderlaß. Chirurg und Internist schrieben daher programmatische Artikel über die Notwendigkeit der zahlenmäßigen Auswertung großer Beobachtungsreihen als einzigen Weg zum Fortschritt in der Medizin. Louis' Anhänger brachten die Methode in die Schweiz und nach den Vereinigten Staaten[6]. Nach heftigen Debatten lehnten sie die *Académie de Médecine* und die *Académie des Sciences* in Paris Ende der 1830er Jahre allerdings ab[7]. Ohne in der inneren Medizin weitere Erfolge gezeigt zu haben, soll sie schließlich in Frankreich nach der Mitte des 19. Jahrhunderts in der Zivilmedizin gegenüber Virchows Zellularpathologie, Pasteurs Bakteriologie und Bernards experimenteller Physiologie an Interesse verloren haben[8]. Ihre Weiterverwendung in der Chirurgie ist noch kaum erforscht.

Das gilt ganz allgemein für die Verhältnisse in Deutschland. Immerhin, die medizinische Sektion der Versammlung deutscher Naturforscher und Ärzte bildete 1857 eine «Commission für die medizinische Statistik», mit der Aufgabe, vermehrt Erfahrungen aus der «Massenpraxis» auszuwerten[9]. Neulich ergab die systematische Auswertung medizinischer Zeitschriften, daß statistische Spitalberichte, zahlenmäßige Krankheitsbeschreibung und Therapiebewertung seit den vierziger Jahren in der Schweiz verbreitet, wenn auch nicht unbestritten waren[10]. Ferner fußten die Arbeiten über die antiseptische Wundbehandlung von Lister selbst (1867) und ihre Prüfung in Deutschland durch Carl Thiersch (1822–1895) in Leipzig (1875) und Richard von Volkmann in Halle (1875) auf dem Vergleich der Letalitäten vor und nach Anwendung von Listers Prinzipien. Dies tat in Basel auch ein Doktorand Socins[11]. Andererseits verglich der Zürcher Assistent Rudolf Ulrich Krönlein 1872 die Erfolge seines Chefs Edmund Rose (1836–1914)* mit der sogenannten offenen Wundbehandlung mittels «historischer» Statistiken mit denjenigen zur Zeit Billroths[12] (s.a. S. 85). Schließlich enthielt eine Anzahl privater und offizieller Berichte über die medizinischen Aspekte von Feldzügen der europäischen Staaten nach 1830 sowie des amerikanischen Bürgerkriegs (1860–1865) numerische Analysen der gesammelten Beobachtungen nebst eingehender programmatischer Verteidigung der Statistik[13]. Erstaunt es uns noch zu vernehmen, daß die Deutsche Gesellschaft für Chirurgie bei ihrem ersten Kongreß 1872 eine Kommission für chirurgische Statistik bestellte[14]? All diese Angaben deuten jedenfalls auf einige Kenntnis und Anwendung dieser Arbeitsweise, zumal im englischen und deutschen Sprachgebiet, zu Beginn von Kochers beruflicher Tätigkeit. Neben diese allgemeine Tatsache treten nun noch einige, die ihn spezifisch betreffen könnten.

Die numerische Tradition in England brachte es beispielsweise mit sich, daß um 1860 Spencer Wells, wie oben erwähnt, die Ovariotomie auf solchen Grundlagen zu rehabilitieren trachtete. Davon, von den statistischen Arbeiten der Militärchirurgen und von Malgaignes Werk zugegebenermaßen beeindruckt sowie wohl in Kenntnis der zu Forschungszwecken gebrauchten Krankenhausberichte aus der Schweiz, begann

---

* Billroths Nachfolger in Zürich.

Theodor Billroth in den sechziger Jahren die Klinik in Zürich als Basis für systematische klinische Forschung zu benutzen. Gleiche Bestrebungen waren in der Berner Chirurgie und Geburtshilfe im Gange[15]. Inwiefern haben diese Londoner, Zürcher und Berner Beiträge Kochers klinisch-evaluative Forschung direkt beeinflußt? Zur Beantwortung dieser Frage scheint es angebracht, vorerst auf diese Arbeiten aus der Mitte der 1860er Jahre kurz einzugehen und sie nachher mit den ersten aus Kochers Feder zu vergleichen.

Spencer Wells, Billroth, Bern und Kocher

Wie eine Anzahl früherer englischer Chirurgen, wie Malgaigne, so kam auch Spencer Wells durch das Militärleben zur klinischen Statistik. Am Anfang seiner Laufbahn hatte er als Schiffschirurg regelmäßig über alle Fälle seinem Vorgesetzten in London rapportieren müssen. Er entwickelte dabei eine Vorliebe für statistische Auswertung. Als er später, in den 1850er Jahren, die Ovariotomie entgegen der vorgefaßten Meinung unter seinen Kollegen einzuführen trachtete, war er sich wohl bewußt, daß er seinen Ruf aufs Spiel setzte. Er erhoffte aber mit der offenen Darstellung seiner Erfolge und Mißerfolge sowohl Anerkennung für sich selbst als auch für die Operation[16]. Nach 1862 brauchte er deshalb einheitliche Formulare für die Aufzeichnungen seiner Krankengeschichten. Er nannte sie *Notebook for cases of ovarian and other abdominal tumors* und veröffentlichte sie 1865 in der Erwartung, andere würden sie auch verwenden und so könnten größere, vergleichbare Beobachtungsreihen gesammelt werden. Wells legte auch Gewicht auf das jährliche Einholen von Berichten nach der Operation (Spät-Erfolgskontrolle), wofür er im *Notebook* eine Kolonne vorsah[17].

Im gleichen Jahr 1865 verarbeitete er seine 114 ersten Fälle zu einem Buch mit dem Titel *Diseases of the ovaries, their diagnosis and treatment*[18]. Damals, also im Jahr bevor Kocher in London eintraf, kündigte er auch das Programm an, das er sich vorgenommen, nämlich den statistischen Vergleich der Ovariotomie mit der Punktion einer Ovarialzyste, mit der Jodinjektion und dem Verlauf ohne chirurgische Behandlung. Es entspricht das einer heutigen retrospektiven kontrollierten Studie. Tatsächlich berichtete Wells aber in der Folge nur über seine operierten Fälle, und zwar in Serien von hundert Patienten. 1872 hatte er deren bereits fünfhundert, 1880 sein erstes Tausend, was mit Glückwunschadressen in der englischen medizinischen Presse zur Kenntnis genommen wurde[19]: Der erhoffte zweifache Erfolg hatte sich eingestellt.

Inzwischen hatte dieser Pionier auch einigen Kollegen auf dem Kontinent voroperiert, so zum Beispiel 1865 im Beisein des Studenten Kocher bei Billroth in Zürich (s. S. 13), mit dem er damals seine Resultate besprach[20]. Nach Billroths eigenen Worten machten diese Statistiken einen «enormen Eindruck» auf ihn, befaßte er sich doch gerade zu dieser

Zeit damit, die Krankengeschichten aller in seiner Klinik behandelten Fälle zusammenzustellen. Er veröffentlichte sie 1869 als *Chirurgische Klinik Zürich 1860–1867; Erfahrungen auf dem Gebiet der Chirurgie**. Dieser Bericht gab die Erfahrung einer Klinik auf *allen* Gebieten der zivilen Chirurgie zahlenmäßig wieder. Er enthielt Angaben über den prä- und postoperativen Verlauf, Operationssterblichkeit und, besonders, über die Endresultate aller während Billroths Professur in Zürich diagnostizierten und nun einzeln angeführten Fälle. Sie waren aber nur für ausgewählte Krankheiten in einem Résumé mathematisch ausgewertet, zum Beispiel in der Form von Erfolgsquotienten. Dafür kam, wie bei Spencer Wells, eine prägnante Begründung dieses zeitaufwendigen Unterfangens dazu. Sie entsprach den Programmen der britischen «arithmetischen Observationisten» des 18. und der französischen «Numeristen» des 19. Jahrhunderts.

So wandte Billroth sich gegen allgemeine Folgerungen aus erfolgreichen Einzelfällen. Es gelte, die erfolgreichen sowohl wie die andern genau aufzuzeichnen; denn in solcher, zudem schriftlich festgehaltener Vollständigkeit liege – im Gegensatz zur Unbestimmtheit des alleinigen Verlasses auf das Gedächtnis – der Unterschied zwischen Wahrheit und Irrtum. Ferner sei das Resultat genau zu ermitteln:

> «Die Wege, sich über die eigene Erfahrung klar zu machen, sind nicht schwer zu finden. Von jedem Kranken muß mit pedantischer Strenge eine Krankengeschichte geführt werden. Diese Journale müssen in systematischer Ordnung bewahrt werden. Sollen nach Abfluß eines oder mehrerer Jahre die erworbenen Erfahrungen zusammengestellt werden, so müssen über alle Kranken, welche nicht völlig geheilt das Spital verlassen ... Nachrichten eingezogen werden. [Denn] kann man das schließliche Resultat ... nicht angeben, so bleiben die errungenen Erfahrungen trotz der genauesten Krankengeschichten ... ebenso lückenhaft, als wenn man darüber nur in Büchern gelesen hätte[21].»

Am Beispiel der Hüftgelenkresektion, einer damals recht umstrittenen Operation, erläuterte Billroth seine Vorstellungen im einzelnen. Er wies auf die große Zahl der zu beobachtenden Patienten hin, damit diese in vergleichbare Untergruppen von genügender Größe aufgeteilt werden könnten. Er betonte die Wichtigkeit der Überprüfung der Operationsresultate nach mehreren Jahren und ihres Vergleichs mit denjenigen konservativ behandelter Patienten. Dies führte ihn zu den praktischen und ethischen Schwierigkeiten bei der Durchführung korrekter klinisch-statistischer Forschung. Das Arbeitsgebiet schien ihm riesig. Er sah die

---

* So ist es kein Zufall, daß Spencer Wells seinerseits ein Exemplar von Billroths Buch besaß. Es befindet sich heute in der Bibliothek des *Royal College of Surgeons* in London.

Notwendigkeit der Arbeitsteilung wie in der Industrie und die Ausbildung von Spezialisten voraus. Allein, wie schon hundert Jahre vor ihm eine Gruppe englischer Ärzte, zweifelte er weder an der Notwendigkeit noch am Gelingen, mit dieser Methode die vage klinische Erfahrung endlich in eine wissenschaftlich begründete Form zu bringen. Sie werde sich durchsetzen, wenn es auch Jahrzehnte oder Jahrhunderte dafür brauchte:

> «Bald wird die Zeit kommen, ... wo man sich nicht mehr mit allgemeinen Bemerkungen über die Erfolge dieser oder jener Operation begnügen wird, sondern jeden Arzt für einen Charlatan hält, der nicht im Stand ist, seine Erfahrungen in Zahlen auszudrücken[22].»

Als löbliches Beispiel hob er Spencer Wells hervor. Dieser habe seine Erfahrung in Zahlen stets bereit. Und, so fuhr er fort:

> «Ich brauche wohl nicht besonders darauf hinzuweisen, welchen enormen Eindruck diese Statistik auf sämmtliche Chirurgen mit Recht machte, und wie sie mehr, als es früher möglich war, beigetragen hat, die Operation der Ovariotomie zu verbreiten. Dies Beispiel lehrt uns, wie es um die ganze Chirurgie stehen könnte, wenn wir nicht so heillos faul wären, und wenn wir methodischer arbeiteten und arbeiten ließen...» Er schloß mit Nachdruck: «Ich hätte viel lieber andere Dinge gearbeitet, doch ich habe mir eingebildet, es sei meine Pflicht, als Lehrer zu meiner eigenen Belehrung mich aufzuklären, wie ich mit meiner Erfahrung stehe[23].»

In Wahrheit handelten aber sowohl Spencer Wells' wie Billroths Berichte hauptsächlich von ihrer chirurgisch-operativen Erfahrung. Der selbst geforderte Vergleich mit konservativ oder gar nicht behandelten Fällen blieb weg.

Ähnlich hatte bereits 1863 Victor von Bruns (1812–1883) die während seiner Leitung der Tübinger Klinik seit 1843 vorgenommenen Amputationen und Resektionen lückenlos statistisch bearbeiten lassen. Eine chronologische Tabelle enthielt die Fälle mit Angabe von Alter, Geschlecht, anatomischer Indikation, unmittelbarem Erfolg und Ergebnis der Nachkontrolle. Sie wurde entsprechend mathematisch ausgewertet. Eine graphische Darstellung verglich die Zahl der Operationen mit der Zahl der Todesfälle während dieser 40 Semester[24]. Kannte Billroth diese Arbeit nicht?

Wie dem auch sei, sein Bericht war, selbst in der damaligen Schweizer Chirurgie, weder der einzige noch der erste. Karl Hermann Demme zum Beispiel hatte sämtliche Patienten seines Vaters Hermann Askan, Kochers Lehrer also, aus den Jahren 1835–1860 schon 1862, nach Diagnose und Therapieerfolg gegliedert, zusammengestellt. Bei Demme stand eine leicht lesbare tabellarische Übersicht im Vordergrund, bei Billroth dagegen die Anhäufung aller einzeln beschriebenen Fälle. Detaillierte Auswertung ausgewählter Krankheiten folgte bei beiden gesondert[25].

Spitalberichte in Demmes Art veröffentlichten später Billroths Berner Freunde, der Chirurg Lücke – Kochers Chef und Vorgänger –, der Ophthalmologe Henri Dor (1835–1912) und der Frauenarzt Breisky, als sie 1872, 1874 beziehungsweise 1876 ihre Berner Lehrstühle mit ausländischen vertauschten[26].

Demmes Arbeit war, soweit wir sehen, der erste Versuch, die in Bern seit 1815 vorgeschriebenen statistischen Jahresberichte für die Spitaldirektion wissenschaftlich nutzbar zu machen*. Im übrigen gehörte es zu den Dienstpflichten der Assistenten, die entsprechenden Journale und Tabellen über den Krankenbestand zu führen, und der Ordinarien, diese periodisch zusammenzufassen[28]. Dieser Pflicht war auch der Assistent Kocher nachgekommen (s. S. 27), und sie oblag ihm nun als Klinikleiter.

So sehen wir in Kochers nächstem Umkreis in den operativen Fächern eine bemerkenswerte Verwendung numerisch-klinischer Methoden in Forschung und Administration. Dazu kam die programmatische Betonung ihrer Erheblichkeit durch Spencer Wells und Billroth, deren Arbeiten jedoch in wesentlichen Punkten den eigenen Anforderungen nicht gerecht wurden.

Nicht nur Chirurgen, auch Internisten beschäftigten sich damals mit klinischer Statistik, erprobten sie doch Ende der sechziger Jahre den Wert neuer Fiebermittel sowie der Bäder bei Fieberkrankheiten eifrig auf diese Weise: Die sogenannte «antipyretische Welle[29]» brachte auch in der Schweiz viele Zahlenvergleiche[30]. Der Student Kocher war in diese «Welle» geraten, als er in seiner internistischen Dissertation die Wirkung eines dieser Fieberpräparate, des Veratrins, prüfte. Dieser Erstling ist methodisch ansprechend. Schon die ganz seltene Bemerkung, daß ein Doktorand, «um die kostbare Zeit des Lesers möglichst zu schonen», vorab «eine kurze Übersicht» geben wolle, freut eben diesen Leser auch heute noch und läßt eine effiziente Behandlung des Stoffes erwarten. Sie findet sich denn auch in einem eigenen statistischen Kapitel. Neben der Berechnung der Gesamtletalität sind da die Fälle nach Tag des Behandlungsbeginns und des Eintritts der Krise in Untergruppen aufgeteilt. Kocher hielt ferner den von andern geübten Ausschluß komplizierter Fälle für nicht passend, «besonders da es sich nicht um absolute Werthe, sondern bloß um Vergleichungen handelt». Nun hatte er aber ausschließlich – mit Veratrin – behandelte Fälle zur Verfügung, ein Zug, der bei den erwähnten chirurgischen Statistiken aufgefallen ist. Ferner griff er zum wichtigen Vergleich mit der rein expektativen Behandlung einfach auf die Literatur zurück, teilweise auf weit zurückliegende Statistiken aus der Wiener Schule des therapeutischen Nihilismus[31].

---

* Im 18. Jahrhundert wurde ein Journal über besondere und interessante Fälle geführt, 1805 eine eigentliche Statistik angeregt[27].

Wie entwickelte sich unter diesen fast zur Statistik zwingenden Verhältnissen die evaluative Forschung des Chirurgen Kocher weiter? Mehrmals haben wir nun von Querverbindungen zwischen Spencer Wells, Billroth und Kocher gelesen. Lassen sie sich in bezug auf die klinischen Statistiken Kochers konkretisieren? Die persönliche Beziehung zwischen Wells und ihm ist bisher noch nicht in ihrer wissenschaftlichen Tragweite beleuchtet worden (s. S. 13). Sie spielte aber sicherlich bei der Motivierung Kochers eine direkte Rolle. Dieser weilte ja 1866, kurz nach der Veröffentlichung von Wells' Lehrbuch der Ovarkrankheiten, in London und, was vielleicht noch wichtiger war, nach derjenigen des statistischen *Notebook*. Es ist sehr wahrscheinlich, daß er die praktische Benützung desselben durch den Autor selbst miterlebte, zumal er während sechs Wochen dessen Operationen auch in der Privatpraxis beiwohnte. Zeigte Wells ihm nicht auch die Photographien seiner Fälle? Begeistert schrieb der junge Berner damals nach Hause, Wells ersetze ihm den Langenbeck[32]. Im Frühjahr 1868 veröffentlichte er dann im Einverständnis mit seinem Londoner Lehrer dessen neueste, brieflich übermittelte Statistiken der Ovariotomie in einer deutschen Zeitschrift*.

«Wer wird angesichts dieser steten Zunahme der Erfolge ... noch in Zweifel bleiben können», schrieb Kocher dazu kurz und bündig, «daß ... bei der Ovariotomie die Schärfe der Diagnose und die Operationstechnik den Ausschlag giebt, und daß man kein Recht hat, die Mißerfolge der Operation einer schlechteren Constitution der Patientinnen in gewissen Ländern, namentlich auch in Deutschland, zuzuschreiben[33]?»

Die Aussagen stimmten, waren indessen, von einem selbst Unerfahrenen stammend, verwegen. Inhalt und Form dieser dreißigzeiligen Mitteilung erhellen die Prämissen seines eigenen Beginns.

Kurze Zeit später wagte er sich als Lückes Assistent an seine erste Ovariotomie. Der Tod der Patientin hielt ihn nicht ab, als junger Chefarzt sogleich weitere Versuche zu machen. Auch assistierte er seinem älteren Kollegen Breisky bei dessen erster Ovariotomie im November 1872, die einen schlechten Ausgang nahm[34]. Die Art und Weise, in der er nun seine Operationen gesondert aufzeichnete, periodisch in Serien von fünf Fällen veröffentlichte (1874, 1875, 1877, 1878 und 1880) und dabei auf seine Fehler hinwies, zeigt, wie er sich seines Mentors Methode zur Anerkennung dieser Operation in der Schweiz bediente[35]. Im Spätsommer 1879 hielt ihn Spencer Wells mündlich über seine neuesten Ergebnisse auf dem laufenden. Zwei Jahre später bat er ihn um eine Statistik der in der Schweiz gemachten Ovariotomien. Kocher erließ

---

* In den ersten 100 Fällen 34 Todesfälle, 66 Genesungen; in den zweiten 100 Fällen 28 Todesfälle, 72 Genesungen; in den letzten 50 Fällen 7 Todesfälle, 43 Genesungen.

prompt einen Aufruf an die Kollegen im *Correspondenzblatt für Schweizer Ärzte*. Ein Jahrzehnt nach seinen Anfängen mit der Ovariotomie konnte er daraufhin umgekehrt seine Resultate Spencer Wells zur Veröffentlichung in England mitteilen und war in der Lage, die Ergebnisse von 24 Schweizer Kollegen beizufügen[36]. Der Herausgeber dieser Zusammenstellung im *British Medical Journal* stellte sie seinerseits als beispielhaft dar, indem er seinen Kommentar wie folgt schloß:

> «Wenn einige Mediziner aus Hauptstadt und Provinz ... eine ähnliche Methode benutzten, könnten Statistiken von unschätzbarem Wert über alle größeren chirurgischen Eingriffe in sehr kurzer Zeit gesammelt werden[37].»

Kocher galt von da an als erfahrenster Schweizer in dem aktuellen weltweiten Unterfangen der Ovariotomie[38] – sozusagen auf englischer Grundlage.

Auch auf einem anderen, mehr spezifisch schweizerischen Gebiet benutzte er die Wellssche Strategie, nämlich als er daran ging, die Schilddrüsenoperation in seinem heimatlichen Kropf-Endemiegebiet zu etablieren. Hier sah er sich tatsächlich in der gleichen Lage wie der Engländer zwanzig Jahre früher bezüglich der Ovarialtumoren; denn bis weit ins 19. Jahrhundert hinein war dieser wegen der starken Blutungen und der Infektion gefürchtete Eingriff nur bei akuter Lebensbedrohung ausgeführt worden.

So hatte Billroth in Zürich von 1860–1867 zwanzig Kröpfe mit einer Letalität von 40% exstirpiert, Kochers Lehrer Demme in Bern von 1835 bis 1860 ganze sieben (mit zwei Todesfällen) und sein Vorgänger Lücke von 1865 bis 1872 deren zehn (mit einem Todesfall)*. Der junge Schweizer operierte indessen während seines ersten Jahres als Chef schon acht Kröpfe (ein Todesfall). In der Folge berichtete er regelmäßig über seine Operationen, so 1883 über die ersten 100, 1889 über weitere 250 und 1895 bereits über sein erstes Tausend, gefolgt von einem zweiten, dritten und vierten Tausend in den Jahren 1901, 1906 und 1909[39]: Kocher leistete für die Schilddrüsenoperation, was Wells für die Ovariotomie getan hatte. Abgesehen von seinen sogar größeren Fallzahlen war sein Vorgehen mit demjenigen des Engländers identisch. So ist anzunehmen, daß er auch ein «Notebook» seiner Kropfoperationen führte. Eine analoge, von ihm handschriftlich geführte Statistik der Gelenkkrankheiten in einem eigens angelegten Pappdeckelheft, begonnen am 1. Januar 1880, ist jedenfalls heute noch erhalten[40].

Dies bringt uns nun wieder zurück zu Billroth; denn am Beispiel der Gelenkkrankheiten hatte dieser ja seinen Plan für die klinisch-auswer-

---

* Eine Ausnahme bildete hier der Landarzt Felix Heusser aus Hombrechtikon (1817–1875) der zwischen 1842 und 1865 in seinem Haus oder in Privatwohnungen 96 Kröpfe mit nur 5 Todesfällen operierte.

tende Forschung erläutert. Bisher wurde sein persönlicher Einfluß auf Kocher in der Literatur hervorgehoben, obschon sich nur wenige eindeutige Belege dafür finden ließen (s. S. 20f). Untersuchen wir also frühe statistische Arbeiten Kochers auch auf Billrothsche Spuren! Zu ihrem Hintergrund läßt sich sagen, daß der Student im Sommer 1865 mit Bestimmtheit etwas über den Wert genauer Krankengeschichten und ihrer numerischen Auswertung von Billroth gehört hat im Zusammenhang mit Spencer Wells' Besuch in Zürich (s. S. 84). Somit traf der Zürcher Klinikbericht den Berner Privatdozenten 1868 mehrfach vorbereitet durch Billroth selbst, seine eigene internistische Statistik, die Übersicht über die Tätigkeit seines Lehrers Demme und Spencer Wells' Beispiel. Er las wohl schon darin, als er vorab in extenso im *Archiv für klinische Chirurgie,* einer gängigen Zeitschrift jener Zeit, erschien[41]. Zudem nahm er beim Wegzug Lückes natürlich von dessen Klinikbericht Kenntnis (s. S. 87). Die Folgen dieser Umstände sind deutlich: Sobald er 1872 selbst Professor wurde, legte auch er größte Wichtigkeit auf das sorgfältige Verfassen und Sammeln der Spitalkrankengeschichten – so wirkungsvoll, daß er sie noch nach Jahrzehnten benutzen konnte. Dies zeigt, daß es ihm dabei nicht in erster Linie um die Erfüllung administrativer Erfordernisse, sondern um den wissenschaftlichen Gehalt ging. Ein Jahr später bestand er öffentlich auf der Wichtigkeit, das «endliche Schicksal» der vom Spitalchirurgen behandelten Gelenkskranken zu erfahren, ohne daß «man sich kein sicheres Urtheil über die verschiedenen Behandlungsmethoden machen könne»: An einer Sitzung des Bernischen Medizinisch-Chirurgischen Kantonalvereins kündigte er die Versendung von diesbezüglichen Fragebogen an und forderte die Landpraktiker – ja sogar die Pfarrer – zur Mitarbeit beim Ausfüllen auf. Dieses Vorgehen wird er noch in den 1890er Jahren wiederholt in bezug auf Schilddrüsenfragen wählen[42]. Im Jahr 1882 zeigte sich dann Billroths Spur ganz offen in einer unter ihm entstandenen Doktorarbeit, welche wiederum die chronischen Gelenkkrankheiten betraf. In einer Vorbemerkung dazu steht:

> «Einzelne Chirurgen suchten möglichst früh die Totalresection auszuführen, andere wollten gerade in Anbetracht der functionell schlechten Resultate ... von derselben wenig wissen. Es scheint mir daher Billroth ... den einzig richtigen Weg zur Klärung dieser Frage angegeben zu haben, indem er zum Entscheide noch mehr statistisches Material verlangte ... Nachfolgend sind die von Herrn Prof. Kocher behandelten 54 Fälle nach dem Schema, das Herr Prof. Billroth in seiner Chirurgischen Klinik (Zürich 1860–1867) aufgestellt hat, zusammengestellt. Da dieses Schema bisher als mustergültig angenommen wurde, so haben wir uns auch keine Abänderungen erlaubt, die für eine spätere Zusammenstellung aller Fälle hinderlich sein könnten[43].»

Nro.	Name, Alter, Dat. des Eintrittes	Alter beim Beginn	Dauer vor Behandlg.	Ursachen Hereditat	Ursachen Andere Ursachen	Extremität	Status beim Eintritt	Therapie und unmittelbarer Erfolg	Weiterer Verlauf (Resultate der Informationen)
P.*6.	M . . . r Anna v. Luzern 4 Jahr 1. März 80	3 Jahr 10 Monat	2 Monat	—	Fall	R.	Allgemeinzustand gut. Bein in Flexion; Rotation sehr beschränkt; Anpressen und Heraufstossen schmerzhaft. Femurhals verdickt; geht stark hinkend.	Extension. Es werden 3 Inject. einer 5% Carbollösung gemacht. Den 2. VI. keine Empfindlichkeit auf Druck. Pat. geht ohne zu hinken. Entlassung mit Taylor.	Patient geht den ganzen Tag herum ohne zu hinken oder je über Schmerzen zu klagen.
P.7.	Pf. Joseph v. Vitznau 6 Jahr 22. April 80	4½ Jahr	1½ Jahr	—	—	L.	Leicht scrophulös. Bein adducirt und einwärts rotirt. Anpressen und Heraufstossen schmerzhaft. Trochanter major verdickt. Hinter dem Trochanter ein Abscess.	1. V. 81. Resectio. Entfernung des Kopfes, in welchem ein Sequester sich findet. Heilung per primam nach 5 Wochen. Entlassung mit Abductionsapparat.	Patient war stets wohl, ging recht gut herum. Bekam Anfangs August 1881 Scarlatina und starb.
8.	Frank Marie v. Ennetbürgen 5½ Jahr 20. Oct. 80	4½ Jahr	1 Jahr	—	Impfung von einem scroph. Kinde (?)	L.	Bein in starker Flexion. Rotation und Heraufstossen schmerzhaft, Auswärtsrotation unmöglich; hinterer Umfang des Gelenkes diffus verdickt. Aussen am Femur eine Fistel.	6. XII. 80. Resectio. Heilung mit starker Eiterung. Entlassung mit erhöhtem Schuh- und Abductionsapparat.	Gelt ordentlich an einem Stock links auf den Metatarsalköpfchen. Von erhöhtem Schuh und Apparat wird kein Gebrauch gemacht.
9.	Girardin Jos. 18 Jahr 3. Mai 78	9 Jahr 1. Anfall 18 Jahr II.	4 Monat	—	—	R.	Zahlreiche Fisteln um den Trochanter major, fast vollständige Ankylose, im rechten Winkel Eiterung mit Temperaturerhöhung.	27. V. In Narkose forcirte Extension. Den 29. V. tritt Septicaemie auf. (Abscess im Becken). Den 14. VI. Tod.	
10.	Kummer Gottl. v. Kratigen 8 Jahr 31. Mai 75	7 Jahr	1 Jahr	—	Fall	R.	Abgemagerter Knabe. Oberschenkel in starker Flexion; Heraufstossen und Anpressen sehr schmerzhaft. Grosser Abscess um den Trochanter.	Eröffnung der Abscesse (Ostitis oss. ilei.) Extension. Den 3. XI. Tod durch Pyaemie. Sectionsbefund: Zerstörung des Femurkopfes und Capsel, Blusliegen des os ilei aussen. Milz und Leber mit amyloider Degeneration.	
11.	Marti Jak. v. Rüeggisberg 17 Jahr 15. Jan. 72	17 Jahr	3 Monat	—	Osteomyelitis	R.	Anschwellen des Knie's bei erhöhter Temperatur. Das Hüftgelenk macht den Eindruck einer fract. colli femoris. Abscessbildung.	Versuchsweise Extension mit Eisblase. Den 2. II. Resectio. Kopf und Pfanne zerstört. Der Abscess reicht unter dem lig. Poup. durch bis unter die Bauchdecken. Tod den 26. II. nach einer Blutung.	

* P. bedeutet Privatpatienten.

Abb. 12
Beispiel einer Tabelle, wie sie nach der Vorlage Theodor Billroths von Kocher und seinen Doktoranden zur Auswertung der Behandlungsresultate (hier der infektiösen Hüftgelenksentzündung) jahrzehntelang verwendet wurde.

Der entsprechende Tabellenkopf ist in Abb. 12 wiedergegeben. Er zeigt, daß Kocher, wie Spencer Wells und Billroth, nicht eigentliche Verlaufskontrollen durchführte, sondern eine Art Spät-Erfolgskontrolle machte, das heißt, er holte in den meisten Fällen schriftlichen Bescheid über das Befinden der Patienten ein im Zeitpunkt des Zusammenstellens seiner Fälle. Dabei wichen die Intervalle vor und nach der Operation voneinander ab, was in der zusammenfassenden Auswertung höchstens mit einem Durchschnittswert berücksichtigt werden konnte. Von den Patienten oder von Verwandten stammend, waren die erhaltenen Auskünfte meist von subjektivem Charakter und zudem ungenau. Nur in Einzelfällen hatte Kocher selbst nachuntersuchen können.

Das Billroth-Schema bildete auch den Rückgrat des oben erwähnten Kocherschen Notizbuches über Gelenkkrankheiten (1880/81), wobei er den Tabellenkopf noch um eine Kolonne mit pathologisch-anatomischen und histologischen Befunden erweiterte. Er legte es wohl zur Vorbereitung eines Referats an, das er 1881 am Internationalen Medizinischen Kongreß in London über die Resultate der Behandlung chronischer Kniegelenkserkrankungen hielt (s. S. 99).

Zusammenfassend läßt sich sagen, daß Spencer Wells und Billroth im Verein mit andern Autoren den mittelbaren Hintergrund für Kochers statistische Arbeiten abgaben. Von beiden übernahm er indessen die Methode unmittelbar für einzelne Teilgebiete. Das betrifft das organisatorische Vorgehen wie die inhaltliche Beschränkung auf vorwiegend operierte Fälle – trotz besserer theoretischer Einsicht. Kocher veröffentlichte nie Spitalberichte mit wissenschaftlicher Zielsetzung wie Billroth oder seine Berner Vorgänger und Kollegen, sondern wertete wie Spencer Wells einzelne Krankheiten periodisch und unter Mithilfe von Doktoranden aus. Er hielt dies ganz einfach für wirkungsvoller:

«Die Jahresberichte aus den Kliniken geben eine solche Fülle von Material, ... daß der Leser [kaum] in den Stand gesetzt wird, ohne zu großen Zeitaufwand denjenigen Theil ... zu bewältigen, der neu und originell ist. Es ist deshalb die moderne Form, wohl zuerst durch die vorzüglichen Resumés in *Billroth's* klinischen Berichten ... inaugurirt ... das originelle Material ... in wohl ausgearbeiteten einzelnen Abhandlungen zu geben, bei Weitem vorzuziehen[42].»

Kochers «System der gefahrlosen Chirurgie»

Wie das Beispiel der Kropfoperationen zeigt, begnügte sich Kocher keineswegs mit den von Spencer Wells und Billroth vorgezeigten Anwendungsgebieten klinischer Statistik. Er ließ im Gegenteil in gewissen Zeitabständen seine Fälle aus einzelnen Gebieten auf der Grundlage der oben geschilderten «Spät-Erfolgskontrolle» veröffentlichen. «Spät» bedeutete verschiedene Intervalle von oft nur kurzer Dauer vor und nach der Operation in ein und derselben Publikation. Neben solchen von Kollegen dienten eigene statistische Berichte anfänglich als Beweis der Nützlichkeit der antiseptischen Methode, ja das erste von Kocher mit seinen statistischen Evaluationen angestrebte Ziel blieb die Demonstration der «Sicherheit», «völligen Gefahrlosigkeit» oder sogar der «Harmlosigkeit[45]» jeder Operation. Betrachten wir mit ihm als Kriterium dafür die Operationssterblichkeit, so stellen wir fest, daß es mit der Zeit strenger wurde: Eine Kropfoperation war 1882 mit einer Letalität von 14%, 1906 aber mit einer solchen von weniger als 0,5% «sicher[46]». Diesen Wandel des Maßstabes können wir vom heutigen Standpunkt aus mit der in jener Zeitspanne größer gewordenen technischen Erfahrung der Chirurgen, aber auch mit der Entwicklung der Asepsis erklären. Gerade die Überlegenheit der letzteren über die Antisepsis mußte auch wieder statistisch gezeigt werden.

Viele der späten statistischen Arbeiten Kochers haben indessen noch einen zweiten Grundzug. Sie zeigen, daß er geneigt war, seine operativen Erfolge eigenen Techniken zuzuschreiben, wofür ihm seine Statistiken genügend Unterbau boten. Dies ist etwa der Fall bei der Interpretation seiner Operationen von Hasenscharte[47], *pes equinovarus*[48] und Inguinalhernien[49], von Brust-, Magen-Darm- und Kehlkopfkrebs[50], von Gallenblase-[51] und gutartigen Magenleiden[52], von Trigeminusneuralgie[53] sowie seiner chirurgischen Behandlung der Epilepsie (s. S. 52f). In ihrem Ausmaß unvergleichlich auf der ganzen Welt blieben seine Statistiken der Kropfoperationen: Sie bildeten die größte Einzelstatistik über irgendeine Operation überhaupt[54].

Oft hatte Kocher hingegen nur relativ wenige Fälle, aber diese kamen aus der gleichen Klinik und waren gleich behandelt worden, wie er wiederholt mit Recht betonte. Die Grundlage seiner Statistiken war tatsächlich von einzigartiger Gleichmäßigkeit: Die Assistenten hatten nur die *Anamnese* zu schreiben, wofür in späteren Jahren vorgedruckte Formulare verwendet wurden. Der *Status praesens*, die Diagnose und das Endresultat wurden vom Chef diktiert, der bis 1894 auch alle größeren Operationen allein ausführte[55]. Zudem arbeitete er während Jahrzehnten mit einer sehr seßhaften Bevölkerung.

Wie wir gesehen haben, veröffentlichte Kocher gewiß nicht als einziger seine Resultate, noch theoretisierte er *explicite* über die Verwendung einfacher Statistik. Sie war für ihn im vorgezeichneten Rahmen gegeben. Vielleicht fleißiger und planmäßiger als seine Zeitgenossen, fühlte er sich ab 1892 bereit, auf solcher Grundlage mit seinem eigenen «System der sicheren Chirurgie» vor die Öffentlichkeit zu treten, mit dem Buch *Chirurgische Operationslehre*. In England, wo Kocher hohes Ansehen genoß (s. S. 178), kennzeichnete es 1911 das *British Medical Journal* in einer ausführlichen Besprechung wohl am zutreffendsten als Werk eines großen Unabhängigen:

«Professor Kocher's Name leistet genügend Gewähr für ein höchstrangiges Werk. In unsern Augen ist es klassisch. Kein Chirurg kann es sich leisten, nicht mit den vielen originellen Zügen dieses Buches vertraut zu sein, das durch und durch von der bestechenden Individualität seines berühmten Autors lebt. Dieser, wiewohl nicht langsam in der Anerkennung der Arbeit der vielen Chirurgen aller Länder, zögert nicht, im sichern Besitz seiner eigenen Erfahrungen und Errungenschaften das Recht für sich zu beanspruchen, seine eigenen Ansichten mit keineswegs unsicherer Stimme kund zu tun[56].»

Kocher hielt solchen Einschränkungen, die sich schon in früheren Besprechungen finden[57], entgegen, daß es gerade sein Prinzip sei, nur selbst erprobte Methoden zu beschreiben und zu empfehlen, und zwar mit der Begründung:

«Ich bin mir bewußt, daß das Buch dadurch eine gewisse Einseitigkeit beibehält, aber ich bin auch sicher, daß ich den operirenden Ärzten zuverlässige Wegleitung geben kann. Die operative Chirurgie, ... wird mehr und mehr zum Gemeingut der Ärzte, aber um so mehr thut es noth, daß bestimmte Normen aufgestellt werden ..., damit nicht ungestraft unter dem Schutze der selbst grobe Fehler deckenden Asepsis den Patienten von unerfahrenen Händen großer Schaden zugefügt werde[58].»

Der gewisse, aus diesem Zitat sprechende Dogmatismus ließe vielschichtige Deutungen zu. Nicht außer acht zu lassen wäre dabei Kochers in festem Glauben wurzelnde Überzeugung, ein Werkzeug Gottes zu sein[59], der ebenfalls hinter dem manchmal überraschenden Bestehen darauf, ein Problem endgültig gelöst zu haben, stehen könnte. Damit kommen wir aber auch zu der im Kapitel über die Neurochirurgie angeschnittenen Frage des Wertes einer Operation im Heilplan des Arztes. Darüber sagt ja die «Sicherheit» des Eingriffs an sich noch nichts aus. Spencer Wells und Billroth hatten diesen Punkt mit der Erwähnung der unoperirten «Kontrollgruppe» in der Vorantiseptik angedeutet. Wie verhielt sich Kocher dazu in einer Zeit, in der sich die Möglichkeit entwickelte, der Chirurgie mit weniger Gefahren neue Gebiete zu erschließen?

Anmerkungen

1 Zum Führen ausführlicher Krankengeschichten waren die Chefärzte erst seit der Inselkonvention aus dem Jahre 1910 verpflichtet. Gleichzeitig waren seit damals die Krankengeschichten Eigentum des Spitals. In der Tat ergaben sich nach dem Tod Kochers Schwierigkeiten insbesondere mit diesen späteren Krankengeschichten, da Kocher alle in seinem Privathaus aufbewahrt hatte; s. Briefwechsel zwischen dem Nachfolger Prof. de Quervain, dem Erziehungsdirektor, dem Direktor des Inselspitals und zwei Söhnen Kochers März 1918–Januar 1921, Manuskript.

2   s. eine Übersicht bei Lilienfeld 1982, S. 1, sowie die nützliche Monographie von Seydel (1976).
3   Tröhler 1978.
4   Astruc 1932; Delaunay 1953; Muellener 1966; Bariéty 1972; s.a. Ackerknecht 1967, S. 10; Ackerknecht 1973, S. 91, 105–106.
5   Malgaigne 1839, 1840, 1841, 1842, 1857. s.a. Wangensteen und Wangensteen 1978, S. 382–383.
6   Muellener 1967, Artelt 1958; Fye 1982, S. 21, Fußnote; s. ausführliche Bibliographie bei Tröhler, op. cit., Anm. 3, S. 15.
7   Murphy 1981.
8   Piquemal 1974; über Bernards eigene, im ganzen ablehnende Auffassung der Statistik s. Schiller 1963.
9   Ein Aufruf zur Mitarbeit wurde 1858 auch in der Schweiz veröffentlicht, s. Mandach 1858.
10 Janach 1982, Atar 1983.
11 s. Meyer 1979, S. 54–55.
12 Lilienfeld, op. cit., Anm. 2, S. 9–10; Volkmann 1875; Thiersch 1875; Krönlein 1872; Madritsch 1967, S. 13, 21.
13 Sie betrafen Feldzüge in Algerien (1830–1836), Spanien (1836/37), Mexiko (1845–1848), Schleswig-Holstein (1848–1850, 1864), Krim (1854–1856), Indien (1857/58), Italien (1859/60), Neuseeland (1863–1865), den Österreichisch-Preußisch-Italienischen Krieg (1866), Abessinien (1868). Zwei eindrucksvolle, aber nicht vollständige Bibliographien darüber finden sich im Bericht über den amerikanischen Bürgerkrieg 1861–1865, s. Otis 1870–1876, S. XXIII, sowie bei Lossen, 1894, S. XV–XVII. s.a. Wangensteen, op. cit., Anm. 5, S. 378–381. Programmatische Begründungen der klinischen Statistik finden sich praktisch in allen Militärberichten, s. besonders Pirogoff 1864, S. 1–6, 1882, S. 402 f., 494 f.; s.a. Köhler 1904.
14 Trendelenburg 1923, S. 444–447.
15 Billroth 1869, S. 9; Janach 1982, S. 29–31; Lücke 1873; für die Geburtshilfe s. Lesky 1865, S. 469.
16 Shepherd 1957, S. 17–18, 23, 56; Wangensteen, op. cit., Anm. 5, S. 230–231.
17 Wells 1865a.
18 Wells 1865b.
19 Shepherd, op. cit., Anm. 16, S. 87; Wangensteen, op. cit., Anm. 5, S. 231.
20 Billroth 1879, S. 367.
21 Billroth, op. cit., Anm. 15, S. 6.
22 ibid., S. 2–3, 5.
23 ibid., S. 9, 12–13.
24 Schmidt 1863.
25 Demme 1862; Janach, op. cit., Anm. 10, 40–42.
26 s. oben Anm. 15.
27 Hintzsche 1954, S. 315, 338–339.
28 ibid., S. 357, 381.
29 Rageth 1964; eine methodisch wichtige Arbeit dieser Zeit ist Jürgensen 1866.
30 Für die Schweiz s. z.B. Koelbing 1969, S. 243; Baumberger 1980, S. 45–52.
31 K. 1866, S. VII, 25–34.
32 KM. 1866.
33 K. 1868b.
34 K. 1875c, S. 393; *Correspbl. Schweiz. Ärzte* 3: 45 (1873).
35 KM. 1873, H. 2, S. 66; K. 1875a; K. 1875c; K. 1877b; K. 1878c; K. 1880a.
36 K. 1880a, S. 70; *Correspbl. Schweiz. Ärzte* 11: 730 (1881); Doran 1882.

37 «If a few metropolitan and provincial medical gentlemen in this country adopted a similar method, statistics of incalculable value, concerning all major operations in surgery, could be collected in a very short time» (zit. Doran, ibid., S. 115).
38 Eine zeitgenössische Geschichte der Ovariotomie ist bei Olshausen 1886, S. 238–243; für ein konkretes Beispiel s.a. Premuda 1981.
39 K. 1874a; K. 1883a; K. 1889b, K. 1895c; K. 1901b; K. 1906c; K. 1910c, S. 36.
40 KM. 1880a.
41 Billroth 1868.
42 K. 1874c, S. 187; betr. Schilddrüse s. K. 1893d, K. 1895g.
43 D. Zehnder 1882, S. 3, 11.
44 K. 1888c, S. 777.
45 K. 1892b; K. 1910c, S. 2.
46 K. 1882a, S. 260, 263; K. 1906b, S. 57; K. 1906c.
47 D. Bein 1890.
48 D. Favre 1890.
49 K. 1892b, D. Mayor 1893, D. Leuw 1893, K. 1895d, Berezowski 1895, K. 1897a, D. Lebensohn 1898, D. Daiches 1904, D. Imfeld 1909, D. Ackermann 1910, D. Nemowa-Nemaja 1910. Viele Dissertationen wurden auch als Zeitschriftenartikel publiziert.
50 K. 1906b; D. Kekischeff 1906; D. Wartmann 1903; D. Boisonnas 1905; D. Worokzowa 1895; D. Rudsit 1908; K. 1895e, D. Broquet 1900; D. Matti 1905, D. Gilli 1907; K. 1907c, S. 271; D. Arnd 1891, D. Martin du Pan 1905; D. Lanz 1891, D. Rutsch 1899. Viele Dissertationen wurden auch als Zeitschriftenartikel publiziert.
51 Matti und K. 1906.
52 K. 1909b, D. Humbert 1902, A. Kocher 1912.
53 D. Flach 1892.
54 s. S. 89 sowie Kapitel 9 dieser Arbeit.
55 Jochner 1898, Quervain 1930a, Gröbly 1941, Hintzsche 1967.
56 «Professor Kocher's name is a sufficient warrant that his work is of the highest order. In our judgment it is a classic. No surgeon can afford not to be familiar with the many original features of this book, which is informed throughout by the striking individuality of its distinguished author, who, while not slow to recognize the many surgical workers in all lands does not hesitate to claim for himself, in the sure knowledge of his own experience and attainments, the right to express his own opinions with no uncertain voice» (zit. aus *Brit. med. J.* ii: 1477 (1911).
57 *Brit. med. J.* i: 219 (1896); ii: 97 (1897); i: 1090 (1902); i: 957 (1904); ii: 909 (1907).
58 K. 1892a, 4. Aufl. 1902, S. VII–VIII.
59 Bonjour 1981, S. 101–102.

8
Der Wert der Operation im Heilplan des Arztes

Überzeugung ...

Schon die Titel der klinisch-statistischen Arbeiten Kochers und seiner Schüler weisen auf ihren Hauptgegenstand, die operierten Patienten hin. Wie war es aber mit dem eigentlichen Wirksamkeitsnachweis einer Operation bestellt, der nach unseren Begriffen den Vergleich mit nicht oder mit konservativ-internistisch behandelten Fällen verlangte? Verfolgen wir diese Frage einmal anhand der Therapie von chronischen Knochen- und Gelenkkrankheiten – häufig tuberkulöser Natur – sowie der Krebsgeschwülste, zweier Indikationen also, wo chirurgische Eingriffe im allgemeinen nicht zur unmittelbaren Lebensrettung ausgeführt, sondern als alternative Therapien ausgearbeitet wurden. Sie gehörten zu den Eingriffen, mit denen er sich am meisten auseinandersetzte, wie allein schon aus der großen Anzahl darüber vergebener Doktorarbeiten hervorgeht*.

Zu Beginn von Kochers Professur lag das Hauptgewicht bei der Knochentuberkulose auf der konservativen orthopädischen Behandlung mittels Ruhigstellung und Extension. Einzig für extreme Fälle hielt man eine Operation, die Amputation, als «letzte Rettung» in Reserve. Doch, durch Pasteurs Untersuchungen ermöglicht, durch Lister praktisch zur Anerkennung gebracht, eröffnete die Antisepsis seit einigen Jahren die Möglichkeit eines Mittelwegs zwischen der konservativ-orthopädischen einerseits und der schroff-chirurgischen Therapie andererseits in der Form einer «radikal»-chirurgischen Maßnahme, der möglichst vollständigen Entfernung (Resektion) allein der erkrankten Knochen- und Gelenkteile. Es war die Lage, in der sich der Chirurg auch in bezug auf die Behandlung der Ovarialzysten (s. S. 11) und der Schilddrüsenvergrößerungen (s. S. 122) befand. Welchen Weg schlug Kocher ein und wie traf er seine Wahl zwischen konservativer und radikaler Behandlung?

Vorerst versuchte er alle Möglichkeiten mit einer gewissen Bevorzugung der radikalen Chirurgie. Er ging also ganz ähnlich vor wie in der

---

* Rund die Hälfte von 61 Dissertationen über die Resultate chirurgischer Eingriffe handelt von Operationen wegen Knochen- und Gelenkkrankheiten (17) und Krebs (15) (s. Tabelle III, S. 174).

Abb. 13
Theodor Kocher um 1900

Frage der Ovarialzysten, was die Behandlung, aber auch was die Beurteilung des Ergebnisses betraf. Nach Möglichkeit stellte er glücklich operierte Kranke bald einmal bei Ärzteversammlungen vor[1]. Einen ersten Überblick über seine Behandlung chronischer Gelenkkrankheiten seit seinem Amtsantritt erstellte er als Vorbereitung zu einem Vortrag, den er für den internationalen medizinischen Kongreß von 1881 in London angemeldet hatte. Aufgrund von 52 genau statistisch ausgewerteten Gelenkresektionen vertrat er dann dort entschieden die angriffig-chirurgische Behandlung. Auf Einzelheiten seiner unoperierten Fälle ging er dabei nicht ein. Prompt äußerten in der Diskussion britische Anhänger der konservativen Therapie Zweifel über die Berechtigung dieser immerhin verstümmelnden Operationen, Einwände, die er nicht gleichermaßen fundiert zu zerstreuen vermochte[2].

Im nächsten Jahr veranlaßte Kocher nun doch einen Doktoranden, die Patienten mit operierten und mit konservativ behandelten Hüftgelenkserkrankungen zu vergleichen. Dieser teilte sogar beide Gruppen noch weiter auf in beginnende und fortgeschrittene Fälle, je nach Vorhandensein von Fisteln und Abszessen. Zur Zeit der Nachprüfung war von den Kranken im Anfangsstadium kein konservativ behandelter, aber die Hälfte der Operierten gestorben, von den fortgeschrittenen Fällen dagegen 50% der konservativ behandelten und 39% der resezierten (keiner an den Folgen des operativen Eingriffs). Daraus zog er den Schluß, die Operation sei nur im fortgeschrittenen Stadium zu empfehlen, dann müsse sie aber zur Verhinderung der Ausstreuung der Tuberkulose und damit des vorzeitigen Todes sofort gemacht werden[3]. Im Jahr darauf kam eine weitere Berner Dissertation, welche die Resultate des Thurgauischen Kantonsspitals Münsterlingen bei verschiedenen Gelenken einer gewollten – gleich aufgebauten – statistischen Auswertung unterzog, ebenfalls zur Ablehnung der vor einer Eiterung ausgeführten sogenannten Frühresektion[4].

Zugegeben, die zahlenmäßige Grundlage dieser differenzierenden Haltung war erstens schmal* und zweitens die Unterschiede noch kleiner als diejenigen zwischen den Kocherschen Patientengruppen. Doch trägt dies kaum zur Erklärung der Tatsache bei, daß sich das Augenmerk zunehmend auf die Bewertung der chirurgischen Therapie richtete[5], deren Indikation immer weiter gefaßt wurde: Bei der Diagnose einer Tuberkulose sei die Operation gerechtfertigt, schrieb 1894 ein Doktorand in der ersten Zusammenstellung über die Kocherschen Fälle von Kniegelenkentzündung und darüber, daß «die radical-operativen Prinzipien auf der Kocherschen Klinik ... im Allgemeinen bekannt sein dürften», 1898 ein anderer[6]. Die Frage lautete nicht nach der besten Behandlungsmöglichkeit, sondern «ob die Arthrektomie [Gelenkresektion] nach der erwähnten [Kocherschen] Methode als ein sicheres Mittel zur Heilung

---

* 3 Frühresektionen, 10 konservativ behandelte.

betrachtet werden darf». Entsprechend fiel die Auswertung der konservativen Behandlung unter dem Vorwand dahin, ihre Methoden wechselten ständig und die Resultate seien zu schwankend, als daß sie eine Statistik gestatteten[7]. Der wahre Grund lag nämlich im mangelnden Interesse daran, wie aus der ersten Dissertation über das Ellenbogengelenk (1894) – welche nur operative Fälle beinhaltete – direkt hervorgeht. Der Vergleich mit der konservativen Therapie, steht da, sei

> «zur Zeit noch nicht möglich, da für die letztere größtenteils genauere Angaben fehlten über den Zustand vor und nach ... und die Dauer der Behandlung, sowie hauptsächlich über die einzelnen funktionellen Resultate[8]».

Es ging also um ein Organisationsproblem, das bei entsprechendem Wollen hätte gelöst werden können. Tatsächlich handelte es sich bei den etwa mit verschiedenen Injektionen wie auch mit Ignipunktur (Glühnadel) konservativ Behandelten häufig um ambulante Patienten aus der vom Assistenten selbständig geführten Poliklinik, über die Kocher offenbar keine ausführlichen Krankengeschichten verlangte. Das zeigt auch die Begründung des Verzichts auf eine an sich wünschbare Vergleichsstatistik durch einen weiteren Doktoranden. Dieser gab 1883 an, es sei ihm nicht gelungen, von den Patienten der Poliklinik, «die hiezu das nöthige Material liefern würden – auch nur über den Aufenthaltsort einige Auskunft zu erhalten[9]». Dieses Beispiel veranschaulicht die Vernachlässigung der ambulanten Praxis in der modernen spitalorientierten klinischen Forschung. Dieser qualitativ wie quantitativ bedeutsame Mangel, schon bei der Gründung der ersten «modernen» Spitäler im 18. Jahrhundert als Gefahr erkannt, ist erst seit wenigen Jahren wieder bewußt geworden[10].

Nach anfänglicher Vorsicht nahm man also in Bern in den 1880er Jahren den Wert der Frühoperation als gegeben an, ohne Absicherung durch eigentlich als wünschenswert erachtete Vergleichsangaben. Solche wurden indessen zur Darstellung rein chirurgischer Fortschritte herangezogen. Ganz im Stil des 18. Jahrhunderts verglich Kocher 1888 Wundheilung und Sterblichkeit bei großen Operationen während eines gewissen Zeitraums vor und nach dem Ersatz des Catguts durch Seide[11]. So konnte er argumentieren, durch die Verbesserung der Antisepsis hätte sich die Operationssterblichkeit verringert, was die Bevorzugung der operativen Behandlung noch erheblicher rechtfertige. Er hielt also die einseitige Spät-Erfolgskontrolle nach Billroth letztlich für ausreichend, der radikalen Chirurgie das Wort zu reden.

Ähnlich war es mit der Krebschirurgie bestellt. Wie bei der Knochentuberkulose dienten hier fortgeschrittene Fälle als unbewußte Kontrollen. Aber, als inoperabel erklärt, wurden sie oft weder in die Klinik aufgenommen noch weiter verfolgt. Eine Ausnahme bildete eine Dissertation über 54 Kieferkarzinome der Berner Klinik mit teilweise bestätigter histologischer Diagnose. 37 waren reseziert, wovon 11 (~30%) an den Folgen der Operation starben und 21 (~57%) an Rezidiven innerhalb durchschnittlich 13,4 Monaten. 5 (~13%) blieben geheilt. Bei den 17 inoperablen – also sehr fortgeschrittenen – Fällen trat der Tod im Mittel nach 10 Monaten ein. «Daraus ergibt sich ohne weiteres der Wert einer frühzeitigen Diagnose und Operation», lautete die voreingenommene Schlußfolgerung im Jahre 1889[12]. Eine stets verbesserte Antisepsis und Nachbehandlung konnten sie auch in diesem Fall fürderhin nur bestärken. Mit der sinkenden Operationssterblichkeit mußte ja der «Wert» des chirurgischen Eingriffs entsprechend zunehmen. Es war damit wohl überflüssig, noch mit dem Versuch seiner genaueren Erfassung anzufangen.

1896 verkündete Kocher dem 10. Französischen Chirurgenkongreß, nachdem er über sechs geheilte Exstirpationen von histologisch gesichertem Magenkarzinom berichtet hatte:

> «Ces résultats ont suffi à me convaincre qu'on peut parfaitement guérir le cancer de l'estomac ... Nous devons donc, pour faire bénéficier les cancéreux de cet important progrès de la chirurgie nous adresser aux médecins praticiens ... [afin] de nous permettre ainsi de les guérir presque avec certitude ...[13].»

Welche Beweggründe standen hinter diesem mehr oder weniger stillschweigend angenommenen Wert der Operationen? Einmal spielte gewiß die in der Zellularpathologie wurzelnde Vorstellung, daß viele Krankheiten an Zellen und damit örtlich gebunden seien, eine Hauptrolle, weil das Herausschneiden des krankhaften Gewebes eine dauernde Heilung versprach[14]. War nicht, wie Kocher erklärte, sein Chef Lücke schon erstaunt gewesen über die günstige Allgemeinwirkung der Operation, damals noch der Amputation, bei Knochentuberkulose[15]? Dieses Argument traf natürlich auch für den Krebs zu. Gelang die Heilung nicht, so führte Kocher das Versagen der Chirurgie wiederholt darauf zurück, daß die Allgemeinpraktiker die Patienten nicht früh genug den Chirurgen zur Operation überwiesen hätten. Nachdem er seine Technik der Magenresektion so ausgefeilt hatte, «daß die operative Mortalität auf Null gesunken ist», wie er 1907 – allerdings unter Ausklammerung von Narkosezwischenfällen – feststellte, lag «das Heil der Kranken ... ganz in der Hand, resp. im Kopf der praktischen Ärzte[16]».

Man wird unwillkürlich daran erinnert, daß dieses Argument seinerzeit die Ärzte ins Feld geführt hatten, wenn sie aufgrund der Säftelehre oder einer anderen Krankheitstheorie erfolglos zur Ader gelassen hatten. Dieses Rationalisieren des Mißerfolgs diente also an der Schwelle zum 20. Jahrhundert wiederum, diesmal in der Chirurgie, der Voreingenommenheit. Das Tückische an dieser Begründung lag darin, daß sie eine Teilwahrheit – aber eben nur eine solche – beinhaltete.

Die Chirurgie «mußte» einfach von der Zelltheorie her Erfolge bringen, ganz abgesehen von der tatsächlichen Behebung mechanischer Krankheitsauswirkungen wie Druckschwankungen, Kompressionen und Verschlüssen. Dazu erklärte Kocher als Präsident des ersten Internationalen Chirurgenkongresses in Brüssel:

> «Dans tous les cas où des influences mécaniques jouent un rôle prépondérant dans le développement et le maintien de symptômes pathologiques, c'est le chirurgien qui est appelé à y remédier et à rappeler dans la plupart des cas la santé complète.»

Und er schloß, auf den Krebs zurückkommend, mit dem bedeutungsschweren Wort, die Statistiken – und der Einfachheit halber zitiere er nur seine eigenen – zeigten

> «qu'il n'y a aucun organe du corps humain affecté du cancer (primaire) pour lequel nous n'ayons pas des *preuves* suffisantes de la possibilité d'une guérison radicale par l'opération[17]».

Der, wie ihn Kollege Krönlein nannte, «große Gedanke» des ehemaligen Virchow-Assistenten Billroth, Karzinome «mit Stumpf und Stiel» auszurotten[18], überzeugte wie so manchen auch Kocher, zumal, wie er sagte, es kein anderes Mittel gab, «ni sérum pour guérir le cancer autrement[19]».

Dieses Zitat illustriert einerseits den von Virchow selbst betonten Einfluß seiner Zellularpathologie auf die Therapie. Andererseits deutet es auf ein zweites Motiv zum chirurgischen Handeln hin, nämlich auf die seit dem 18. Jahrhundert aufgeworfenen Frage, ob auf eine aktive Therapie aus methodischen Gründen verzichtet werden dürfe, wenn sie gar die einzig mögliche zu sein scheine. Die meisten Ärzte verneinen sie, wenn nicht theoretisch, so doch in praxi: Selbst Billroth schrieb nach zehnjähriger Professur in Wien:

> «So schwebten meiner Fantasie eine Menge von Aufgaben vor, deren Lösung mir durch Sorgfalt und ausdauernden Fleiß möglich schien, und da ich früher wohl etwas mehr Naturforscher war, als jetzt, wo ich immer mehr zum Arzt zusammenschrumpfe, so interessirte mich der rein operative Theil meiner Statistik eben nicht mehr als der pathologische[20].»

In diesem Konflikt scheint Billroths ärztlich-handelnde Seite über die wissenschaftlich-kritische obsiegt zu haben, jedenfalls vorübergehend (s. S. 105). Die gleiche Haltung findet sich auch bei Kocher zu dieser Zeit, als er – mit Bezug auf Billroth – den Naturwissenschafter, dem alles erlaubt ist, unterschied vom Kliniker, der zu tun hat, was dem Patienten frommte[21]. Zeigten seine Statistiken nicht, was frommte? Die abnehmende Operationssterblichkeit, jedoch ohne gleiche zahlenmäßige Kenntnis des natürlichen Verlaufs der Krankheit*, bildete die Grundlage des optimisti-

---

* Dieser wurde in vielen Fällen erst in der zweiten Hälfte unseres Jahrhunderts statistisch studiert[22].

schen Bildes für die Zukunft der Chirurgie, das er und andere in den 1880er Jahren zu entwerfen begannen. In diesem Sinn hielt auch Richard von Volkmann 1881 auf dem Internationalen Medizinischen Kongreß von London einen Hauptvortrag über «die moderne Chirurgie[23]». Der Primat lag dementsprechend bei der Operationstechnik, das weitere ergab sich von selbst. So schrieb Kocher 1895,

> «daß wir erst seit wir diese Methode [d.h. seine eigene] prinzipiell anwenden, eine Sicherheit in der technischen Ausführung erlangt haben und gar keine Bedenken mehr tragen, jedem Patienten mit beweglichem Pyloruscarcinom die Operation entschieden zu empfehlen[24]».

Waren also die operationstechnischen Belange gelöst, blieb in der Krebsfrage aus seiner Sicht nur noch ein organisatorisches Problem übrig. Es galt weiter nichts zu tun, als die Patienten möglichst früh der Operation zuzuführen[25]. Demzufolge schlug er 1905 am ersten Kongreß der Internationalen Chirurgengesellschaft vor, diese als Kanal für eine Volksaufklärungsaktion zur Früherfassung und -behandlung des Krebses zu benutzen: «Il faut concentrer tous nos efforts à l'application initiale du traitement par l'opération», und er verlangte in seiner Eröffnungsrede sogar «une campagne pour l'éradication opératoire du cancer[26]». Er war glücklich, als ihm ein belgischer Minister mitteilte, er werde an dem Feldzug gegen die Krebskrankheit mithelfen, «während die Chirurgen sich nicht recht beteiligen wollten», wie er schrieb[27].

Merkten die Kollegen allmählich, daß der Sachverhalt doch nicht so einfach lag? Erstens war gerade diese Früherkennung mit großen Schwierigkeiten verbunden, auf die Kocher selbst nicht einging. Für das Magenkarzinom beispielsweise zählte er 1907 sieben verschiedene, von anderen empfohlene Laboratoriumsuntersuchungen auf, ohne eigene Erfahrungen oder Kommentare beizufügen[28]. Zweitens hatten manche Arbeiten, wie die Kochers, die Kriterien jener «vollständigen» oder «radikalen» Heilung nicht klar festgesetzt, von der stets die Rede war. 1880 hatte Kocher ein Jahr Rezidivfreiheit als «untere Grenze für die Wahrscheinlichkeit einer Radikalheilung» bezeichnet, 1902 setzte er sie bei drei Jahren an[29].

Es gibt natürlich noch viele Gründe, weshalb der Gedanke, die Ergebnisse der Krebschirurgie innerhalb der Internationalen Chirurgengesellschaft statistisch auszuwerten, auf steinigen Boden fiel und weshalb eine Initiative für prospektive und einheitliche Statistiken an ihrem zweiten Kongreß 1908 abgelehnt wurde[30]. Früher schon hatte die in der Deutschen Gesellschaft für Chirurgie geplante statistische Arbeit wenig Widerhall gefunden: Seit einer ersten, bei der Gründung der Gesellschaft bestimmten, waren mehrere Spezialkommissionen ohne Ergebnisse aufgelöst worden[31]. Diese Bemühungen blieben offensichtlich jüngeren, weniger direkt am Aufschwung der modernen Chirurgie beteiligten

Generationen vorbehalten (s. S. 112). Es scheint, daß trotz allem von führender chirurgischer Seite zur Schau getragenen Optimismus Zweifel am Wert radikaler Eingriffe in der Luft lagen.

Zweifel ...

Erschien also Kocher vorderhand die Bewertung des chirurgischen Eingriffs im Vergleich mit dem natürlichen Krankheitsverlauf oder der konservativen Behandlung kein eigentliches Problem mehr, so war dessen Wirksamkeit für einige Internisten und Hausärzte weniger klar gegeben. Deren Zurückhaltung betraf die radikale Krebschirurgie wie diejenige bei Knochen- und Organtuberkulose. Letztere war wiederum für die Chirurgen vom einst allgemeinen Leiden dergestalt zum lokalchirurgischen geworden, daß sie im Jargon geradezu von «chirurgischer Tuberkulose» sprachen. Indessen, wie gut hundert Jahre früher die Befürworter und Widersacher der Amputation bei schweren Extremitätenverletzungen, so fochten um 1900 Chirurgen und Internisten getrennt nach eigenem Gutdünken. Dabei war die Einteilung der Patienten in vergleichbare Gruppen vor Behandlungsbeginn in Chirurgie und innerer Medizin schon seit Mitte des 18. Jahrhunderts bekannt[32]. Wie wir gesehen haben, hielten einzelne Ärzte diesen Grundsatz sowie denjenigen des Vergleichs immer noch mindestens für wünschbar. Doch sind die Geschichte der Ideen und diejenige ihrer Umsetzung in Taten eben zweierlei. Einen Musterfall unterschiedlicher Auffassung des Werts einer Therapie aufgrund einseitiger Angaben bildet der schon erwähnte Gegensatz zwischen Kocher und Sahli (s. S. 48, 54). Dieser Antagonismus zwischen zwei Berner Fakultätskollegen von Weltruf wäre wohl eine eigene Arbeit wert. Da es sie noch nicht gibt[33], sind auch wir gezwungen, die Beweisführung der Beteiligten nur an einem Beispiel darzustellen.

Stützte da eine einzige erfolgreiche Operation Mut und Überzeugung des Chirurgen, so erschütterte ein einziger Operationstodesfall den Internisten: Als Kocher 1892 über 119 Hernienoperationen mit einem Todesfall (94 Nachuntersuchungen!) berichtete, munkelte Sahli, dieser eine Patient wäre nicht gestorben, wäre er nicht operiert worden. Kocher antwortete:

> «Wir geben dies ohne weiteres zu. Es wird auch nie eine Statistik, an welcher nichts gekünstelt ist, geben, nach welcher von Hunderten von Operierten keiner stirbt. Es ist aber mehr als wahrscheinlich, daß man auch Todesfälle constatiren würde, wenn man während eines längeren Zeitraumes einige hundert Bruchkranke jeden Standes und Alters beobachtete und ihnen täglich eine gute Mahlzeit aufstellen würde[34].»

Beide hatten für ihren Teil recht, aber eben nur für einen Teil. Wichtig für unsere historische Bestandsaufnahme ist die Feststellung, daß Gesamterhebungen über beide «Teile» unter gleichen Bedingungen offenbar nicht durchgeführt wurden, wie Halsted durchblicken ließ, als er später über diese Berner Diskussionen berichtete[35]. Kocher erfüllte also eine der Forderungen Billroths und der klinischen Statistiker vor ihm, die Berücksichtigung aller operierten Fälle, der glücklichen und der erfolglosen, nicht aber jene andere Forderung nach dem Bezug des Ergebnisses auf eine unter gleichen Bedingungen konservativ oder nicht behandelte sogenannte Kontrollgruppe.

Nun könnte man hier einräumen, daß der Vorsteher einer Universitätsklinik, sei er Mediziner oder Chirurg, damals – wie heute – ein klinikspezifisches Krankengut zu sehen bekomme, was Vergleiche erschwere. So hatte Billroth selbst diesen Beweggrund angeführt, als er 1879 auf die weitere Veröffentlichung seiner Klinikberichte verzichtete[36]. Auch Kocher führte ihn an[37]. Bei vorhandenem Willen sind aber diese Schwierigkeiten vor und zu Kochers Zeit immer wieder in Einzelfällen überwunden worden[38], im Sonderfall der Tuberkulose nach und nach sogar von ihm selbst. Als nämlich um 1895 die Diskussionen über den Wert ausgedehnter Resektionen bei tuberkulösen Knochen- und Gelenkerkrankungen nicht verstummten, ja «in neuester Zeit die konservative Behandlung*... von mehreren Seiten zu wiederholten Malen und mit großem Enthusiasmus empfohlen wurde[39]», fand er es nicht mehr müßig, sich selbst Klarheit zu verschaffen. Er ließ alle seine operierten Fälle nochmals durch Doktoranden aufarbeiten, teilweise unter Einbezug der vorhandenen konservativ behandelten[40]. Einzelne sprachen zwar aufgrund einseitig chirurgischer Statistiken weiterhin der Radikaloperation das Wort[41]. Wo Vergleiche angestellt wurden, zeigten sich aber ungefähr gleichwertige Resultate – was indessen eine willkürliche Bevorzugung der radikalen Chirurgie nicht ausschloß[42]. Der Professor zog 1901 die folgende Quintessenz aus diesen Dissertationen:

> «Zweifellos heilen unter Anwendung *konservativer Methoden* eine große Anzahl von Fällen aus... Aber die einzige Therapie, welche für eine radikale Heilung in des Wortes strengstem Sinne bürgt, ist entschieden nur die *operative*.... Schlechte Erfolge rühren oft nur daher, weil der Eingriff erst spät... erfolgte[43].»

Die Beurteilungsmerkmale waren indessen ungleich. Die Verdienste der konservativen Behandlung wurden nämlich wegdiskutiert anhand von Einzelbeispielen lokaler oder entfernter Rezidive nach Jahren konservativer Ausheilung; doch wie es damit nach der operativen Therapie stand, erfuhr der Leser nicht. Ferner hieß es, daß einzig die schlechtesten Fälle

---

* Intraossäre und intraartikuläre Injektionen von Jodoform, Carbol, Chlorzink oder Zimttinktur.

der Operation zugewiesen worden seien, was keineswegs zuzutreffen brauchte, da stets eine Anzahl Patienten die Operation auch ablehnte[44].

Immerhin, durch diese Ergebnisse scheint Kocher selbst wieder vorsichtiger geworden zu sein. Er begann etwas von der bisher ungenügenden Evaluation des Erreichten zu spüren. So ließ er 1906 noch die «Endresultate» von 100 zwischen 1870 und 1896 konservativ behandelten tuberkulösen Koxitiden ermitteln. Beim *End*resultat handelte es sich tatsächlich um einen neuen Begriff. Da die letztbehandelten Fälle zehn Jahre zurücklagen, galten sie für ihn als endgültig abgeschlossen. Darunter befand sich auch eine Anzahl unbehandelter Patienten, die zum «Vergleich früherer Behandlungsresultate mit der rationellen Methode der Jetztzeit» dienten[45]. Daß diese konservative Behandlung ein gleich gutes Resultat wie die chirurgische Therapie, aber ein um 20% günstigeres als keine Behandlung, ergab, muß nicht nur Kocher aufgerüttelt haben: Die chirurgischen Eingriffe nahmen jetzt allgemein ab. Zwischen 1877 und 1902 endeten noch 20% aller Tuberkulosen der Extremitäten mit einer Amputation, weil nach mehreren Resektionen nur noch dieser letzte Eingriff übrigblieb[46]. Zwischen 1903 und 1907 war diese Verstümmelung in nur noch 7% nötig[47]. Gründe dieses, wie es de Quervain ausdrückte, «ausgesprochenen Niedergangs» der operativen Behandlung waren zuerst die Röntgentherapie und dann die noch konservativere Klima- und Sonnenbehandlung[48].

Hinsichtlich der Krebstherapie hieß es 1908 am Kongreß der *American Surgical Association*, nur drei Jahre nach Kochers optimistischer Ansprache in Brüssel, daß die Resultate für histologisch gesichertes Magenkarzinom entmutigend seien:

> «Kocher, who has, perhaps, had the greatest experience in resections, has seen that 9 percent of his cases pass the three years limit without recurrence[49].»

Für ihn selbst dagegen waren genau dieselben Ergebnisse *ermutigend*. Als er sie unter dem Titel *Über die Heilbarkeit des Magenkrebses auf operativem Wege* veröffentlichte, führte er die noch niedrige Dauerheilungsrate einzig auf ein operationstechnisches Problem zurück, indem alle Radikalheilungen – mit Ausnahme dreier Sonderfälle – nach seiner verfeinerten Methode behandelt worden wären. Die meisten so operierten Fälle lagen indessen noch weniger als drei Jahre zurück. Sie blieben daher in der betreffenden Statistik unberücksichtigt, die sonst alle Eingriffe seit Beginn im Jahre 1881 beinhaltete[50].

Zum Problemkreis des Werts der chirurgischen Behandlung an sich gehörte demnach als Sonderpunkt die Frage, wieweit eine spezielle chirurgische Methode Einfluß auf die unmittelbare und die radikale Heilung hatte. Tatsächlich legte Kocher von Anfang an Gewicht auf diesen Punkt, ganz besonders für seine eigenen Techniken in der Krebs- und Schilddrüsenchirurgie[51]. Dabei setzte er sich weniger mit den nicht operierenden

Ärzten als mit den Fachkollegen auseinander. Auch hier lag der «Beweis für die Berechtigung... einer Behauptung in den statistischen Nachweisen, daß die Resultate... bedeutend bessere sind», und zwar hinsichtlich der Sterblichkeit wie der Funktion[52]. Über die rein rationale Begründung eines Operationsverfahrens schrieb er in der *Operationslehre* ironisch:

> «Es ist gut, ist die Natur nicht so ungnädig wie die Herren Chirurgen. Sie läßt, wie Gott seine Sonne über Gute und Böse scheinen läßt, theoretisch guten und schlechten Methoden Erfolg zu Theil werden. Unser Verfahren weicht von den üblichen in wesentlichen Punkten ab und man hat dasselbe gerade um dieser Eigenthümlichkeiten willen aus theoretischen Gründen vielfach schlecht gemacht[53].»

Was die unmittelbare «Sicherheit» betraf, so fanden Kochers Leistungen, wie wir im vorangegangenen Kapitel gesehen haben, weitgehende Anerkennung. Seine Zahlenangaben stießen indessen dann auf Widerspruch, wenn er sie – manchmal recht polemisch – dazu benutzte, die Überlegenheit einer Operationsmethode bezüglich ihres Heilwerts zu etablieren, ohne Vergleiche angestellt zu haben. Ein besonderes Sorgenkind in dieser Hinsicht war die Bauchchirurgie, «das eigentliche Glanzgebiet der operativen Chirurgie», wie er es bezeichnete[54]. Auch das obenstehende Zitat bezieht sich darauf. Dabei bauten gerade seine Methoden der Magenresektion und der Hernienoperation auf experimentell bestärkten pathophysiologischen Einsichten auf[55]. Abgesehen von den Ergebnissen schien ihm auch deshalb sein ausschließlicher Verlaß darauf besonders gerechtfertigt.

Das gleiche dachten natürlich Kollegen aus ihrer Sicht. So lesen wir 1911 in der Besprechung der dritten englischen Ausgabe der *Operationslehre* im *British Medical Journal*:

> «Es fehlt genügend Überzeugungskraft, um die Überlegenheit der... [Kocherschen] Gastro-jejunostomia posterior über die anderen Methoden zu beweisen... und was die Chirurgie auf diesem Gebiet den Mayos schuldet ist nicht genügend anerkannt[56].»

Bei der am Amerikanischen Chirurgenkongreß von 1895 beklagten «verwirrend großen Auslage von Abwandlungen der... Operation [des Mastdarmkrebses] und deren Begründungen...[57]» erinnert sich der Historiker an die 109 Jahre zuvor in Paris veröffentlichte Tabelle mit 118 Prozeduren zur Blasensteinentfernung[58]. Schon diese waren von den jeweiligen Autoren, häufig mit Hilfe von Zahlen, als überlegen angepriesen worden. Kocher tat dasselbe, zum Beispiel für seine 1892 eingeführte Technik der Leistenbruchoperation. Sieben Doktoranden ließ er bis 1910 die Rezidivhäufigkeit nach diesem Eingriff stets aufs neue untersuchen. Um 1–2% schlechtere Ergebnisse im Vergleich zu eigenen Serien oder Resultaten anderer Methoden gaben einerseits Anlaß zu langen entschuldigenden Erörterungen, andererseits zur Einstufung der eigenen Technik als diejenige, «welche in Bezug auf radikale Heilung bessere Resultate ergibt, als die Mehrzahl der sonst üblichen Methoden[59]». Statistische Tests, welche die Unerheblichkeit solcher Unterschiede eindeutig aufgedeckt hätten, waren ihm noch unbekannt. Heute gilt die betreffende Methode wohl als klassisch, aber sie ist wieder verlassen[60]. Damals mag sie, speziell in den Händen eines so sorgfältigen Operateurs wie Kocher, ein Fortschritt gewesen sein.

Dieser Meinung war auch sein Freund Halsted, der im übrigen das Bestehen Kochers auf dem Wert seiner Methode von den Resultaten her unangebracht fand[61]. Er stimmte darin mit seinem Zürcher Kollegen Krönlein überein, der 1896 in anderem Zusammenhang schrieb:

> «Ich kann..., bei vollkommener Würdigung der ausgezeichneten Resultate Kochers, seinem Verfahren nicht die Wichtigkeit beilegen, welche er selbst ihm vindicirt und bin eher geneigt, diese Resultate... mehr seiner hervorragenden operativen Technik überhaupt, als gerade seiner speziellen Methode zuzuschreiben[62].»

Dieser – bis zur Überprüfung der Sachlage – berechtigte Einwand hinderte Kocher nicht, in dem ohne Zweifel von ihm selbst verfaßten Lebenslauf für die Broschüre der Nobelpreisträger des Jahres 1909 (s. Anhang II) das betreffende Vorgehen zur Magenresektion* weiterhin anzuführen als

> «ein neues Verfahren,... welche[s] nach Kocher's Statistik (die eine der größten ist, die publiziert sind) zur Stunde die besten operativen Heilerfolge und Endresultate erzielt hat»,

und auf der gleichen Seite seine Gallenblasenoperation als «ideal» zu bezeichnen[64].

Lassen wir nun diese in der Chirurgiegeschichte bisher ränkevollen, der Subjektivität unterworfenen technischen Details beiseite, so spricht aus Krönleins Zitat doch, daß Kochers operatives Geschick wie seine klinische und Laboratoriumsforschung ihrer Zeit Maßstäbe setzten. Und dessen war er sich sehr wohl bewußt.

Was hingegen den Heilwert der Operation an sich betraf, so begannen sich mit der Zeit auch bei ihm Zweifel zu regen, vielleicht gerade weil er seine Technik für die beste hielt. Bisher ein feuriger Anhänger der Chirurgie bei chronischem Magengeschwür[65], erinnerte er plötzlich am Schweizerischen Ärztetag 1908 an die Warnung des Internisten Bernhard von Naunyn, daß der erfolgssichere Chirurg sich nicht durch die Freude über den unmittelbaren operativen Erfolg blenden lassen dürfe. Er fuhr fort:

---

* Pylorektomie mit folgender Gastroduodenostomie, bedingend die noch heute als «Kocher manœuvre» bezeichnete Mobilisation des Duodenums[63].

«Um freilich zu einem richtigen Urtheil über die Bedeutung chirurgischer Eingriffe zu kommen... bedarf es *längerer* Zeiträume der Beobachtung... Es wird nicht verwundern, wenn ich schon jetzt hervorhebe, daß ein *Rückblick* auf längere Zeiträume, wenn er einerseits die Wahrheit bezüglich Dauererfolgen im engeren Sinne des Wortes fördert, andererseits geeignet ist, die Freude an dem Ergebnis in manchen Richtungen zu trüben. Deswegen hat derselbe aber den großen Vorteil, für die Stellung klarer Indikationen einen zuverlässigen Boden zu schaffen und auch für die Methoden chirurgischer Eingriffe maßgebende Anhaltspunkte zu liefern[66].»

Diese Feststellung schließt in sich, daß dergleichen Fragen vorher nicht im Vordergrund des Interesses gestanden hatten, als die radikale chirurgische Therapie erstmals spektakuläre Möglichkeiten gezeigt hatte[67]. Nicht nur zeigte sich, daß sie die in sie gesetzten Erwartungen bei Berücksichtigung der «Endresultate» nicht in vollem Ausmaß erfüllte, sondern sie hatte nun auch den Vergleich mit neu entwickelten Behandlungen zu bestehen. Die Serumtherapie der Diphtherie, die Heliotherapie der Tuberkulose, die Pharmakotherapie der Syphilis und die Radiotherapie des Krebses traten auf den Plan[68]. Langzeitresultate waren die Basis eines gerechten Vergleichs, wobei «lang» nun eine arbiträr gesetzte Anzahl von zumindest drei Jahren bedeutete.

Grenzen

Wiederum erlaubte Kochers Arbeitsorganisation, wenigstens im Ansatz, der neuen Situation Rechnung zu tragen. Hatte er nicht, wie ein deutscher Besucher bereits 1898 bemerkte, in seinem geräumigen Haus «ein enormes Studier-, eigentlich mehr Bibliothekszimmer, das ganz mit Krankengeschichten angefüllt ist», verfügte er nicht «über das größte und schönste Krankengeschichtenmaterial auf der ganzen Welt[69]»?* Also entschloß er sich vor dem Ersten Weltkrieg, weitere Langzeitkontrollen vorzunehmen. Dazu boten sich in Fortsetzung zahlreicher früherer Dissertationen (s. S. 105) die Knochen- und Gelenkresektionen bei Tuberkulose an, neu herausgefordert durch die aufkommende Bergsonnentherapie. Kocher versandte Fragebogen und untersuchte in einigen Fällen auch persönlich Patienten. So konnte er über 700 Knochenresektionen zum Teil bis 1872 zurückverfolgen[71]. Er erkannte nun die in bezug auf Sterblichkeit und Funktion besseren Resultate der von ihm nie angewandten Heliotherapie an, hielt sie aber gleichzeitig wegen des Zeit- und Geldaufwandes nur für gutsituierte Patienten durchführbar. Seine Arbeit aus dem Jahre 1915 mit dem Titel *Vergleich älterer und neuerer Behandlungsmethoden*

---

* Der Nachfolger F. de Quervain schätzte sie gemäß der Zahl behandelter Patienten auf 20000–30000[70].

von Knochen- und Gelenkstuberkulose stellte die zusammenfassende Einleitung zu einer Serie von fünf vergleichenden Langzeitanalysen über einzelne Gelenke dar. Sie ist ein beredtes Eingeständnis einer eingetretenen Wende in seiner Bewertung der Tuberkulosechirurgie. Brillant schilderte der fast Fünfundsiebzigjährige nochmals

> «die Zeit des gewaltigen Aufschwungs der operativen Therapie. Darauf fußend, daß bei Gelenktuberkulose der Kochsche Bazillus die wesentliche Ursache ... darstellte, setzte man sich die Ausreutung des Krankheitserregers aus dem Körper zum Ziel und die operative Beseitigung der ... mit Bazillen infizierten Gewebe beherrschte unter steter Vervollkommnung der Technik das Feld.»

Sie war vorbei.

> «Nun sind wir seit einem Dutzend Jahren dank den energischen und konsequenten Bemühungen eines Bernhard, Rollier, Halsted u.a. in ein neues Stadium getreten, in welchem insofern ein prinzipiell Neues zutage getreten ist, als die bisher weitaus wichtigste (operative und konservative) Lokalbehandlung in den Hintergrund gedrängt ist... vom Gesichtspunkt der Allgemeinbehandlung tuberkulöser Individuen... [Diese hat die] Hauptabsicht durch die Einflüsse von Licht und Sonne, Luft und Kälte die Ernährung und Zusammensetzung der Körpergewebe so umzustimmen, daß die Tuberkelbazillen eine schädliche Entwicklung in denselben nicht mehr zu entfalten vermögen[72].»

Wenn Auguste Rollier (1874–1954) indessen seine Art der Bergsonnentherapie als «den höchsten Ausdruck ... der konservativen Chirurgie» bezeichne, so verkenne er, meinte Kocher weiter, in seinem leicht begreiflichen Enthusiasmus für die Sonne den Wert richtiger orthopädisch-konservativer Chirurgie ohne Sonne und unterschätze damit ganz erheblich sein eigenes Wirken und Verdienst.

> «Warum gibt Rollier denn eine so auf alle Kleinigkeiten eingehende Schilderung der Maßnahmen für Lagerung der Kranken, für Fixation und Extension je nach Lokalisation der Tuberkulose? Ich glaube, wenn er nicht während Jahren auf einer chirurgischen Klinik sich über Bedeutung und Wert mechanischer Maßnahmen hätte ein selbständiges Urteil bilden können (Rollier war 4 Jahre lang mein getreuer Assistent in der Privatklinik) er hätte die Wirkungen der Höhensonne gerade bei der chirurgischen Tuberkulose nicht entdeckt. Was er in der Klinik gesehen hat, hat er in vortrefflicher Weise ausgebaut und weiterentwickelt und seine Vorschriften nach dieser Richtung verdienen mehr Beachtung als gerade diesem Punkte in seinen Publikationen zuteil geworden ist[73].»

Kocher rechtfertigte sich sozusagen damit, die neue, bessere Methode baue auf Beobachtungen der konservativ-chirurgischen Zeit auf, die er im Studium gemacht und seit Mitte der 1890er Jahre selbst weiter ausgebaut habe. Dazu habe die radikale Chirurgie noch zuverlässige Diagnostik und genaue Statistiken gebracht[74]. Allein, ihr therapeutischer Erfolg erwies sich nun als fragwürdig: «Wir Chirurgen müssen bekennen», gestand er ein, «daß wir der Gefahr der Operation nicht immer genügend Rechnung getragen haben[75]». Und weiter zeigte jetzt eine unvoreingenommene Auswertung die Eigentümlichkeit,

> «daß bei der operativen Therapie, wo alles Kranke radikal entfernt wird, mehr Rezidive auftreten als bei der konservativen Behandlung... Könnte nicht die Operation selbst durch die traumatische Schädigung die Disposition zu einer neuen Infektion noch vermehren?»,

lautete daher plötzlich eine Frage, die man früher nicht erwogen hatte[76].

Die Auffassung der Tuberkulose als Allgemeinkrankheit begann wieder Fuß zu fassen mit der Feststellung, daß trotz vollkommener lokaler Heilung der Tod durch Befall anderer Organe erfolgte. Dies traf auch für den Krebs zu. 1907 schrieb Kocher «Über die Heilbarkeit des Magenkrebses auf operativem Wege», daß bei richtiger Operationsmethode – nämlich seiner eigenen – «die Lokalrezidive ohnehin immer seltener [würden], und nur die Drüsenrezidive und Lebermetastasen... öfter einen Dauererfolg zunichte [machten][77]».
Diese Erkenntnis stellte den Heilwert radikaler Lokalbehandlung in Frage, was übrigens schon Alexander Monro (1697–1767) in Edinburgh anhand statistischer Aufzeichnungen operierter und nicht operierter Fälle von Brustkrebs getan hatte[78]. Diese Einsicht rief nach vermehrter Berücksichtigung der Allgemeinbehandlung, deren Durchführung wiederum neue organisatorische Maßnahmen erforderte; denn in den «traditionellen Spitälern heilt eine richtig ausgeführte Operation... oft einen Kranken in ebensoviel... Wochen als ein Heliotherapeut Monate braucht[79]». Wie konnte man die langwierige Kur allen ermöglichen?

Die Lösung dieser Aufgabe oblag nach Kochers Meinung nicht so sehr den Ärzten als den Gemeinwesen und Regierungen. Mit dem Hinweis auf den Weltkrieg rief er aus, wenn dereinst die Summen erspart würden, die man jetzt darauf verwende, gesunde Menschen krank, lahm und hilfsbedürftig zu machen, so sollte es möglich sein, Kranke unterzubringen und sie zu heilen, da wo – wie bei der Tuberkulose – der Beweis für die Möglichkeit wirklicher Heilung durch lange fortgesetzte Kuren geleistet sei. Mit andern Worten, er nahm Rolliers Statistiken ohne weiteres an, verdrängte aber deren sozialmedizinische Folgerungen. Dies verwundert insofern, als er 1905 in der gleichen Lage bezüglich des Krebses einen Feldzug für dessen operative Ausrottung, wenn nötig mit politischer Hilfe, organisieren wollte (s. S. 103). Im Fall der Knochentuberkulose tönte seine Rechtfertigung des radikal-chirurgischen Vorgehens, sogar vor dem Hintergrund eigener Statistiken, auch für Zeitgenossen zumindest veraltet, wenn er sagte, bis zum Erreichen des Ziels der Klimabehandlung «für die mittleren und unteren Zehntausend» bedürfe man weiterhin der möglichst frühzeitigen und vollständigen Resektion des Tuberkuloseherds. Sie sei doch geeignet, «die Heilungsdauer, wenn auch auf Kosten der Annehmlichkeit... und der Vollkommenheit der Heilresultate, abzukürzen». Als einzig neue – physiologische – Forderung kam hinzu, «niemals die gleichzeitige und nachträgliche Sorge für die Besserung des Allgemeinzustandes durch Luft und Sonne aus den Augen [zu] lassen[80]».

Auch Kochers Anstrengungen zur Bewertung der Blinddarmoperation, der immer noch viele Ärzte zweifelnd gegenüberstanden, endeten in einer Sackgasse. Der klinischen Ungleichheit seiner Beobachtungen trug er hier nicht angemessen Rechnung. Ferner blieb er einseitig chirurgisch: Am selben Kongreß (1913), an dem er über seine 1513 seit 1875 ausgeführten Blinddarm*operationen* berichtete[81], trug sein ehemaliger Oberarzt de Quervain* die erste Statistik zum gleichen Thema vor, die als retrospektive kontrollierte Studie auch die nicht operierten Fälle einschloß. Aus den inneren und chirurgischen Abteilungen verschiedener größerer Schweizer Spitäler zusammengestellt, berücksichtigte sie zudem gleiche diagnostische Kriterien und bei operierten Fällen den Zeitpunkt des Eingriffs im Krankheitsverlauf. So wollte dieser Vertreter der jüngeren Generation die Anzeige und den Zeitpunkt der Operation präzisieren; denn, so bemerkte er, «mit den besten Absichten wurde in manchem Fall durch unzeitiges und unvorsichtiges Operieren mehr geschadet als genützt[82]».

Ein Gleiches unternahm de Quervain übrigens später für die Operation des Brustkrebses in einer schweizerischen Sammelstatistik unter Berücksichtigung der Lebenserwartung mittels Versicherungsmathematik[83]. Kocher dagegen verharrte auch in der Krebsfrage ganz auf der chirurgischen Linie, wohl weil er das entsprechende Kontrollmaterial nicht besaß. 1907 widersprach er sich in seiner *Operationslehre* geradezu selbst in bezug auf die Ergebnisse der Brustkrebsoperationen:

> «Wir haben... bei 91 nach Operation im Verlauf von 20 Jahren Verstorbenen bloß in 25.2 Proz. lokale Rezidive gehabt, die anderen sind an *Metastasen* gestorben... Allerdings», räumte er ein, «ist... bestritten worden, daß die Resultate der neueren ‹heroischen› Operationen besser seien, als die früheren.» Trotzdem bezeichnete er Halsteds Radikaloperation** auf der folgenden Seite als «Krönung... wel-

---

* Nunmehr Professor in Basel.
** «Totale Wegnahme des perimammären Fettgewebes in größtem Umfang, Ausräumung der Axilla samt dem Fett in dieser Region, Trennung der Pectorales an Arm, Scapula und Clavicula und Entfernung, Durchsägung event. der Clavicula mit Ausräumung der Fossa supraclavicularis[84].»

che bei fortgeschrittenen Fällen noch Garantie gegen lokale Rezidive zu geben vermag[85]».

Diese neueren Ergebnisse und Einsichten zeigten, daß die Auffassung der zellgebundenen Krankheit nicht länger in ihrer bisherigen Ausschließlichkeit aufrechterhalten werden konnte. Dieses grundlegende, allgemein angenommene und als selbst erklärend betrachtete Konzept – nach heutiger Bezeichnung ein «Paradigma» im Sinne Kuhns[86] – hatte zwei Generationen als Ausgangspunkt chirurgischer Tätigkeit gedient. Die Chirurgie hatte sich mittels neuer und traditioneller Techniken entwickelt, die zugrundeliegende Krankheitsauffassung aber unangefochten belassen. Erst mit dem Beginn des neuen Jahrhunderts wuchsen die im Gegensatz dazu stehenden, aber trotzdem unumstößlichen Angaben.

Neuer Aufbruch

Mehrere Chirurgen empfanden dieses Zeitgeschehen als Abschluß einer Entwicklungsperiode der modernen Chirurgie. So beendigte am zweiten Internationalen Chirurgenkongreß 1908 in Brüssel der Pariser Chirurg Fernand Verchère (geb. 1854) auf scharfsinnige Weise eine lange Debatte über die Krebsbehandlung:

«Ich muß mich entschuldigen, einen Mißton in die Lobeshymnen zu Ehren der operativen Chirurgie hineinzubringen, die Sie soeben gehört haben», ergriff er das Wort. «Es geht heute um die Langzeitresultate der Krebsbehandlung. Ich muß sagen, diese Ergebnisse sind für mich (und wenn ich die Statistiken betrachte eigentlich für uns alle) immer erbärmlich gewesen, ob ich früh oder spät, beschränkt oder einschneidend operiert habe... Entsteht kein Rezidiv nach drei Jahren (betrachten Sie unsere Statistiken, es sind richtige Augentäuschungen) sind wir zufrieden und schreiben dieses *Intervall* der frühzeitigen und radikalen Operation zu. Ist das *Überleben* länger, jubeln wir von Sieg und sehen eine Kolonne (leider eine allzu kurze!) des Anteils von *Heilungen des Krebses* vor uns. Aber es hat sie zu jeder Zeit gegeben, diese Kolonnen... nur findet man darin alle Krebse, die ohne Operation ebenso lange überlebt hätten ohne mehr zu leiden, ohne mehr Komplikationen (und ohne Verstümmelungen noch abstoßende Wunden...); [dann hat es darin] die ganz am Anfang operierten... die noch eine gleich lange Lebenszeit gehabt hätten, wie diejenige welche man ihnen durch den Eingriff geschenkt zu haben glaubt... und vielleicht entspricht die sogenannte Kolonne der Geheilten überhaupt nur dieser operativen Voreiligkeit... wie auch die Illusionen der Chirurgen.»

Weiter ging diese durchdringende Analyse:

«Was haben wir mit unseren Arbeiten, unserer Kühnheit, unseren

Anstrengungen, mit der Virtuosität und Gefahrlosigkeit unserer Operationen erreicht?... Wir haben die Palliativbehandlung unserer Vorfahren verbessert;... doch fassen wir den Mut, es zu sagen, haben wir einen Krebs wirklich geheilt, können wir einem Krebspatienten versichern, daß wir ihn heilen werden? Ich sage nein – und das mit Bestimmtheit... Wir machen blinden Empirismus, und unser Präsident Professor Czerny* hat... die Wahrheit ausgesprochen als er sagte: ‹Wir haben die anatomischen Grenzen des operativ Möglichen erreicht und haben immer noch 60% Rezidive in den drei auf den Eingriff folgenden Jahren.›»

Dies bedeute nicht, fuhr der klar denkende Franzose fort, daß der Chirurg nun in Hoffnungslosigkeit das Messer zur Seite legen solle. Er möge dagegen auf operative Mutproben verzichtend die Indikation zum Eingriff so stellen, daß wieder ein Verhältnis zwischen dessen Gefahren und der Erleichterung, die er dem Patienten bringen könnte, bestehe – ohne sich mit endgültigen Heilungen zu brüsten. Verchère schloß mit den Worten:

«Der chirurgische Weg hat alles gegeben, was er geben konnte, und das ist nicht das Ideale; bleiben wir dabei, denn er ist noch der beste, den wir haben; aber es scheint mir... aus der so vollständigen und so breitgefächerten Bearbeitung durch unseren Kongreß hervorzugehen, daß wir nach einem andern Weg suchen müssen. Der chirurgische Eingriff ist die Vergangenheit, eine glänzende Vergangenheit des Kampfes und der Arbeit, die Vergangenheit von der wir leben,... aber wir müssen die Zukunft vorbereiten... deshalb befürworte ich... die Entstehung (Pathogenie) des Krebses auf eine künftige Tagesordnung zu setzen. Davon wissen wir noch wenig – und daraus wird sich die wirklich heilende Behandlung ergeben[87].»

Wie Billroth 1879 vorausgesehen, schien die technisch orientierte Chirurgie um 1910 auf eine gewisse «natürliche Grenze» zu stoßen[88]. Was war zu tun? Offensichtlich traten zwei Problemkreise zutage, die unvoreingenommene Bewertung der Behandlungsergebnisse einerseits und die Frage der Entstehung und Ausbreitung einzelner Krankheiten, etwa der bösartigen Geschwülste, andererseits. Wie stellte sich nun Kocher dazu?

Auf die unadäquate Auswertung der Behandlungsergebnisse, die Verchère für den Krebs öffentlich entlarvte, haben wir verschiedentlich hingewiesen. Ein typisches Beispiel für die Bewertung der Therapie der Knochen- und Gelenkskrankheiten auf der bisherigen Stufe bietet die Monographie des eifrig statistisch arbeitenden Heidelberger Chirurgen Hermann Lossen (1842–1909) aus dem Jahre 1894. Ihre Analyse führt

---

* Vincenz Czerny (1842–1916), ein Billroth-Schüler, Professor in Heidelberg.

uns weiter zur anscheinend allgemein anerkannten Grundlage klinisch-therapeutischer Entscheidung. Es war auch die Kochersche.

Erst nach Hunderten mit Tabellen angefüllten Seiten kam Lossen zögernd auf den für uns springenden Punkt daß

> «sich vielleicht dem einen oder anderen Leser die Frage auf[drängt]: Wie stehen denn die *Resectionen* der sechs großen Gelenke betreffs der Mortalität, der dauernden Heilung, der functionellen Resultate zur streng *conservativen Behandlung*... und zur beraubenden Amputation über, der Exarticulation in dem Gelenke?»

Worauf die bezeichnende Antwort folgte,

> «daß ein statistischer Vergleich der Erfolge der drei Behandlungsverfahren... auf die allergrößten Schwierigkeiten stoßen muß»,

mit der seit den Pariser Debatten (s. S. 83) üblichen Begründung:

> «Er birgt aber auch in sich eine Unwahrheit und des halb habe ich es unterlassen, solche Gegenüberstellungen vorzunehmen, wenn auch in einzelnen Hospitalberichten das Material gesammelt vorlag; [denn] gleiche Fälle einander entgegen[zu]stellen ist unmöglich, ungleiche zu sammeln und statistisch zu verwerten, führt zu Unwahrheit, und diese Unwahrheit kann durch die Menge des aufgehäuften Materials nimmermehr zur Wahrheit werden[89].»

Was blieb da anderes übrig als ein subjektiver Entscheid, je nach Temperament, «abgesichert» mit im Grunde dafür unerheblichen Zahlen. Gerade mit dieser «Absicherung» verband sich aber die Gefahr, die Subjektivität zu übersehen und eine doch darauf begründete Ansicht als absolute Wahrheit zu betrachten. Damit sind wir wieder bei den am Schluß des vorangehenden Kapitels erwähnten Dogmatismen angelangt (s. S. 94). Es scheint, daß die Meinung, eine Frage allgemeingültig gelöst zu haben, fast unausweichlich aus vorhandenem, durch Zahlen noch gesteigertem Selbstwertgefühl erwuchs. Andererseits wurzelt in der unangemessen subjektiven Deutung dieser Zahlen zum Teil der heute noch weitverbreitete Glaube, mit Statistik könne man alles «beweisen». Man konnte es auch, denn es fehlten die auf Weiterentwicklung der Wahrscheinlichkeitsrechnung um 1900 beruhenden Methoden, welche die Fehlerstreuung der aus den statistischen Erhebungen errechneten Mittelwerte und die Bedeutung(slosigkeit) des Vergleichs einfacher Mittelwerte gezeigt hätte. Versuche in dieser Richtung waren zwar von mehreren deutschen Internisten seit den 1860er Jahren wiederholt veröffentlicht worden, u. a. im Zusammenhang mit der «antipyretischen Welle[90]», doch zeigen die Beispiele aus der Chirurgie, daß praktisch der Übergang zur probabilistischen Denkweise keineswegs vollzogen war.

So konnte ein Kocher wiederholt von einer eigenen Operationsmethode feststellen, sie gebe «völlige Garantie für den Erfolg[91]», was ihm

Krönlein wiederum als Erkühnung vorhielt[92]. Auch seine Auffassung vom Wert der Operation im Heilplan des Arztes gründete letztlich in einer Art quantifizierter vorgefaßter Meinung. Seine einseitigen Evaluationsmethoden, durchaus angebracht für die Darstellung der «Machbarkeit» und der «Gefahrlosigkeit» einer Operation, reichten für die vergleichende Bewertung des damit Erreichten nicht mehr aus. Der Siebzigjährige versuchte in diesem Bereich nicht, die vorgezeichneten Bahnen zu verlassen und zu einer methodischen Wende beizutragen. Die Schlüsse aus seiner klinisch-auswertenden, d.h. «evaluativen» Forschung sind für uns teilweise voreingenommen und verwirrend, für ihn aber nie unsicher, da er sie autoritativ zog. Einzig in der Frage der Tuberkulose kam er durch die Umstände dazu, wenigstens einen retrospektiven Vergleich mit konservativen Methoden anzustellen. Die radikale Chirurgie zeigte sich dabei, sogar nach seinen eigenen Kriterien, der konservativen, ja der abwartenden Behandlung keineswegs überlegen und der Allgemeinbehandlung unterlegen. Die Schlußfolgerungen daraus schob er indessen auf eine nichtmedizinische Ebene ab.

Wie das Beispiel de Quervains zeigt, erachteten indessen einzelne jüngere Chirurgen das kritische Überdenken des Erreichten als notwendig und machten sich nun mit neuer vergleichend-statistischer Methodik daran. So entwickelte sich die vergleichende Bewertung eines elektiven chirurgischen Eingriffs* erst nach dem Studium der physiologischen Erträglichkeit und der Operationssterblichkeit, nicht aber gleichzeitig damit. Vorher übertünchten tatsächliche technische Verbesserungen die Frage nach dem Stellenwert des Eingriffs im Heilplan des Arztes immer wieder, indem sie durch Senkung der Operationssterblichkeit *an sich* beitrugen, die auf anfänglichen Einzelerfolgen beruhende Annahme einer günstigen therapeutischen Wirkung zu verstärken – nicht aber diese Annahme wissenschaftlich ausreichend zu begründen. Da die konservativ-internistische Seite gleich vorgegangen war, war der Versuch, die Bedeutung einzelne Therapien vergleichend zu erfassen, trotz aller Statistik auf der Strecke geblieben.

Das Erreichen einer Grenze drängte Kocher mehr als zur Absicherung des Geleisteten dazu, weiterzuschreiten, sein Territorium auszuweiten. Dazu bedurfte es neuer Gesichtspunkte. Aus seiner Erfahrung schienen ihm vermehrte anatomische und physiologische Studien den Weg der Zukunft zu bedeuten, wie Verchère gefolgt hatte. Seit Jahrzehnten war er auf jenen Gebieten engagiert. Hatte diese Grundlagen- oder investigative Forschung in seiner Generation mit der Bakteriologie und Radiologie der Chirurgie nicht gewaltige Fortschritte gebracht? Hatten zu deren zahlenmäßiger Darstellung die traditionellen Auswertungsmethoden nicht ausgereicht? Die Planung vergleichender klinischer Versuche stand

---

* Unter elektiven (Wahl) Eingriffen sind solche zu verstehen, die nicht zur Abwendung unmittelbarer Lebensbedrohung ausgeführt werden.

daher nicht zur Diskussion. Der einfache retrospektive Vergleich eines chirurgischen Eingriffs mit anderen Behandlungen ohne Berechnung eines Signifikanzniveaus findet sich zwar in Kochers frühestem und spätestem Werk. Daneben und dazwischen gliedert sich aber eine Masse Arbeiten mit rein chirurgischer Betrachtungsweise. Und diese entsprachen mehr seinem Temperament des zukunftsorientierten ideenreichen Chirurgen. William Mayo, der ihn 1912 besuchte, berichtete vom ungebrochenen Genius dieses einen Mannes,

> «der immer noch in voller Kraft in anscheinend ewiger Jugend steht. Kocher ist ständig am Arbeiten, am Ausprobieren von Neuem, am Verbessern von Altem, er ist eine Inspiration für Chirurgen auf der ganzen Welt[93].»

So hatte er beispielsweise im Frühling 1908 eine absolute Neuheit, Albin Lambottes (1866–1955) Metallplatten zur operativen Behandlung von Oberschenkelbrüchen aus Berlin heimgebracht und verwendet, das heißt unverzüglich nach der Bekanntmachung erster Ergebnisse damit[94]. 1912 führte er die von Samuel Meltzer (1851–1920), dem Leiter der physiologischen Abteilung am Rockefeller Institute in New York, entwickelte subdurale Injektion von Magnesiumsalz zur Tetanusbehandlung auf dem europäischen Kontinent ein[95], ein Beispiel für die dank seiner Sprachkenntnisse damals einzigartige Verarbeitung der wissenschaftlichen Weltliteratur. Und wir könnten allerhand Vermutungen darüber anstellen, weshalb er noch ein Jahr vor seinem Tod unter dem Titel *Vereinfachung der operativen Behandlung der Varicen* eine neue Methode veröffentlichte, die in der transkutanen Umstechung der Krampfadern bestand, wobei 100–200 am gleichen Patienten angelegt wurden[96]. Doch ist nun im nächsten Kapitel Gelegenheit geboten, das Nebeneinander und die wechselnde Gewichtung von Kochers investigativer und evaluativer Forschung anhand seiner Schilddrüsenarbeiten zu verfolgen.

Anmerkungen

1 K. 1872b, K. 1874f.
2 KM. 1880a, K. 1881a; über die Diskussion wird im *Brit. Med. J.* ii: 584 (1881) berichtet.
3 D. Zehnder 1882.
4 Caumont 1883.
5 s. z.B. K. 1888c sowie die Resultatmitteilungen mit einer Kocherschen Operationsmethode in D. Guinand 1891, D. Beaurain 1894.
6 Beaurain, ibid., S. 9–10; D. Koenig 1898, S. 19.
7 Beaurain, loc. cit., und S. 5.
8 D. Fischer 1894, S. 37.
9 D. Garré 1883, S. 17.
10 s. Tröhler 1982.
11 K. 1888b. Zum 18. Jahrhundert siehe die gleiche Darstellung des Fortschritts der

direkten Vereinigung der Wundränder im Vergleich zur offenen Behandlung durch Edward Alansson im Jahre 1779 bei Tröhler (1978, S. 410-413).
12 D. Decurtins 1889, S. 56, 59.
13 K. 1896 d: Die diesbezügliche Serie stellte sich zusammen aus 24 Fällen, wovon 4 post operationem gestorben, 14 «zu kürzlich operiert um eine Schlußfolgerung zu gestatten». Die 6 berücksichtigten Fälle lagen 8½, 3½, 2 und dreimal ½ Jahr zurück.
14 Mit Virchow fand eine bereits hundertjährige Tendenz, Krankheiten zu lokalisieren (Temkin 1951), einen vorläufigen Höhepunkt (Ackerknecht 1957, S. 58-62). Die Auswirkung für die chirurgische Therapie erkannten die Zeitgenossen rasch (English 1980, S. 24). Dieser Zusammenhang ist auch wiederholt von Historikern betont worden, s. McMenemy 1967, Ackerknecht 1968, 1970.
15 K. 1915a, S. 17-18.
16 K. 1907c, S. 266-267.
17 K. 1906b, Séance d'inauguration, S. 57.
18 Krönlein 1896, S. 322. Kocher spielt hier auf die zahlreichen Versuche zur Serotherapie bösartiger Geschwülste an, bei denen auch er sich vor der Jahrhundertwende beteiligt hatte (s. K. 1895k). Ein zusammenfassender Hauptvortrag dazu war am Deutschen Chirurgenkongreß 1895 von P.L. Friedrich gehalten worden (Friedrich 1895).
19 K. 1906b, S. 59.
20 Billroth 1879, S. IX.
21 K. 1878c, S. 10.
22 Feinstein (1967) behandelt die Entwicklung der prognostischen Krankheitsbeschreibung auf S. 117-127.
23 Volkmann 1882.
24 K. 1895e, S. 289.
25 Dies befürwortete Kocher nicht nur bei Krebs, sondern auch bei Gallenblasenleiden (Kocher und Matti 1906) und bei Kropf (s. Kap. 9).
26 K. 1906b, Séance d'inauguration, S. 59, 61.
27 Zit. bei Bonjour 1981, S. 57.
28 K. 1907c, S. 268-270.
29 K. 1880b, S. 148; K. 1892a, 4. Aufl. 1902, S. 317 (diese Angaben beziehen sich auf den Magen- und Brustkrebs).
30 2e Congrès de la Société Internationale de Chirurgie 1908, Bd. I, S. 330, 560-561.
31 Trendelenburg 1923, S. 443-447.
32 Tröhler, op. cit., Anm. 11, S. 128, 203-205, 402, 438-439: Neuere Arbeiten über den bekannten «ersten» kontrollierten Versuch von James Lind (1747) s. Hughes 1975, Wyatt 1976.
33 Die in Ausführung befindliche Basler Dissertation von M. Zimmermann befaßt sich mit dieser Frage.
34 K. 1892b, S. 571-572.
35 Halsted 1924, Bd. 1, S. 282.
36 Billroth 1879, S. XI.
37 K. 1901c, S. 49.
38 Tröhler op. cit., Anm. 11, S. 422-424; Seydel 1976, S. 71. Auch theoretisch wurde das Problem immer wieder von Klinikern angegangen, ibid., S. 78-81; s.a. diese Arbeit S. 112.
39 D. Fischer 1894, S. 5.
40 ibid.; D. Beaurain, op. cit., Anm. 5; D. Goschanski 1895; D. Spengler 1896; D. Iljinska 1898; D. Cardénal 1901.
41 Cardénal, ibid.

42 D. Goschanski, op. cit., Anm. 40.
43 K. 1901c, S. 50.
44 D. Iljinska, op. cit., Anm. 40, S. 39; D. Spengler op. cit., Anm. 40, S. 77–78, K. 1901c.
45 D. Lewiasch 1906, S. 3.
46 Quervain 1913a, S. 6.
47 D. Katz 1908, S. 7–8.
48 Quervain 1914, S. 1.
49 Ravitch 1982, Bd. 1, S. 387.
50 K. 1907c, S. 271.
51 Für die frühe Krebschirurgie, s. K. 1880b, Zusammenfassung S. 388–389; zur Schilddrüsenchirurgie s. Kap. 9 dieser Arbeit.
52 K. 1892a, 4. Aufl. 1902, S. 303, 320.
53 ibid., S. 302–303.
54 ibid., S. 277.
55 s. D. Fricker 1902 für die Magenresektion und S. 22 dieser Arbeit für die Hernienoperationen.
56 «Sufficient emphasis is wanting to show the superiority of the... gastrojejunostomy over the other methods and we think further, that the debt which surgery owes to the Mayos in this branch of work is not sufficiently recognized» (zit. aus *Brit. med. J.,* ii: 1477f. (1911)). In bezug auf Kochers Mobilisation des Duodenum bei Gastro-Duodenostomie (K. 1903a) s. *Brit. med. J.,* i: 957 (1904). – In bezug auf die Technik der Schilddrüsenoperation s. K. 1917a und Kritik bei Halsted 1924, Bd. ii, S. 365f.
57 Ravitch, op. cit., Anm. 49, S. 165.
58 Bérard 1786, zit. bei Tröhler, op. cit., Anm. 11, S. 369.
59 K. 1910g, S. 67 (reproduziert in Anhang II).
60 GM, Nr. 3600; Lenggenhager 1964, S. 46.
61 Halsted 1924, Bd. 1, S. 274, 282, 308.
62 Krönlein, op. cit., Anm. 18, S. 334.
63 s. hierzu Madden et al. 1968.
64 Bezüglich des Nachweises des Vorteils seiner Magenoperation s. K. 1907c, S. 271.
65 K. 1982a, 4. Aufl. 1902, S. 299–301.
66 K. 1909b, S. 860–861.
67 Was einzelne Vertreter der nachfolgenden Generation erkannten, s. Quervain 1913b, 1930b, 1930c.
68 s. Ackerknecht 1973, S. 128–129, 138–140.
69 Jochner 1898, S. 1378.
70 Verschiedene Manuskripte 1918–1921.
71 K. 1914a, K. 1915a.
72 K. 1915a, S. 1–2.
73 ibid., S. 7.
74 ibid., S. 2; K. 1914a, S. 1617.
75 K. 1915a, S. 47.
76 D. Stoller 1915, S. 29.
77 K. 1907c, S. 271–272.
78 s. Tröhler, op. cit., Anm. 11, S. 98.
79 K. 1915a, S. 15.
80 ibid., S. 11, 16–17, 33.
81 K. 1913a.
82 Quervain 1913b, S. 4.
83 Quervain 1930c.
84 K. 1892a, 5. Aufl. 1907, S. 689.

85 ibid., S. 686, 688–689.
86 Kuhn 1981.
87 «Je voudrais cependant m'excuser d'apporter une note discordante au milieu du concert d'éloges que vous venez d'entendre en l'honneur de la chirurgie opératoire... Il s'agit aujourd'hui des résultats éloignés du traitement du cancer. Je dois dire que ces résultats pour moi (et si je regarde *même* les statistiques, je dirai pour nous tous) ont toujours été déplorables: que j'aie opéré hâtivement ou tardivement, que j'aie opéré économiquement ou largement... s'il n'y a pas de récidives après trois ans (voyez nos statistiques qui sont un vrai trompe-l'œil), nous sommes satisfaits et nous mettons cette *trêve* sur le compte de la précocité et de la hardiesse opératoires. Si notre *survie* est plus longue, nous crions victoire et nous voyons s'ouvrir une colonne, hélas! peu élevée du pourcentage des *quérisons du cancer*. Mais elle a existé de tout temps, cette colonne... on peut y relever tous les cancers qui, non opérés, auraient survécu tout autant sans plus de souffrances et sans plus d'accidents (et aucune des déformations et des cicatrices repoussantes...), ceux qui opérés dès le début,... auraient encore eu une période de latence aussi prolongée que celle que l'on croit lui avoir donnée par l'intervention, et peut-être même est-ce à cette seule précocité opératoire que l'on doit l'accroissement de cette colonne dite de guérison... et les illusions du chirurgien.» – «Qu'avons nous obtenu par nos travaux, par notre hardiesse, par nos efforts, par notre virtuosité et notre sécurité opératoires?... Nous avons perfectionné le traitement palliatif de nos anciens;... Mais ayons le courage de le dire, avons-nous guéri un cancer, pouvons-nous affirmer devant un cancéreux que nous le guérirons. Je dis non et non hardiment.... nous allons à l'aveugle, nous faisons de l'empirisme, et la vérité a été dite... par notre président, le Profr Czerny, quand il a dit: ‹Nous sommes arrivés à la limite anatomique de la possibilité opératoire et nous avons toujours 60% de récidives... dans les ans qui suivent l'opération›». – «... la voie chirurgicale a donné tout ce qu'elle pouvait donner, et ce n'est pas l'idéal; conservons-la, car elle est encore la meilleure que nous ayons; mais il me semble ressortir de... cette étude si complète et si étendue faite dans notre Congrès, qu'il faut chercher dans une autre voie. L'intervention chirurgicale, c'est le passé, passé brillant de lutte et de travail, c'est le passé sur lequel nous vivons; mais c'est l'avenir qu'il faut préparer... c'est pour cela que je votais... la mise à l'ordre du jour de la question de la pathogénie et du traitement curatif du cancer, que nous ignorons encore» (Verchère 1908); s. ähnliche Stellen über die Chirurgie im allgemeinen bei Rost 1921, S. IV; Asher 1917, S. 18–19.
88 Billroth op. cit., Anm. 36, S. XVII.
89 Lossen 1894, S. 309–310.
90 Jürgensen 1866, Hirschberg 1874, Liebermeister 1877, Martius 1878, 1881, Rosenbach 1891.
91 Das Zitat betrifft seine Methode der Kropfexcision, K. 1892a, 4. Aufl. 1902, S. 206; für andere Beispiele s. Anm. 92 sowie S. 112f der vorliegenden Arbeit.
92 Diese Bemerkung betraf Kochers «Garantie» für seine Nahttechnik am Magen, s. Krönlein, op. cit., Anm. 18, S. 332–333.
93 «More new and good ideas have come from this clinic than from any other of my acquaintance, all due to the genius of one man, Theodor Kocher, who is still vigorous with a seemingly perpetual youth. Kocher is constantly at work trying out new things and improving the old... an inspiration to surgeons the world over...» (Mayo, W.J., zit. bei Colcock 1968, S. 1168).
94 Grey-Turner 1909, S. 14; zu Lambotte s. Van der Elst 1962, Manuskript.
95 K. 1912g, K. 1913c; zu Meltzer s. Parascandola 1980.
96 K. 1916b.

9
Die Rätsel der Schilddrüse: Kocher als Eklektiker

Die Geschichte der Schilddrüsenforschung zur Zeit Kochers ist in unserem Zusammenhang besonders anziehend, weil das um 1860 von den Physiologen Claude Bernard (1813–1878) und Charles Edouard Brown-Séquard (1817–1894) geprägte Konzept einer «inneren Sekretion» am Beispiel der Schilddrüse weiter ausgearbeitet wurde, weil die Neuentdeckungen auf diesem Gebiet den Ausgangspunkt der modernen Hormonforschung darstellen und weil sie in enger Verbindung mit der Chirurgie dieses Organs stehen[1].

Die Indikation zur Kropfexstirpation

Spätestens seit Fabricius ab Aquapendente an der Wende zum 17. Jahrhundert war bekannt, daß der Kropf einer Vergrößerung der Schilddrüse entsprach[2]. Bei vielen Kröpfen wirkte das Jod lindernd, das 1820 vor allem der Genfer Jean-François Coindet (1774–1834) als aktives Prinzip des seit dem Mittelalter mit Erfolg angewandten gebrannten Seeschwammes entdeckt hatte[3]. Aber es gab Patienten, die darauf nicht ansprachen. So versuchte man auch mit verschiedenen chirurgischen Eingriffen, so zum Beispiel mit dem Haarseil, den Umfang des Kropfes zu vermindern. Die Befreiung von dem oft die Atmung behindernden, bei raschem Wachstum geradezu lebensgefährlichen Übel durch die operative Entfernung war erst seit dem 18. Jahrhundert nachgewiesen[4]. Sie blieb jedoch wegen vieler möglicher Komplikationen ein auf Notfälle begrenzter seltener Eingriff. Von einer kosmetischen Indikation konnte keine Rede sein. In Endemiegebieten fiel eine Vergrößerung dieser Drüse, ein «dicker Hals», auch gar nicht besonders auf. Bis zur Jahrhundertmitte finden sich etwa 70 veröffentlichte Fälle[5], meist mit tödlichem Ausgang. In Frankreich soll die *Académie de Médecine* diese Kropfoperation 1850 geradezu verpönt haben[6]. Auch der in Deutschland ausgebildete Billroth berichtete von den «pessimistischen Anschauungen, wie ich sie von meinen Lehrern über Kropfoperationen übernommen habe[7]».

In Zürich auf eigenen Füßen stehend, behandelte Billroth die *Zystenkröpfe* durch Spaltung oder Punktion und Jodinjektion nach der Methode von Kochers Lehrer Demme. Die im schweizerischen Endemiegebiet am häufigsten vorkommenden diffusen parenchymatösen Vergrößerungen kurierte er dagegen innerlich mit Jod. Bildeten sich jedoch feste Geschwülste oder Knoten, erwog er zwei Möglichkeiten, eine «konservativ»-chirurgische und eine «radikal»-chirurgische. Die erste bestand in der Einspritzung von Jodtinktur, zur Förderung der Schrumpfung der Geschwulst, mittels der ursprünglich für die subkutane Injektion von Morphium entwickelten Pravazschen Spritze, die zweite in der operativen Entfernung des krankhaften Gebildes. Er wählte den radikalen Eingriff. Obgleich er schon lange die Idee der konservativ-chirurgischen Maßnahme mit sich trug, führte er sie «um so weniger [aus], weil die Resultate meine[r] Kropfgeschwulst-Exstirpationen nach und nach immer besser wurden[8]». In seinen sieben Zürcher Jahren (1860–1867) nahm Billroth sie zwanzigmal vor* (8 Todesfälle), also genau so oft wie Demmesche Punktionsinjektionen bei Zystenkröpfen[9]!

> «Die Exstirpation der Kropfgeschwülste ist einfach», urteilte er danach, «muß aber doch immer sehr ernst und sorgfältig gemacht werden... Die Exstirpation der *ganzen* Drüse ist nicht so garschwierig und kann mit wenig Blutung ausgeführt werden[10].»

Unterdessen setzte Kochers Chef in Bern, Lücke, die von Billroth nur gehegte Idee der Jodinjektion in parenchymatöse Schilddrüsenvergrößerungen in die Tat um[11]. Sie bot den Vorteil der ambulanten Anwendung. Eine Pravazspritze fand sich ja in Händen jedes Arztes. Daher verbreitete sich diese typisch konservativ-chirurgischem Denken entsprechende Therapie schnell, zumal im bernischen Kropfendemiegebiet.

Der junge Kocher sah die Vorteile durchaus, erlebte aber auch die Mißstände und Schäden der von geschäftigen Ärzten groß betriebenen Jodeinspritzungen** aus nächster Nähe: In der ersten von ihm vergebenen Dissertation untersuchte ein Student die Schilddrüse bei 2712 Schulkindern aus den vier Hauptregionen des Kantons Bern. Das Ergebnis führte die Unregelmäßigkeit des Erfolges der Jodinjektionen klar vor Augen und schränkte deren Anwendung im Hinblick auf die beobachteten Komplikationen ein[13]: ein Grund mehr, das Augenmerk der Kropfexstirpation zuzuwenden, mit der seine Vorgänger auf dem Berner Lehrstuhl äußerst zurückhaltend gewesen waren (s. S. 89). «[Sie] galt und gilt noch für eine gefährliche Operation», schrieb Kocher, als er daran ging, dieses «Vorurteil» zu zerstreuen[14]. Billroths Angaben und seinem Können vertrauend hatte er sich nämlich schon an den Eingriff gewagt. Ja, in den ersten zwei Jahren seiner Tätigkeit als Klinikchef führte er ihn fast so oft aus wie Demme und Lücke in zusammen 42 Jahren, nämlich dreizehnmal – wobei er zwei Todesfälle in Kauf zu nehmen hatte. Zweimal entfernte er die Schilddrüse ganz. Mit seinen Resultaten recht zufrieden[15], ging er in

---

* Ohne Berücksichtigung einer Krebsexstirpation.
** Billroth empfahl 1879 in Wien mindestens zwei wöchentliche Injektionen über mehrere Wochen[12].

den nächsten Jahren an die Typisierung des Eingriffs. Wie es ihm sehr rasch gelungen war, der Infektion Einhalt zu gebieten, erlaubten ihm seine Studien zur Blutstillung (s. S. 30), ebenfalls die Blutung zu meistern. Dazu ließ er «ungeachtet der Autorität Virchows, der von Variationen der Kropfgefäße sprach, welche kaum bei einem Organ größer sein können[16]», durch einen Assistenten die Gefäßversorgung der Drüse an Leichen studieren. Er stellte fest, daß «in der großen Mehrzahl der Fälle... sich die Gefäße auf ein ganz bestimmtes Schema zurückführen» ließen[17]. Dank seiner Versuche zur Narbenbildung (s. S. 39f) wurden seine Operationen auch ästhetisch perfekt. Wie de Quervain schrieb, war es Kocher zu verdanken,

> «wenn die Operationswunden am Halse heute so angelegt werden, daß sie nicht schon beim ersten Blick auffallen. Es brauchte allerdings eine merkwürdig lange Zeitspanne, bis die Mehrzahl der Chirurgen sich entschließen konnte, dieser auf sorgfältiger experimenteller Arbeit beruhenden Forderung gerecht zu werden[18].»

Sein solcherart nach physiologischen Grundsätzen ausgerichtetes Operationsverfahren unterschied sich von dem Billroths weiter durch Schonung von *nervus recurrens* und Halsmuskulatur. Billroth räumte noch 1879 ein, daß ihm die der Abschnürung des *recurrens* zuzuschreibende lebenslängliche Stimmbandlähmung wiederholt vorgekommen sei, daß dies aber für das Leben keine Gefahr mit sich bringe...[19]. Dagegen betonte Kocher schon 1874:

> «Seit ich einmal während meiner Studienzeit [bei Billroth?] die totale Lähmung eines Stimmbandes nach Kropfexstirpation habe eintreten sehen, habe ich stets auf die Möglichkeit einer Beleidigung dieses Nerven geachtet, habe ihn aber nie zu Gesicht bekommen[20].»

Im Bewußtsein seiner verbesserten Technik und gestützt auf seine Statistiken (s. S. 89), erweiterte nun Kocher die Indikation im Vergleich zu seinem Wiener Kollegen. Er, der zeitlebens für Musik wenig, für die medizinische Wissenschaft hingegen alles übrig hatte, bemerkte dazu mit leicht spöttischem Unterton:

> «... die beiden künstlerisch so hochbegabten Collegen Billroth und Socin werden doch nicht behaupten wollen, daß zu einem schönen Hals ein bischen Kropf von nöthen ist. Nicht die Wegnahme der Schilddrüse kann es sein, welche die häßlichen Gruben bedingt, welche man bei Kropfoperirten häufig sieht, sondern die Durchschneidung der Muskeln. Diese werden von vielen Chirurgen durchschnitten im Interesse eines bequemen Zugangs[21].»

1882 bezeichnete er aufgrund einer Letalität von ungefähr 14% – Billroth hatte 1879 eine solche von 36% veröffentlicht – die rechtzeitige Operation des gewöhnlichen Kropfs, sei es vollständige oder teilweise

Entfernung, als ungefährlich und ließ sogar die kosmetische Indikation gelten. Die Totalexstirpation verlaufe weniger blutig und zudem schütze sie sicher vor einem Rezidiv. Sie sei deshalb in manchem schweren Fall vorzuziehen[22].

Alles in allem bestanden genügend, einem «radikal» denkenden Chirurgen einleuchtende Gründe zur Entfernung dieses Organs, zumal es über seine physiologische Bedeutung nur eine Anzahl Mutmaßungen gab. Mit ersten Autoren des vorigen Jahrhunderts wie Morgagni, Boerhaave und Haller hielt man die Drüse immer noch nötig für die «Schmierung» der Luftröhre sowie zum Wohlklang der Stimme. Ferner sah man sie als vaskuläres Gebilde, das einen allzu raschen Blutfluß ins Gehirn verhindern könne. Diese Theorie hatte zwar Benedikt Hofrichter (1770–1828) bereits 1820 mit den Worten bekämpft, es sei nichts weniger als erwiesen, daß die Schilddrüse zu einer Zeit mehr Blut enthalte als zu einer anderen – dieses würde der Augenschein lehren, und die Frauen hätten sonst schon längst die Mode, mit entblößtem Halse zu gehen, verlassen und die Männer schon längst das Schwellen dieser Drüse als Anzeige der von seiten der schönen Hälfte drohenden Gefahr bemerkt und benutzt[23]. Leider hatten aber Hofrichters konstruktive Fähigkeiten seine kritischen kaum erreicht. Er schlug als Alternative eine Hypothese vor, wonach die Schilddrüse für den Sauerstoffentzug aus dem und die Kohlensäureabgabe in das durch sie fließende Blut verantwortlich sei. Weiter schrieb man ihr einen Einfluß bei der Blutbildung zu[24].

Mit Vorteil verzichtete ein akademischer Lehrer auf derlei Spekulationen und beschränkte sich auf die Embryologie und Anatomie der Drüse. So dachte wohl Professor Valentin in Bern, wie sich aus den erhaltenen Vorlesungsmanuskripten Kochers (1860) schließen läßt[25]. Ganz klar beschrieb Claude Bernard die Lage im Jahr 1879:

> «Nous ne savons absolument rien sur les usages de ces organes [d.h. Schilddrüse, Thymus], nous n'avons pas même l'idée de l'utilité et de l'importance qu'ils peuvent avoir, parce que l'extirpation ne nous a rien dit à leur égard et que l'anatomie à elle seule reste absolument muette[26].»

Seit Mitte der 1830er Jahre hatten Chirurgen und Physiologen vieler Länder tatsächlich die Schilddrüse in manchen Tierarten zu Versuchszwecken entfernt, so 1857/58 auch Moritz Schiff in Bern[27]. Da man aber in der vorantiseptischen Zeit nicht wußte, ob die Tiere am Fehlen dieses Gebildes oder an der operationsbedingten Infektion starben, ja viele normal weiterlebten, und auch die Nebenschilddrüsen nicht allgemein bekannt waren, fielen die Resultate vieldeutig aus. Die Funktion, ja die Lebensnotwendigkeit der Drüse blieb umstritten. Nachdem aber die Antisepsis ohne Tierversuch direkt beim Menschen erprobt worden war, kam es dazu, daß auch der Versuch der Wegnahme der ganzen Schilddrüse unter antiseptischen Bedingungen zuerst am Menschen gemacht wurde.

Wie Kocher meinte, leiteten die Chirurgen aus dem Unwissen der Physiologen

> «stillschweigend die Voraussetzung [ab]..., es komme der Schilddrüse überhaupt keine Function zu. Sobald man darüber Sicherheit gewonnen hatte, daß vom Standpunkte der Technik aus die *Totalexstirpation* sich mit Glück ausführen lasse, hat man deshalb keinen Anstand genommen, in Fällen von Erkrankung beider Schilddrüsenhälften das ganze Organ zu entfernen[28].»

Wie verlief nun dieses Experiment weiter?

Am 29. Mai 1874, knapp vier Monate nach Kochers zweiter Totalexstirpation bei der 11jährigen Maria Bichsel, teilte ihm der aufmerksame Hausarzt August Fetscherin (1849–1882) aus Zäziwil mit, in letzter Zeit habe sich eine merkwürdige Veränderung in dem Benehmen des Mädchens eingestellt. Dasselbe sei mürrisch, träge geworden, müsse zu jeder Arbeit genötigt werden, während es vorher ein lebhaftes und fröhliches Wesen an sich getragen habe[29]. Der Professor in der 20 Kilometer entfernten Hauptstadt notierte dazu: «... der weitere Verlauf wird lehren, ob irgendeine Beziehung besteht zwischen der Exstirpatio Strumae und dem veränderten Geisteszustand[30]». Und er schloß sich der vorherrschenden Meinung an, daß dem nicht so sei. Sie selbst zu überprüfen, fand er nicht für nötig. Zu einer Zeit, in der die Operationssterblichkeit noch im Vordergrund stand, war ein Fall für ihn nach der Heilung der Operationswunde erledigt. Unterstützt durch die Autorität der Billrothschen Klinik, an der damals die meisten Kropfoperationen ausgeführt wurden und welche der Auffassung war, «... daß die Entfernung der entarteten Schilddrüse bei Menschen gut vertragen wird[31]», nahm in Bern der Anteil der Totalexzisionen an den Kropfoperationen regelmäßig zu, und zwar genau bis zu den Sommerferien 1882 (s. Figur 1). Dann wurde Kocher plötzlich vorsichtiger, der Anteil der vollständigen Entfernungen fiel sprunghaft zurück, und nach dem 16. Januar 1883 verschwanden sie ganz. Am 2. April 1886 schrieb er an den Vorsitzenden der Deutschen Gesellschaft für Chirurgie:

> «Ich glaube, der Chirurgencongreß sollte durch Beschluß so etwas [d.h. Totalexzisionen] geradezu verbieten, denn im Interesse der Patienten finde ich es nicht zu stark ausgedrückt, wenn ich sage, daß eine wegen nicht maligner Struma ausgeführte Totalexcision der Schilddrüse nicht nur ein leichtsinniges Vorgehen, sondern eine Versündigung... ist[32].»

Was war geschehen?

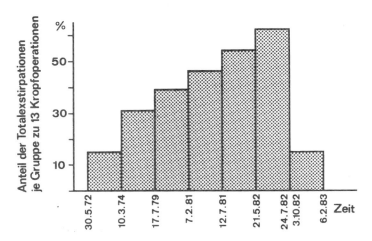

Fig. 1.
Anteil der Totalexstirpationen an den von 1872 bis 1883 von Theodor Kocher ausgeführten Operationen nicht krebsig vergrößerter Schilddrüsen.

Anteil der Totalexstirpationen an den von 1872 bis 1883 von Theodor Kocher ausgeführten Operationen nicht krebsig vergrößerter Schilddrüsen. Seit Beginn seiner Professur (April 1872) bis zu seinem denkwürdigen Vortrag in Berlin (4. April 1883) führte Kocher 102 Kropfoperationen aus, davon 94 bis zum 6. Februar 1883. Nach Weglassen von 3 Totalexstirpationen wegen Krebs wurden die verbleibenden 91 Operationen dieses Zeitraums chronologisch in 7 Gruppen zu 13 Eingriffen eingeteilt und der prozentuale Anteil der Totalexstirpationen, für jede Gruppe berechnet, aufgezeichnet. Es bleibt bis zum April 1883 noch eine nicht eingetragene Gruppe von 8 Eingriffen (ohne Totalexstirpation) übrig. Auffallend ist die stetige Zunahme der Totalexstirpation bis zum plötzlichen Zurückgang nach der Sommerpause 1882. Man beachte, daß zwischen der letzten Operation des Sommersemesters 1882 (24. Juli) und der ersten des Wintersemesters 1882/83 (3. Oktober) die Begegnung Kochers mit Reverdin liegt, die erste Nachuntersuchung (Patientin Maria Bichsel) durch Kocher aber erst im Februar 1883 stattfand. Es wird Anfang des Monats gewesen sein, weil Kocher angibt, *nach* dem auffälligen Befund bei ihr ein Rundschreiben an alle Patienten versandt zu haben, und daß die ersten Berichte bzw. Patienten schon Mitte Februar in Bern eintrafen. (Zusammengestellt aus K. 1883a).

Die Folgen der Kropfexstirpation

Dramatisch hatten sich in jenen Herbstmonaten des Jahres 1882 die Ereignisse zugespitzt. Am 7. September traf Kocher anläßlich des internationalen Hygienekongresses in Genf den dortigen Chirurgen J.L. Reverdin. Dieser hatte schon im Jahr zuvor zwei erwachsene Patienten mit Spätstörungen nach vollständiger Entkropfung gesehen und seither nachkontrolliert. Ein Patient schien ihm kretinartig geworden zu sein. Er fragte

Kocher, ob er bei seinen vielen Eingriffen an der Schilddrüse auch solche Fälle vermerkt hätte[33]. Da erinnerte sich dieser der Jahre zurückliegenden Mitteilung von Dr. Fetscherin. Reverdin seinerseits teilte seine Beobachtungen eine Woche später, am 13. September 1882, in der *Société de Médecine de Genève* mit, warnte vor der Totalexstirpation und machte selbst fortan keine mehr. Am 18. September 1882 aber starb Dr. Fetscherin in Zäziwil[34], was nun Kochers Nachforschungen nach der betreffenden Patientin erschwerte. Möglicherweise stimmte ihn die im Oktober 1882 erfolgte Publikation des Genfer Sitzungsberichts vorsichtig, doch operierte der Berner Chirurg noch mindestens zweimal die ganze Schilddrüse weg, bevor er im Februar 1883 Maria Bichsel, neun Jahre nach der Operation, wieder zu Gesicht bekam[35].

Hier befinden wir uns an einem Markstein der Geschichte der Endokrinologie und in einem der einschneidendsten Augenblicke in Kochers Laufbahn. 33 nicht krebsige Schilddrüsen hatte er bis jetzt vollständig entfernt. Es mag eine Fügung sein, daß er gerade diese Patientin als erste nachuntersuchte; denn bei Kindern ist der Ausfall der Schilddrüsenfunktion viel augenfälliger als bei Erwachsenen. Elfjährig war sie gewesen, als er sie operiert hatte, ihrer jüngeren Schwester zum Verwechseln ähnlich. Nun bot ihm, in seinen Worten, das einst fröhliche Mädchen «das häßliche Äußere eines Halbidioten», während die Schwester «in den 9 Jahren zu einer blühenden Jungfrau von sehr hübschem Äußeren herangewachsen ist» (s. Abb. 14). Kocher blieb ein Leben lang betroffen von diesem Bild. Aber er handelte: Sofort ließ er unter Weglassung der im gleichen Jahr behandelten an sämtliche früher als geheilt entlassenen 77 Kropfoperierten Einladungen zur Nachuntersuchung ergehen. Weniger als zwei Monate danach hatte er 34 davon persönlich untersucht, den Assistenten den Befund diktiert und von weiteren 19 Patienten, darunter 6 Totalexstirpierten, schriftlichen Bericht erhalten. Während sich die nur Teiloperierten bester Gesundheit erfreuten, zeigte sich bei den ganz Entkropften ein anderes Bild: 18 hatten sich gestellt, ihrer 16 waren – auch nach Aussagen des Wartepersonals – kaum wieder zu erkennen, schwer erkrankt, verblödet, die Kinder im Wachstum zurückgeblieben[36]. Ein Assistent schrieb später:

> «Noch sehe ich sie vor mir, jene traurigen Gestalten mit dem müden, schwerfälligen Gang, den frostigen, angeschwollenen Händen, dem gedunsenen, faltigen Gesicht mit kretinenhaftem Ausdruck. Ein erschütternder Anblick[37]!»

Im höchsten Grade beachtenswert war aber die Feststellung, daß in den zwei einzigen, trotz vermeintlicher Totalexstirpation nicht erkrankten Fällen ein kleines Kropfrezidiv vorhanden war[38].

Kocher wußte, daß die Deutsche Gesellschaft für Chirurgie jeweils zu Ostern ihre Jahresversammlung in Berlin abzuhalten pflegte. Er schaffte es, am 4. April 1883 dort in einem magistralen Hauptreferat die

Abb. 14
Maria Bichsel, eine der ersten Patientinnen Kochers vor (rechtes Bild, hinten) und neun Jahre nach vollständiger Entfernung der Schilddrüse (linkes Bild, links). Die Aufnahmen, zusammen mit der jüngeren, nicht operierten Schwester, zeigte Kocher am Kongreß der Deutschen Gesellschaft für Chirurgie 1883.

Ergebnisse dieser Nachuntersuchungen klar darzutun, den langsamen körperlichen und geistigen Zerfall, der auf die Entfernung der Drüse gefolgt war, in allen Einzelheiten zu schildern und teilweise mit neuesten Methoden objektiv zu belegen: Die Gedunsenheit der Haut und das verminderte Längenwachstum zeigte er in einer Photographie der beiden Schwestern Bichsel, die auffällige Blässe kennzeichnete er mit der niedrigen Zahl roter Blutkörperchen als Blutarmut (Anämie). Er beschrieb das Zusammentreffen aller dieser Zeichen als neue Krankheit, nannte sie *cachexia strumipriva* und nahm vor allem in der Diskussion energisch gegen die Totalexzision des Kropfs Stellung[39].

Das Echo auf diese einschneidende Warnung, geäußert aufgrund einer für ihn klaren Sachlage, betraf, ja verbitterte Kocher zunächst. Die große Anzahl seiner Fälle – eine Hauptgrundlage seiner Argumentation – wurde ihm einfach als Operationslust ausgelegt und abgetan.

«Ich möchte eben nicht, daß das nicht rectificirt würde», gab er in der Diskussion scharf zurück, «daß wir natürlich eine außerordentlich große Zahl von Fällen *nicht* operiren. Ich hätte nicht Hundert, sondern einige Tausend Operationen, wenn ich aus Privatvergnügen operiren würde[40].»

Und mit seinem Hauptpunkt, dem neuen Krankheitsbild, weckte er wohl die Neugierde einzelner Anwesender, bei den meisten stieß er aber auf taube Ohren. In Anlehnung an Virchow galt nämlich eine Schilddrüsenvergrößerung als erstes Stadium des Kretinismus. Daher wurde die *cachexia strumipriva* als nichts wesentlich Neues aufgefaßt, sondern bloß als Spätstadium des Kretinimus, das sich *trotz* der Entfernung der Schilddrüse entwickelt hätte[41]. Später rief Kocher diese belächelnden Reaktionen mit einem spöttischen Unterton in Erinnerung; denn auch er hatte sich dadurch in *seiner* Auffassung nicht beirren lassen – und zwar mit Recht, wie ihm bald zugestanden worden ist. Zu der vorerst ablehnenden Haltung der Mitwelt trug wohl auch seine Behauptung bei

«... daß durch unsere Beobachtungen – so viel uns bekannt – zum ersten Mal mit Bestimmtheit ein Abhängigkeitsverhältniss zwischen Schilddrüse und Cretinismus sichergestellt wird[42]».

Wenn auch aus seiner Sicht richtig, war dies freilich etwas überspitzt formuliert; denn vereinzelte, wohl bekannte klinische und anatomische Beobachtungen – nicht zuletzt an Kretinen – hatten in den vergangenen Jahrzehnten zum Gedanken an einen solchen Zusammenhang geführt. Doch eigentliche Beweise fehlten. Wer nun die *cachexia strumipriva* als nichts Neues ansah, konnte sie auch nicht als Beweis für eine spezifische Funktion der Schilddrüse anerkennen, die beim Kretinen dahingefallen wäre. So reihte man Kochers Behauptung lediglich unter die als solche erkannten Spekulationen über die Schilddrüsenfunktion ein, während er seinerseits natürlich auf dem Vorhandensein einer spezifischen Funktion bestand.

Er wählte zu ihrer Erklärung keine der vielen erwähnten Hypothesen aus, sondern stellte «mindestens ebenso berechtigt» eine eigene daneben, wonach die Schilddrüse die Blutzirkulation der Halsorgane reguliere und damit die Sauerstoffversorgung der roten Blutkörperchen in der Lunge. So schrieb er die Kachexie mit Bestimmtheit nicht dem Ausfall einer Fernwirkung der Drüse selbst zu, sondern sah sie als Folge einer operationsbedingten Beeinträchtigung einer örtlichen Rolle. Das kommt auch in seiner Bezeichnung *cachexia strumipriva* zum Ausdruck! «Es ist gar keine Frage», sagte er, daß die durch den Ausfall dieser Regulation erklärte «Anämie... das Bild dieser Cachexie beherrscht[43]». Es hätte wohl weniger Angriffsfläche für Kritik auf diesem Nebenschauplatz gegeben und wäre daher wohl wirkungsvoller für das Hauptargument Kochers gewesen, wenn er in der Frage der physiologischen Rolle ein *ignoramus* wie Claude Bernard ausgesprochen hätte. Nicht nur der Inhalt ist bei der

Bekanntgabe umwälzender wissenschaftlicher Entdeckungen wesentlich. Die Form spielt ebenso eine Rolle – eine Tatsache, die einem noch in Rhetorik geschulten William Harvey bei der Mitteilung seiner revolutionären Entdeckung des Blutkreislaufes im 17. Jahrhundert bestens bekannt war[44].

In diesem Zusammenhang sei aus heutiger Sicht noch kurz erwähnt, daß Kocher 1883 mit seiner Hervorhebung der erstmaligen Gewißheit einer Abhängigkeit zwischen Schilddrüse und Kretinismus doppelt unrecht hatte. Erstens übersah er dabei eine Anzahl früherer Arbeiten der Engländer Thomas Curling (1811–1888), Charles Fagge (1818–1883), Sir William Gull (1816–1890) und William Ord (1814–1902) und des Franzosen Jean-Martin Charcot (1825–1893), über kretinenähnliche Gedunsenheit im Erwachsenenalter bei Fällen von entzündlicher Schädigung oder sogar autoptisch festgestellter Atrophie der Schilddrüse: die Diagnose «Myxödem» war zu dieser Zeit in England schon mehr oder weniger geläufig – ohne daß die Kausalverbindung mit der Schilddrüse gemacht wurde[45]. Es ist daher kein Zufall, daß der Berliner Vortrag dort auf besondere Aufmerksamkeit stieß (s. S. 134). Zweitens hatte auch Reverdin den Zusammenhang von Myxödem und Kretinismus unterdessen erkannt, nachdem er in Genf schon früher vermutet worden war[46]. In einer Arbeit über seine Kropfoperationen und diejenigen seines Vetters Auguste Reverdin (1848–1908) schilderte er neuerlich die Folgen der Totalentfernung des Kropfes und nannte sie, in Kenntnis der englischen Literatur, *myxœdème opératoire*[47]. Reverdins Artikel begann – unabhängig von Kochers Vortrag vom 4. April 1883 – zehn Tage nach diesem zu erscheinen, mußte aber, der kleinen Seitenzahl der *Revue Médicale de la Suisse Romande* wegen, noch auf die Mai- und Juninummern aufgeteilt werden. Aus diesen Begleitumständen der Veröffentlichung entspann sich ein Prioritätsstreit zwischen den beiden Schweizer Gelehrten um diese epochale Entdeckung.

Diese Auseinandersetzung hat wiederholt das Interesse von Zeitgenossen und Historikern gefunden[48]. Der Streit mag der Nachwelt vor allem zeigen, daß Forscher auch Menschen sind. Das Bestreben nach Anerkennung ist gewiß *ein* Hauptmotiv ihres Tuns[49]. Kocher konnte zeitlebens[50] nicht verwinden, daß ihm der Anstoß zu seiner, wie er sie nannte, «folgereichsten Entdeckung[51]» von außen hatte kommen müssen, daß er in diesem Fall dem Prinzip der Nachuntersuchung nicht nachgekommen war. Das Bewußtsein, seinen totalexstirpierten Patienten großen Schaden zugefügt zu haben, das «ungläubige Lächeln», ja der «Spott[52]» einzelner Kollegen am Berliner Kongreß müssen ihn ebenso aufgewühlt haben. Es war ihm offenbar unmöglich, darüber hinwegzukommen, daß ihm vielerorts die Priorität aberkannt wurde, zu Recht, wie die historische Forschung erwiesen hat[53].

In seinen späteren Arbeiten betonte Kocher Prioritätsansprüche mehr und mehr, ob zu Recht oder zu Unrecht sei dahingestellt. Sie betrafen neben der *cachexia strumipriva* die Schilddrüsentheorie der Basedowschen Krankheit und die Blutbildveränderungen bei Schilddrüsenerkrankungen (s. 144), die Beschreibung von Krankheitsbildern wie der Epiphyseolisthesis und der «Ischias scoliotica[54]»*, dann therapeutische Maßnahmen wie die Reduktion der Schulterluxation, die Muskeldurchtrennung bei *torticollis spasticus* und die Schilddrüsentransplantation, ferner Operationsmethoden an Gallenwegen, Kropf, Magen, Darm und Hirn[55]. In einem Brief bedankte er sich 1898 ausdrücklich bei einem englischen Kollegen dafür, eine Operation nach ihm benannt zu haben, weil andere Besucher der Berner Klinik später viele seiner Ideen als ihre eigenen ausgegeben hätten[56]. Zitationsfehler zu seinen Gunsten wurden mit dem Alter häufiger[57].

Der Historiker muß einräumen, daß ein Streit, wie der zwischen Kocher und Reverdin, der am Anfang der praktischen Endokrinologie steht und der vor allem von Kochers Seite mit fast bestürzender Insistenz, falschen Behauptungen und Unterstellungen bis in sein Todesjahr geführt wurde[58], von der turbulenten wissenschaftlichen Gemeinschaft des 17. Jahrhunderts sozusagen als Modell guten Verhaltens angesehen worden wäre. Prioritätsfragen spielen ja seit dem Beginn der modernen Naturwissenschaften eine große Rolle. Nur ihre Form änderte sich im Laufe der Zeit. Fast alle, die ihren festen Platz im Pantheon der Wissenschaft haben, sind in solche Streitigkeiten verwickelt gewesen, seien es Descartes, Pascal oder Huygens, Newton, Leibniz, Laplace oder Humphrey Davy, Lister, Pasteur oder Robert Koch, und zwar weil es offenbar nur schwerlich glaubhaft erschien, daß gleichzeitig gemachte Entdeckungen nicht ausgeborgt waren[59]. So bedeuteten derlei Auseinandersetzungen ebenfalls für die Zeit Kochers nichts Ungewöhnliches – man denke etwa an die hohe Wellen schlagenden Polemiken zwischen Pasteur und Koch –, noch die unverhüllte Form dieses speziellen Streites, auf Kongressen und Anlässen bis hin zur Nobelansprache in Stockholm, in Publikationen, Briefen an Dritte und an Zeitschriften.

Theodor Kocher erhielt schließlich neben unzähligen anderen Ehrungen im Jahr 1909 mit dem Nobelpreis für seine Schilddrüsenforschung die höchste internationale Auszeichnung eines Wissenschaftlers. Gewiß haben damit Mitwelt und Zeit auch in diesen äußeren Dingen ein gerechtes Urteil gefällt. Für Reverdin, dem die Priorität der Entdeckung zukommt, war die Beschäftigung mit der Schilddrüsenphysiologie nur eine vorübergehende gewesen. Es finden sich nach seiner Arbeit von 1883 zu diesen Fragen bloß sechs weitere Veröffentlichungen, Übersichtsreferate und Operationstechnisches betreffend[60]. Er äußerte sich 1898 letztmalig in einer Veröffentlichung zur Entdeckung der Schilddrüsenausfallserscheinungen. Reverdin empfing bereits 1886 die *légion*

---

* D.h. eine Skoliose als Folge von Ischias.

*d'Honneur**, 1910 sogar das Offizierskreuz und damit die höchste Auszeichnung der französischen Regierung an einen ausländischen Zivilisten. Ein königlich-preußischer Orden wurde ihm ebenfalls verliehen[61]. Sein Name bleibt weiterhin mit seiner bereits früher entdeckten Hautverpflanzung verbunden, und später wurde er als Entomologe ebenso bekannt wie als Chirurg[63].

Für Kocher hingegen, dem das Verdienst gebührt, die Reverdinsche Entdeckung ausgebaut und zu einer ausführlichen Darstellung gebracht zu haben, bedeutete das Frühjahr 1883 nur einen Anfang. Der Medizin, seiner Chirurgie lebend, gab es für ihn keinen Zweifel: Das neue Rätsel mußte mit allen Mitteln entwirrt werden. Wesentliche Gedanken behend aufnehmend, beschritt er mit zähem Fleiß Wege zur Lösung in verschiedenste Richtungen.

Eine Kette von Zufällen, die Begegnung in Genf, der an der jugendlichen Patientin auffällige Befund, der Vergleich mit der jüngeren gesunden Schwester und das feststehende Kongreßdatum, hatten ihn zu einer einmaligen Leistung angeregt. Heute wissen wir, daß sie noch einer anderen Fügung zuzuschreiben ist, der Tatsache nämlich, daß Kocher – wie Reverdin – langsam und sorgfältig operierte, damit die Schilddrüse bis auf degenerierende Reste vollständig entfernte und dank seiner speziellen Technik der Schonung des *nervus recurrens* unbewußt die noch unbekannten Nebenschilddrüsen schonte. Billroth dagegen operierte rasch; mit seinem Vorgehen ließ er häufig genug funktionsfähiges Schilddrüsengewebe zurück, entfernte jedoch die Nebenschilddrüse, weshalb er als Hauptkomplikation nicht die Kachexie, sondern die Tetanie beobachtete. Auch in bezug auf Reverdins Entdeckung können wir sagen: Ein unfreiwilliges Experiment am Menschen bildet historisch eine der Grundlagen der modernen Endokrinologie. Solche «Zufälle» sind bei wissenschaftlichen Entdeckungen häufig im Spiel, aber, wie es Louis Pasteur wiederholt ausdrückte, treffen sie nur den Vorbereiteten[64]. Und Kocher *war* vorbereitet. Was tat er weiter?

Die Wirkungsweise der Schilddrüse

Diese Frage bringt uns zurück in die Zeit von Februar bis April 1883 und in die nachfolgenden Monate, in der Tat die erregendste Periode in Kochers bisherigem Forscherleben. Eine Tatsache steht für ihn fest: Die totale Entfernung des Kropfes führt zu lokalen Schäden am Hals, die beim Menschen schwere Störungen des Allgemeinbefindens nach sich ziehen. Diese Veränderungen gilt es nun zu erklären. Kocher handelt als Arzt und Forscher, mutig und folgerichtig: Im Juli des gleichen Jahres

---

* Kocher ärgerte sich darüber öffentlich. Er erhielt erstmals 1890 mit der Ehrenmitgliedschaft der *Medical Society of London* eine um so dankbarer angenommene Auszeichnung mit Bezug auf seine Schilddrüsenarbeiten[62].

1883 transplantiert er einem von ihm kachektisch gemachten jungen Mann frische menschliche Schilddrüse unter die Halshaut[65]. Gelänge die Operation, würde dieser Patient wieder gesund, so könnte er allen helfen und hätte zudem den Beweis seiner Theorie vom direkten Zusammenhang zwischen Kropfentfernung und Kachexie geliefert. Er sieht aber nur eine vorübergehende klinische Besserung. So macht er bei dem willigen Patienten im Laufe der Jahre «eine Serie von Transplantationen, sowohl in die Bauchhöhle als unter die Haut und selbst in die großen Gefäße hinein[66]».

Therapeutisch also kaum angezeigt, schien das Ergebnis der Transplantation auch Kochers Theorie nicht weiter zu stützen und für die Aufklärung der geheimnisvollen Funktion der Drüse nichts Schlüssiges beizutragen. In letzterer Hinsicht blieb er, wie angedeutet, jenen Zeitströmungen verhaftet, denen einer seiner Doktoranden, nicht ohne historische Tiefe, wie folgt Ausdruck verlieh:

> «Wir leben ... im Jahrhundert der Entwicklung der chemischen und physikalischen Wissenschaften, und es konnte nicht fehlen, daß ... ganz im Besonderen die leichteren mechanischen Naturgesetze der Medicin mit allen möglichen Nuancen, ja sogar mit Gewalt angepaßt wurden. Es liegt einmal im menschlichen Trachten, neben dem Wahren hin und her zu schwanken, und jedesmal ... ergeben sich ... die Forscher im Allgemeinen [einer neuen Richtung] mit Leib und Seele, bis die Reaktion den Illusionen ein Ende macht[67].»

In der Tat, mittels klinisch-experimenteller Nachprüfung mechanischer Hypothesen suchte Kocher nun seine in Berlin gegebene Erklärung der Schilddrüsenwirkung zu erhärten. So ließ er die Ansicht, sie sei ein Regulator des arteriellen Blutzuflusses zum Gehirn, klinisch prüfen: Die lageabhängigen Messungen des Halsumfangs über der Schilddrüse eines Assistenten schienen den Wirkungsmechanismus, wonach bei Anschwellen der Drüse Druck auf die Halsschlagadern erfolgte, zu bestätigen[68]. Die dergestalt durch mechanische Wirkung auf die Halsschlagadern begründete Hypothese eines Einflusses auf die Hirndurchblutung und daher auf die Regulation der Atmung dehnte er auf die Blutzirkulation der Halsorgane aus. Da Schilddrüsenarterien auch Kehlkopf und Luftröhre versorgten, nahm er an, daß nach ihrer operationsbedingten Unterbindung eine Atrophie der Luftröhre entstünde, die, durch verminderte Luftzufuhr in die Lunge, die ausgesprochene Anämie der kachektischen Patienten sozusagen direkt erklären könnte[69]. Er ließ dies durch einen anderen Mitarbeiter, den späteren Lausanner Professor César Roux (1857–1934), an Leichenexperimenten nachprüfen. Bei der ersten Autopsie eines Entkropften zeigten sich indessen keine Veränderungen der Luftwege[70]. So führten diese ersten Berner Projekte nicht weiter als zu einer vordergründigen Erklärung, deren Stichhaltigkeit zudem methodisch wegdiskutiert werden konnte[71].

Aber Kocher forschte nicht allein. Sogleich machten sich Physiologen und Kliniker auf internationaler Ebene an die eigene Überprüfung seiner unglaublich scheinenden Befunde und die Abklärung der physiologischen Rolle der Schilddrüse. Im Tierversuch gelang einzelnen, etwa Schiff und Horsley, nicht ohne Mühe die Bestätigung der Kocher-Reverdinschen Beobachtungen. Doch riefen diese Arbeiten Widerspruch hervor. So fanden alte Theorien wie die Wichtigkeit der Schilddrüse bei der Hirndurchblutung und der Blutbildung neue Befürworter aufgrund von Tierversuchen. Ja sogar diejenige, daß ihr keine wesentliche Aufgabe zukomme, erfuhr experimentelle Untermauerung etwa durch den Berliner Physiologen Hermann Munk (1839–1912). In der entstehenden Debatte warf man sich gegenseitig fehlerhafte Durchführung der Versuche und Interpretation der Resultate vor[72].

Verständlicherweise setzte auch die Patientenuntersuchung unter den neuen Gesichtspunkten ein. So kam das in England recht bekannte Myxödem in einer Sitzung der *Clinical Society* in London am 23. November 1883 zur Sprache. William Ord informierte die Mitglieder, er hätte sogleich nach Kenntnisnahme des Berliner Vortrags an Kocher geschrieben und zur Antwort erhalten:

> «Es kann nicht den geringsten Zweifel über die Analogie zwischen Myxödem und *cachexia strumipriva* geben. Ich war dessen nicht gewärtig, da ich nie einen Fall [von Myxödem] gesehen hatte. Ich denke [aber], Sie werden mit mir einig gehen, daß die Atrophie der Schilddrüse, die Sie in Ihrem Falle gefunden haben, durch meine Beobachtungen viel größere Bedeutung erhält[73].»

Das wurde mit Interesse und Skepsis zur Kenntnis genommen. An der Sitzung vom 14. Dezember 1883 ernannte die Gesellschaft demzufolge ein Komitee zur Überprüfung einer solchen Analogie und zur Abklärung der als viel wahrscheinlicher vermuteten Beziehung der klinischen Zeichen des Myxödems mit einer Erkrankung des autonomen Nervensystems. Der Bericht des Komitees kam dann aber 1888 doch zum Schluß, daß Kochers Kachexie, das englische Myxödem und der Kretinismus auf Verlust einer der Schilddrüse eigentümlichen Funktion zurückzuführen seien[74].

In Tübingen unternahm Paul von Bruns sogleich eine Enquete bei seinen operierten Patienten, wie Kocher sie gemacht hatte. Schon 1884 schrieb er daraufhin:

> «... für Jeden, der ein lebendes Beispiel der Cachexia strumipriva vor Augen gehabt hat, ist es wohl entschiedene Sache, daß die *Totalexstirpation* der Schilddrüse ganz aus der Reihe der physiologisch zulässigen Operationen zu streichen ist.»

Doch was die physiologische Rolle der Drüse betraf, setzte er sich in Gegensatz zu Kochers Anämie als Folgezustand der Operation:

> «... vielmehr scheint mir die Annahme einer *specifischen* Wirkung der Entkropfung umso wahrscheinlicher, als ich fast bei allen Patienten, denen ohne nachträgliche Cachexie der größte Theil der strumösen Schilddrüse entfernt worden war, nach einer Reihe von Jahren eine *bedeutende Volumenzunahme der zurückgelassenen Drüsenreste* konstatiren konnte[75].»

In der physiologischen Frage mochte wiederum der Tierversuch Aufschluß bringen. Zuerst stellte Horsley am Affen – unter dem Schutz der Antisepsis – fest, daß sowohl die Entfernung wie die Zerstörung der normalen Schilddrüse am Ort Zeichen von *cachexia strumipriva* und Myxödem nach sich zogen. Beiden Krankheiten lag also doch in erster Linie der Ausfall einer drüseneigenen physiologischen Wirkung auf den Gesamtkörper zugrunde. Wie Kocher später einräumte, war die Folge, daß «sein» Krankheitsbild zur *cachexia thyreopriva* umgetauft werden mußte[76].

Der nächste Schritt war der Versuch des Ersatzes dieser Funktion durch Transplantation. Diese für die Endokrinologie grundlegende Methode war erstmals 1849 vom Göttinger Physiologen Arnold Adolph Berthold (1803–1861) zum Studium der Keimdrüsen beim Hühnchen erfolgreich angewandt worden. Bereits 1884 gelangen damit Schiff, nunmehr Professor für Physiologie in Genf, eindeutigere Beobachtungen als Kocher beim Menschen: Er zeigte die Verhinderung der Kachexie beim thyroidektomierten Hund, wenn diesem Drüsen eines anderen Hundes in die Bauchhöhle eingepflanzt wurden. Er fragte sich

> «ob... die Schilddrüsenkörper wirken, indem sie im Inneren eine Substanz herstellen, *die sie ins Blut abgeben* und die einen nährenden Bestandteil für ein anderes Organ darstellen».

Da sie diese Wirkung auch in der Bauchhöhle entfaltete, postulierte er: «Ce serait une action chimique[77].» Er stellte sich weiter die Frage, ob die Injektion von Schilddrüsen*brei* den gleichen Effekt haben würde wie die Transplantation der ganzen Drüse; gerade dieses Experiment führte er aber nicht aus!

Für die Deutung der Wirkung der Schilddrüsenentfernung auf den Gesamtorganismus mußte dem Zeitgeist entsprechend auch die Bakteriologie in Betracht gezogen werden. Otto Lanz (1865–1935), Kochers erster Assistent zwischen 1890 und 1892* überprüfte im Sommer 1893 in Bern entsprechende Tierversuche aus England – mit negativem Ergebnis[78]. Ebenso bot sich das Nervensystem an, dessen integrierende Rolle die Physiologie der letzten Jahrzehnte herausgestrichen hatte. Auf diese Weise begründeten beispielsweise die Engländer und Reverdin die Entstehung des spontanen und operativen Myxödems[79]. Degeneration

---

* Nachmals Professor in Amsterdam.

oder Verletzung des Sympathikus allein könnte doch die Kachexie völlig erklären! In Bern untersuchten nun der Pathologe Langhans und zwei Studenten histologisch das Nervensystem teilweise von Kocher thyroidektomierter Hunde, Katzen und Affen sowie unoperierter Kontrolltiere. Ihre Angabe, mit den verschiedensten Fixierungs-, Härtungs- und Färbemethoden nichts Ausreichendes für eine derartige Erklärung gefunden zu haben[80], spricht zwar für die Objektivität aller Beteiligten, bedeutete für sie aber neuerlich ein enttäuschendes Ergebnis. Ebensowenig führte die in der gleichen Versuchsreihe überprüfte Theorie von der blutbildenden Rolle der Schilddrüse weiter: De Quervain fand weder in den schilddrüsenlosen Tieren noch in kachektisch gestorbenen Patienten eine Vergrößerung der Milz, wie sie dazu gepaßt hätte[81].

Um so erstaunlicher ist bei all diesen Versuchen, daß Kocher die stetige, aber vorübergehende klinische Besserung nach seinen Transplantationen als solche ganz traditionell würdigte. Seine Überpflanzungen kamen ihm einfach Mißerfolgen gleich, weil er auf das lokale Einheilen des Transplantats am normalen Sitz der Drüse abzielte. So suchte er bezeichnenderweise weiter nach einem besseren Operationsverfahren. Er beobachtete bei Reoperation am Hals wohl, daß «... die eingepflanzte Schilddrüse durch Resorption zu Grunde gegangen war», doch konnte er nicht wissen, daß er kaum lebendes Gewebe übertrug und daher eigentlich laufend den von Schiff angeregten Versuch machte. Erst später anerkannte er, daß «vorübergehende Erfolge hätten aufmerksam machen können[82]» auf ein im überpflanzten Gewebe offenbar noch kurzlebig vorhandenes Prinzip – ein Hormon, würden wir heute sagen* – das die Symptome der Kachexie zu verringern vermochte, wenngleich das Transplantat als solches nicht funktionierte. Dieser Gedanke war ihm auch nicht nähergebracht worden, als er den von Schiff angeregten Versuch tatsächlich zur Leidensminderung bei von ihm kachektisch gemachten Patienten ausgeführt hatte; denn die Einspritzung von Saft herausoperierter Kröpfe hatte negative Ergebnisse gezeitigt[84]. Anders schloß Heinrich Bircher in Aarau einige Jahre später, wohl in Kenntnis der neuen Ergebnisse aus der Physiologie. 1890 schrieb er zu seinem ersten, nach Kocherschen Kriterien ebenfalls «erfolglosen» Transplantationsversuch in die Bauchhöhle mit bloß vorübergehender Wirkung:

> «Diese Beobachtung ist somit eine Unterstützung für die Lehre, daß weder Innervationsstörungen noch gestörte Blutcirkulation die Ursache des Myxödems nach der Kropfexstirpation sind, daß vielmehr diese Krankheit auf dem Ausfall der physiologischen Funktion der Schilddrüse beruht[85].»

---

* Der Ausdruck wurde von Ernest Henry Starling (1866–1927) erst 1905 geprägt[83].

Angeregt von Horsley bestätigten zwei portugiesische Chirurgen im gleichen Jahr diese Leistung des Aarauer Chefarztes bei einer weiteren Patientin[86].

Die logische Folge davon war die Verabreichung von (Tier-)Schilddrüsen bei Myxödem. Damit begann 1891 George Murray (1865-1939) in England auf subkutanem Weg[87]. Ein Jahr später meldeten bereits ein Däne und zwei weitere Engländer gleichen Erfolg bei oraler Gabe[88]. Da die klinischen Erscheinungen bei ungenügend vorhandener Schilddrüse durch dieses Gewebe selbst korrigiert werden konnten, mußten sie, wie Bircher und Schiff vermutet hatten, auch in der Drüse selbst und nicht anderswo – beispielsweise im Nervensystem – ihren Ursprung haben. Diese Erkenntnis bedeutete einen weiteren Schritt hin zur innersekretorischen Auffassung der Schilddrüsentätigkeit. Kocher hatte schon acht Jahre vorher die ersten entscheidenden klinischen Beobachtungen dazu gemacht gehabt und seither ständig wiederholt, sie jedoch im Sinne gängiger mechanistischer Theorien ausgelegt. Jetzt stellte sich, «im Jahrhundert der Entwicklung der chemischen und physikalischen Wissenschaften», wie sich der vorgenannte Doktorand ausgedrückt hatte, die Frage nach einem mechanischen Wirkungsmechanismus nicht mehr. Um so dringender aber wurde diejenige nach der chemischen Wirksubstanz: «... und jedenfalls wird der Schlußstein der Schilddrüsenfrage von der physiologischen Chemie eingefügt werden», schrieb im Oktober 1893 Kochers Schüler Lanz[89]. Wie recht er mit dieser Feststellung hatte, zeigten bereits die folgenden zwei Jahre.

Die Suche nach dem chemischen Wirkstoff

Nach dem Bekanntwerden der Behandlungserfolge mit Schilddrüsensubstitution bei Myxödem war es naheliegend, diese Therapie auch bei der *cachexia strumipriva* zu versuchen. Am 28. November 1893 berichtete Kocher, es sei ihm gelungen, deren Heilbarkeit «außer Zweifel zu stellen», und es sei an der Zeit, auch «den mit angeborener Cachexia... behafteten sog. Cretinen von der Wohlthat der neuen Behandlung zu Gute kommen zu lassen...». Es genüge vollkommen,

> «... Schilddrüse als ‹Sandwich› zum Frühstück verspeisen zu lassen, um binnen weniger Wochen aus einem cretinoid aussehenden Wesen einen Menschen normalen Aussehens... herauszustellen... Die Behandlung der Cretinen ist zu einer sehr einfachen geworden[90].»

Bei dieser voreiligen Begeisterung für die neue Therapie verwundert es eigentlich, daß Kocher erst auf einen Zufallsbefund aus Deutschland hin Schilddrüse auch bei gewöhnlichen Kröpfen zu verabreichen begann. Ein Psychiater glaubte dort unter Schilddrüsenverabreichung eine günstige Beeinflussung der als Komplikation der *cachexia thyreopriva* beobachteten

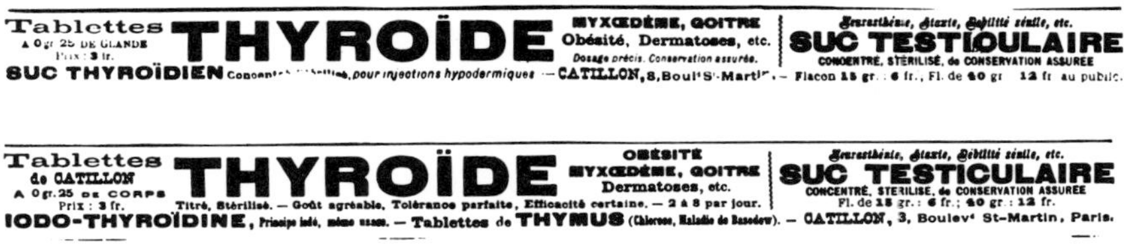

Abb. 15
Werbung für Schilddrüsentabletten (a) bzw. einen Schilddrüsenwirkstoff (b) aus der *Semaine Médicale* (Paris) (1897/98). Man beachte den raschen Übergang von der Behandlung mit Drüse, resp. deren Preßsaft zum industriell hergestellten Präparat, unter Hinweis auf bessere Dosierbarkeit des letzteren – sowie die Vielfalt der Indikationen.

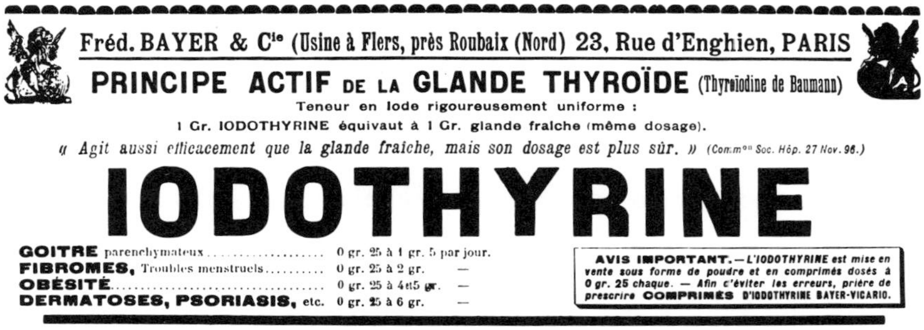

geistigen Störungen festzustellen und verordnete sie daher auch bei anderen Geisteskranken. Das psychische Leiden wurde nicht beeinflußt, wohl aber zeigte sich ein Abschwellen eines zufällig bei einem solchen Patienten gleichzeitig bestehenden Kropfes. Im Oktober 1894 schrieb der Chirurg von Bruns über diesen Befund, und sofort setzte nun Kocher diese sogenannte Organotherapie auch bei normalen Kröpfen ein. Im Januar 1895 berichtete er über 12 eigene Fälle und fügte hinzu, die Therapie des Schilddrüsenersatzes werde «dem industriellen Zeitgeist gemäß» schon «sehr en gros» betrieben. Freilich ersetzten bald Tabletten – zuerst *thyreoidea siccata* – das

> «... Schilddrüsenfrühstück...», bei welchem man belegte Butterbrötchen auftischte, welche mit frischer Schweinsschilddrüse bestrichen waren, ähnlich wie man Kaviarbrötchen serviert[91]».

Dann entwickelte die Industrie weitere Präparate* (Abb. 15a und b). Auch Kocher wandte diese Medikamente an, aber nicht ohne sich die Frage nach der chemischen Natur ihrer Wirkung zu stellen. Seinen Schlüsselgedanken formulierte er so: «In erster Linie drängt sich der

---

* Unter dem Namen «Aiodin» brachte z.B. die Firma Hoffmann-La Roche & Co, Basel 1896 ein Schilddrüsenextrakt erfolgreich auf den Markt[92] (s.a. Abb. 14).

Vergleich mit der Wirkung des Jods auf, als des eigentlichen Specificums gegen Kropfbildung.» Sofort ließ er das neue Mittel – den Schilddrüsensaft – auf Jodvorkommen untersuchen: Alexander Tschirch (1856–1939), der Berner Pharmazieprofessor, teilte ihm aber 1894 mit, «daß von Jod..., gar nichts sich nachweisen läßt[93]». Das war Pech; denn ein Jahr später gelang Eugen Baumann (1846–1896) in Freiburg i.Br. der Nachweis von Jod exquisit in der Schilddrüse[94]. Diesen Mißerfolg reihte Tschirch selbst in seinen Lebenserinnerungen unter die «hübschen Entdeckungen» ein, an denen er «direkt vorbeigegangen war...[95]».

Baumanns «hübsche» Entdeckung leitete die eigentliche *Biochemie* der Schilddrüse ein. Zu ihrer Erschließung spannte Kocher in Zusammenarbeit mit seinem Sohn Albert (1872–1941) sogleich mit Edmund Drechsel (1843–1897), dem Nachfolger Nenckis auf dem Lehrstuhl für chemische Medizin und Pharmakologie, den bernischen Fachmann ein. Schon im Frühjahr 1896 berichtete Drechsel in vorläufiger Mitteilung über eine von Kocher junior dargestellte Eiweißfraktion der Schilddrüse – er nannte sie «Thyreoalbumin» –, welche deren Wirkung nachahmen sollte[96]. Im gleichen Jahr überprüfte ein Student die Beeinflussung von Tetanie und Sterblichkeit thyroidektomierter Hunde durch dieses Thyreoalbumin* sowie durch fünf weitere organische und anorganische Jodverbindungen. Alle ergaben negative Resultate außer der als Kontrolle verwendeten vollständigen *thyreoidea siccata* – wenn auch einzelne Prüfsubstanzen vorgängig bei Patienten «gut gewirkt» hatten[97]. Die Frage, ob die Schilddrüse einen oder mehrere Wirkstoffe absondere, blieb damit ungeklärt. Kocher bearbeitete sie unter neuen Voraussetzungen erst fünfzehn Jahre später wieder (s. S. 146). Nach dem Ermessen der Schwierigkeiten nebenamtlicher biochemisch-physiologischer Forschung wandte er sich vorderhand davon ab und der ihm näherliegenden klinischen Pathophysiologie zu.

Die Pathophysiologie der Schilddrüse

Wegen der uneinheitlichen Zusammensetzung der natürlichen Schilddrüsenpräparate kamen bei behandelten Patienten manchmal Symptome vor, die an die Basedowsche Krankheit erinnerten. Dieses unter weiteren 20 Namen – von der «Glotzaugenkachexie» bis zur «hystérie thyroidienne» – bekannte, aus vielen klinischen Zeichen zusammengesetzte Krankheitsbild entsprach mit manchem Symptom gerade dem Gegenteil der Kocherschen *cachexia strumipriva*. War es wirklich einer Überfunktion des sympathischen Nervensystems zuzuschreiben, wie es die französischen Autoritäten Armand Trousseau (1801–1867) und Jean

---

* Bereits von der chemischen Industrie (z.B. Hoffmann-La Roche) in größerer Menge hergestellt.

Martin Charcot haben wollten[98]? Nach letzterem hatte diese Krankheit ja immer eine hysterische Grundlage. Oder handelte es sich um eine Über- oder Mißfunktion der neu entdeckten Schilddrüsentätigkeit? Als feiner klinischer Beobachter hatte Kocher bereits im denkwürdigen Jahr 1883 in jener Antwort an Ord über die Kachexie geschrieben:

> «Ich bin einverstanden, daß die Verbindung eines Schilddrüsenleidens mit einer Erregung des sympathischen Nervensystems bei der Basedowschen Krankheit einem wohl an eine Analogie im gegenteiligen Sinn denken läßt[99].»

Dieser Gedanke war in der Zwischenzeit von mehreren Autoren weiter verfolgt worden[100]. Mit der Schilddrüsentherapie hatte sich die Rolle des Sympathikus bei Kachexie und Myxödem allerdings als untergeordnet entpuppt, und Hinweise, daß dies auch beim Basedow zutraf, mehrten sich. Einmal erzeugte die Verabreichung von Schilddrüse – später einzelner chemischer Extrakte – beim Gesunden gewisse Zeichen dieser Krankheit künstlich oder verstärkte beim schon Erkrankten die Symptome. Es wurden aber auch gegenteilige oder gar keine Wirkungen beschrieben[101]. Diese Widersprüche ergaben sich aus den subjektiven Bewertungskriterien einerseits und der in Unkenntnis des aktiven Prinzips schwer vergleichbaren Dosierung andererseits. Dann führte die operative Ausschaltung der Schilddrüsenfunktion, sei es durch Unterbindung ihrer Arterien, sei es durch Entfernung von Schilddrüsengewebe zur Verminderung einzelner Basedow-Symptome, ja zu deren Verschwinden[102]. So standen sich um 1895 die Auffassung, welche die Krankheit durch eine primär krankhafte Tätigkeit der Drüse selbst erklärte (Schilddrüsentheorie), und die heute noch diskutierte[103] Meinung entgegen, die Drüse erkranke sekundär durch eine auslösende Ursache im vegetativen Nervensystem (sympathogene Theorie). Wie viele Zeitgenossen war Kocher zuerst von der sympathogenen Theorie eingenommen[104], mit der damals eine ganze Reihe von Krankheiten begründet wurde[105]. Das traf etwa auf den Diabetes zu, trotz experimenteller Erzeugung durch Entfernung der Bauchspeicheldrüse im Jahr 1890. Daher versuchte Kocher die Sympathektomie bei Basedow, doch ohne Erfolg[106].

1895 stellten dann einige deutsche Autoren fest, daß in etwa 40 % der Fälle von Basedow die vergrößerte Schilddrüse mit einer Zunahme oder verspäteten Involution des Thymus einherging. Sie faßten den Thymus ebenfalls als endokrines Organ auf mit einer der Schilddrüse entgegengesetzten Wirkung. So versuchte man seither die Behandlung von Basedow-Patienten mit Thymusextrakt – mit wechselndem Erfolg[107]. Auch Kocher übernahm sie. Sie zeigt sein Bemühen, den für schwer operierbar gehaltenen Basedow-Patienten beizustehen. Solches Bestreben ließ ihn als einzigen in Europa sogar serotherapeutische Versuche unternehmen: Kaum hatte Koch sein vermeintliches Heilserum gegen Tuberkulose angekündigt (1890) und Emil Behring (1854–1917) seine wirksamen Impfstoffe gegen Diphtherie (1892) und Tetanusausbruch, injizierte Kocher ein «Toxin», gewonnen aus einem Kaninchen, dem marodierte Schilddrüse eingespritzt worden war. Auch diesmal blieb die Heilwirkung aus[108]. Schließlich glaubte er nach 1894 mit seinem russischen Doktoranden von Trachewsky, mit Natriumphosphat eine hemmende Wirkung auf das sympathische Nervensystem und daher auch bei Basedow festgestellt zu haben[109]. Diese Phosphorwirkung, übrigens auch bei Diabetes, Rachitis und Skorbut beschrieben, beruhten auf reiner Autorität: Von Trachewsky veröffentlichte zu Kochers und unserem Leidwesen die betreffende Arbeit nie ausführlich. In einer «vorläufigen Mitteilung» unter dem Motto *verba volant, scripta manent* setzte 1897 dieser spätere Assistent an der Berner Biochemie einzig die Priorität seiner Entdeckung wie folgt fest: Aufgrund von Charcots Theorie nähme er als Ursprung des Basedow eine funktionelle, d.h. histologisch nicht wahrnehmbare, Läsion am Boden des vierten Hirnventrikels an, wo bekanntlich die Nerven der Schilddrüse entsprängen. Daraus entstünde eine gesteigerte Reizung der Schilddrüse. Deren vermehrtes Sekret wirkte seinerseits auf das Zentralnervensystem. Diesen *circulus vitiosus* vermöchte Natriumphosphat zu durchbrechen, wie Versuche am Menschen in Bern «zeigten». Die physiologische Tätigkeit der Schilddrüse bestünde demnach darin, «die Assimilation der Phosphate für das Centralnervensystem zu bestätigen[110]». 1901 erklärte Kocher in Berlin, sein Mitarbeiter hätte das gegensätzliche Verhalten des Jod- und Phosphorgehalts in der Schilddrüse bei verschiedenen klinischen Zuständen eindeutig chemisch nachgewiesen. Er und Sahli seien von der Wirksamkeit der Phosphormedikation überzeugt[111].

Eine weitere auf einer Kette aprioristischer Annahmen beruhende Behandlung der Basedowschen Krankheit wurde unter anderen vom Kocher-Schüler Otto Lanz und vom deutschen Neurologen Paul Justus Moebius (1853–1907), dem Hauptvertreter der Schilddrüsentheorie, empfohlen[112]. Da die Wirkungsweise des Schilddrüsensekrets noch unbekannt war, nahmen beide an, sie sondere einen Stoff ab, der die toxischen Produkte des Stoffwechsels neutralisiere. Bei Basedow wäre demnach dieses Sekret im Blut erhöht, bei schilddrüsenlosen Tieren aber die giftigen Stoffwechselprodukte. So könnte durch Injektion von Serum oder – billiger – Verabreichung von Milch aus operativ schilddrüsenlos gemachten Tieren der Überfluß an Schilddrüsensekret bei den Basedow-Kranken «neutralisiert» werden. Anfängliche «Erfolge», beurteilt nach subjektiven Kriterien, bekräftigten die Autoren in ihrer Ansicht. Sie war ja – wie die Phosphortherapie – auch theoretisch-pathophysiologisch interessant. Lanz räumte allerdings ein, er sei vielleicht nicht ganz objektiv, hätte nur wenige Patienten beobachtet und eigentlich warten wollen, bis er auch Ergebnisse von solchen mit Milchbehandlung aus nicht operierten Ziegen gehabt hätte. Doch wegen der Prioritätsansprüche anderer Autoren, denen er «des bestimmtesten entgegenzutreten» habe, entschloß er sich trotz besserer Einsicht zur Veröffentlichung[113]. Kocher versuchte diese

Therapien ebenfalls. Er bemerkte dazu: «Die reine Empirie und der Satz ‹Probieren geht über Studieren› bewährte sich auch in unserer Zeit bis zu einem gewissen Grade[114].» Wie schon die Organotherapie des Myxödems schlug jetzt also diejenige des Basedow hohe Wellen der Hoffnung. Moebius spekulierte, vielleicht wirkte das Fleisch schilddrüsenloser Tiere ebenso wie deren Serum:

> «Sollte es sich zeigen, daß durch Kochen der wirksame Stoff nicht zerstört wird, so könnte man einfach den Basedow-Kranken das Fleisch schilddrüsenloser Thiere zu Mittag essen lassen...[115].»

Wir sehen, wie verwirrend die theoretisch-pathophysiologische und praktisch-therapeutische Beurteilung des Basedow-Kropfes um die Jahrhundertwende war, gerade vergleichbar mit derjenigen des gewöhnlichen Kropfes 25 Jahre zuvor. Spekulative Theorien blühten, unterstützt durch unkritische klinisch-therapeutische Beobachtungen und fehlende Berücksichtigung des günstigen Spontanverlaufs der Krankheit[116], lautet das heutige, aber auch schon ein zeitgenössisches Verdikt: Ein kritischer Kopf meinte 1898:

> «... für *keine einzige* von allen diesen Hypothesen haben sich hinreichend überzeugende Beweise beibringen lassen. Es dürfte deshalb für die nächste Zukunft geraten erscheinen, mit der Aufstellung immer wieder neuer ungenügend begründeter Hypothesen ein wenig inne zu halten.»

Und einem gleichgesinnten Kollegen beistimmend fuhr er fort, es gelte zunächst einmal die Symptome vollständig zu erfassen, nach «Umgrenzung ihres Gebietes und Feststellung ihrer Entstehungsweise» zu trachten[117].

Für Kocher wurde die Basedowsche Krankheit in diesem Licht allerdings in erster Linie zum therapeutischen Problem. Er sah mit der Zeit die Unzulänglichkeit der alleinigen Natriumphosphortherapie ein[118], empfahl sie aber zeitlebens weiter – als Vorbereitung zu der nach Aussage etlicher Kollegen doch erfolgreichsten Behandlungsmaßnahme, der operativen Entfernung von Schilddrüsengewebe. Mit bestechender Parallelität wiederholte sich nun die Geschichte durch das Auftreten dieser «progressiv»-chirurgischen Behandlung auch in bezug auf die Theorie des Basedow.

Wie damals, nach den schwankenden Resultaten der Jodtherapien des gewöhnlichen Kropfes (s. S. 122), setzte Kocher nun nach seinen enttäuschenden Exkursen in die internistische Polypragmasie des Basedow-Kropfes alle Hoffnung auf die bislang gemiedene radikale Chirurgie. Wie vorher diejenige des endemischen Kropfes ging er die nicht gefahrlose Operation der Basedow-Struma nun systematisch an. Geprägt von seinen Erfahrungen mit der vollständigen Entfernung gewöhnlicher Kröpfe machte er sich mit äußerster Vorsicht ans Werk. Vorgängig klärte er das

Risiko eines Eingriffs ab. Insbesondere war die Leistungsfähigkeit des Herzens ausschlaggebend. Dazu ermittelte er in erster Linie die Frequenz sowie den Rhythmus des Pulses. Später maß er auch den Blutdruck mittels des von Riva-Rocci eingeführten Manometers, wenn nötig, unter künstlicher Erhöhung der Kreislaufbelastung[118a]. Er vermied die Allgemeinnarkose. Zur Anästhesie verwandte er ausschließlich Kokain[119]. Dann begann er mit der Abbindung von Schilddrüsenarterien. Erst beim Versagen derselben entfernte er Schilddrüsengewebe. In Ziffern ausgedrückt, wurde er mit diesem, oft mehrzeitigen Vorgehen, auch hier erfolgreich*. Im Anschluß an frühere Arbeiten zweier Genfer Kollegen aus den Jahren 1895 und 1899[121] faßte 1901 Albert Kocher die 59 so operierten Fälle seines Vaters sowie die gesamte Literatur als Habilitationsschrift zusammen. Darin fehlt charakteristischerweise die Besprechung von 16 nicht operierten Fällen[122].

Gestützt auf diese Arbeit seines Sohnes griff Kocher nun aktiv in die theoretische Debatte ein; denn wieder besaßen die chirurgischen Resultate in physiologischer Hinsicht eine große Tragweite, die er erkannte und diesmal richtig deutete: Im neuen Jahrhundert ließ er die noch 1895 von ihm im Gegensatz zum frühen Basedowchirurgen Johannes von Mikulicz (1850–1905) verfochtene (Charcotsche) Theorie fallen, wonach «der erste Anstoß... vom Nervensystem herrühre[123]». War er noch 1897 in Moskau der Frage nach dem Sitz der Krankheit ausgewichen[124], so hieß es jetzt, es handle sich beim Basedow um keine «vage Neurose», vielmehr um eine «im Sinne Morgagnis» ursächlich in der Schilddrüse liegende Störung, nämlich die Überproduktion normalen Schilddrüsensekrets (*Thyroid-diarrhoea*, 1910). Eine Dysfunktion, d.h. die Absonderung eines krankhaften Schilddrüsensekrets, konnte er zwar nicht ausschließen, aber histologische und chemische Arbeiten Albert Kochers[125] wie auch «spezifische» Blutbildveränderungen (s. S. 144) unterstützten allenthalben die Auffassung einer Hyperthyreose. Davon einmal überzeugt, vertrat sie Kocher, fast siebzigjährig, mit dem ihm eigenen, missionarisch zu nennenden Sendungsbewußtsein auf einer Anzahl medizinischer und chirurgischer Kongresse in ganz Europa[126]. Seinen Sohn Albert schickte er damit 1907 nach Paris und Atlantic City (USA)[127]. Und, mit Bezug auf seinen Brief an William Ord aus dem Jahre 1883 (s. S. 134), beanspruchte er nun auch die Priorität für diese Deutung gegenüber Moebius[128].

Einmal mehr tritt hier pathophysiologisches Denken in dem verdienstvollen Bemühen zutage, die Verschiedenheit der klinischen Bilder der Basedowschen Krankheit innerhalb einer einheitlichen Auffassung derselben durch neue Gesichtspunkte zu erklären, anstatt, wie gewisse Zeitgenossen, durch neue Krankheitsnamen, wie Pseudo-Basedow, Basedowoid, «formes frustes», das Verständnis zu erschweren. Mit anderen

---

* 1895 hatte er eine Sterblichkeit von 8,8%, 1907 gab er noch eine solche von 4,5% nach 200 Operationen an[120].

Worten entsprachen diese Bezeichnungen für Kocher, wie für uns, keinen einzeln abgegrenzten Krankheitsbildern, sondern Abstufungen ein und derselben Erkrankung.

Besonders hartnäckig widersetzte man sich in den Vereinigten Staaten, Frankreich und England dieser Auffassung[129]. Sie ließ sich bei der gewissen Subjektivität und Unsicherheit statistisch wenig abgesicherter klinischer Hinweise in der Praxis ja weder unbedingt einfach nachprüfen noch diagnostisch verwerten. Zur Überwindung dieser Schwierigkeiten, zur Entscheidung, ob es sich bei gewissen Kröpfen mit klinischen Veränderungen leichten Grades[130] um Über- oder Unterfunktion der Schilddrüse handelte, stellte Kocher neben den Versuch, die Häufigkeit des Vorkommens klinischer Zeichen bei einzelnen Krankheitsbildern zahlenmäßig zu vergleichen[131], neu die funktionelle Abklärung jedes Kropfes. Diese in Anlehnung an die damals aufkommende präoperative Herz- und Nierendiagnostik erhobene Forderung glaubte er indirekt mit der Verfolgung einiger Blutparameter erfüllen zu können[132]*.

Einfache Blutuntersuchungen wurden eben – zu Beginn des 20. Jahrhunderts – sogar mit Hinweisen auf Veränderungen bei Schilddrüsenerkrankungen in die Chirurgie eingebürgert. Wie dies bei anderen Laborbestimmungen der Fall war[134], bezweifelten viele Chirurgen anfänglich ihren praktischen Wert. Die Frage stand 1904 auf der Traktandenliste des 17. Französischen Chirurgenkongresses[135]. Im Jahr darauf bildete sie ein Hauptthema des von Kocher präsidierten Internationalen Chirurgenkongresses in Brüssel[136]. Kocher hatte schon 1883 nicht davon Abstand genommen, bei 17 der 18 von ihm nachuntersuchten ganz entkropften Patienten die aufwendige Zählung der roten – und relativ dazu der weißen – Blutkörperchen durch Assistenten ausführen zu lassen (s. S. 128). 1906 zog er inzwischen verbesserte Zählmethoden heran: Neutropenie mit relativer oder sogar absoluter Lymphozytose sprach für Hyperthyreose. Der differentialdiagnostische Wert dieser Befunde wurde bald angefochten; doch nach 1910 wurde der Einbezug spezifischerer Veränderungen der Blutgerinnung[137] entscheidend für eine abgestufte Diagnostik.

Kocher entwickelte nach einem vom Dozenten Kottmann, einem späteren Berner Extraordinarius für Pathophysiologie, angegebenen Verfahren zur Gerinnungszeitbestimmung einen Schilddrüsenfunktionstest. Dieser bestand in der Verabreichung eines Schilddrüsenpräparats während zehn Tagen und der vor- und nachherigen Blutuntersuchung. Nahmen dabei die relative und oft die absolute Lymphozytenzahl sowie die In-vitro-Blutgerinnungszeit ab, so ließ dies auf Hypothyreose schließen. Umgekehrt wies eine verzögerte Gerinnung auf Basedow hin. Erklärt wurde sie durch «erhöhten Abbau» von Fibrinogen und Fibrin. Dies

---

* Gleicherweise versuchte er die Frühabklärung von Magenkrankheiten durch einen Funktionstest – wobei Sahli schon 1891 einen eigenen, auf anderem Prinzip beruhenden, bekanntgemacht hatte[133].

144

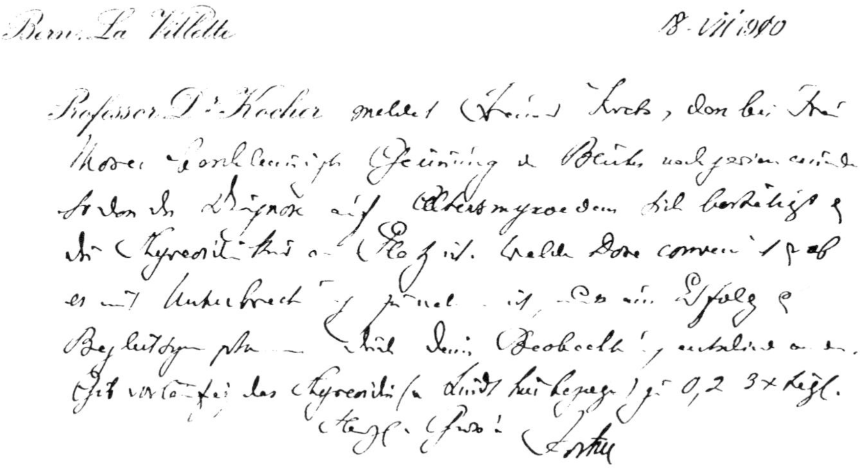

Abb. 16
Handschriftlicher Brief Kochers an den Kollegen Krebs, Herzogenbuchsee, mit dem Ergebnis einer funktionellen Schilddrüsenabklärung der Patientin Frau Moser (1910)

stimmte wiederum mit der Gefrierpunkterhöhung des Blutes überein, die man auch bei Nierenkrankheiten beobachtete. Solcher pathophysiologisch begründeter Diagnose folgte die entsprechende Therapie: Schilddrüsenmedikation oder Operation. Mit Recht bezeichnete sie Kocher als «physiologische Therapie», besonders im Fall der Hypothyreose, deren Wirkung er anhand des Blutbildverlaufs mit einer «Genauigkeit und Feinheit» festzustellen vermeinte, «die kaum auf einem andern Gebiet erreicht ist[138]». Der in Abb. 16 wiedergegebene Brief illustriert die praktische Anwendung dieses Funktionstests im Jahr 1910. Er zeigt sehr schön die Anwendung des Kocherschen pathophysiologischen Denkens am Krankenbett. Damit war ein Ziel erreicht, das seinem Lehrer Valentin vorgeschwebt hatte.

Somit war die Möglichkeit gegeben, die Wirkung von Schilddrüsenpräparaten nicht länger einzig aufgrund subjektiver klinischer Zeichen bewerten zu können. Daraus ergaben sich auch wesentliche Voraussetzungen für die Identifikation des im Schilddrüsensekret enthaltenen Wirkstoffs. Zu diesem Zweck ließ Kocher zwischen 1909 und 1913 sechs Doktoranden bei zwei Patientinnen mit angeborenem Myxödem – wo Wirkungen klarer zu sehen waren – eine Reihe von Stoffwechseluntersuchungen durchführen. Unter strikt dosierter Milchdiät bekannter Zusammensetzung wurden zuerst die Ausgangswerte von Körpergewicht, Temperatur, Pulsrate, Stickstoffausscheidung sowie des Blutbilds bestimmt. Darauf behandelte man die Patientinnen einige Tage mit dem Prüfstoff. Nach seiner Absetzung folgte wieder ein Stoffwechselversuch mit Messung der oben genannten Parameter. So untersuchte jeder Student eine Reihe von Substanzen; die Versuche erstreckten sich jeweils über mehrere Wochen.

Den Arbeiten lag Kochers ursprünglicher Gedanke, die Wirkung einer Schilddrüsensubstanz hänge mit ihrem Jodgehalt zusammen, zugrunde. Er war inzwischen präzisiert worden, indem 1905 der Amerikaner Reid Hunt (1870–1948) gezeigt hatte, daß die Aktivität von Schilddrüsenpräparaten ihrem Jodgehalt proportional sei[139]. So ließ nun Kocher mit den neuen Labormethoden zuerst die Wirkung von Präparaten aus normaler Schilddrüse mit denjenigen aus Basedow- und Zystenkröpfen vergleichen, deren unterschiedlichen Jodgehalt sein Sohn Albert bestimmt hatte. Dann prüfte er anorganisches Kaliumjodid im Vergleich mit jodhaltigen und jodfreien organischen Schilddrüsenextrakten anderer Autoren bei enteraler und parenteraler Verabreichung. So konnte er eine Abhängigkeit der Stoffwechselwirkung vom Jodgehalt der Prüfsubstanz feststellen: Sie war den Jodeiweißpräparaten, insbesondere dem sogenannten Thyreoglobulin, nicht dem anorganischen Jod zuzuschreiben. Der Gehalt einer Drüse an eiweißgebundenem Jod stellte sich also als wesentlicher heraus denn der Gesamtjodgehalt. Eine Beeinflussung des Blutbildes zeigte sich weniger regelmäßig. Als überraschenden Nebenbefund stellte hingegen eine Arbeit die Senkung der Lymphozytose durch Jod und Jodeiweißverbindungen um 15% fest, was die Hoffnung auf die Verwendung bei lymphozytärer Leukämie weckte[140]. Ferner glaubte Kocher mit Drechsel und dessen Nachfolger Emil Bürgi (1872–1947), daß die Wirkungen der Schilddrüse kaum auf einen einzigen Wirkstoff zurückzuführen seien. Seine Begründung lautete einleuchtend:

> «Es ist außerordentlich unwahrscheinlich, daß eine einzige Substanz von kompliziert aufgebautem Molekül an den heterogensten Teilen des Organismus Angriffspunkte findet. Solche Substanzen trifft man eigentlich nur bei den allgemeinen Zellgiften[141].»

Vor allem wegen des angenommenen Phosphoreffekts suchte Kocher im Schilddrüsenkolloid nicht nur die normale Wirkung nachahmende – agonistische – Stoffe, sondern auch gegenteilig wirksame – antagonistische – Substanzen. Das phosphorreiche, jodfreie «Nukleinproteid» schien ihm in letzterer Hinsicht vielversprechend. Erste Stoffwechselversuche ergaben 1911 entsprechende Resultate: Zunahme des Körpergewichts und Abnahme der Stickstoffausscheidung war der Wirkung der jodhaltigen Eiweißextrakte aus der Schilddrüse entgegengesetzt[142]. Im Sommer 1913 folgte ein Versuch mit dem vermuteten Antagonisten gleichzeitig bei je einem Patienten mit Myxödem und Basedow. Die gegenteilige Wirkung zeigte sich teils im Blutbild, teils in der Stickstoffausscheidung, zumal als in einer zweiten Versuchsphase agonistisches Jodeiweiß (Thyreoglobulin) verabreicht wurde[143]. Zur gleichen Zeit unternahm ein weiterer Student in Zusammenarbeit mit Bürgi und von Trachewsky an einer Anzahl Hunden des gleichen Wurfs Fütterungsversuche mit Natriumphosphat, Nukleoproteid und Thyreoglobulin als «Kontrastsubstanz». Die histologische Auswertung zeigte nach Nukleinproteidbehandlung eine Zunahme der Retention des Sekretes in der Schilddrüse, also weniger zirkulierende Wirksubstanzen: Theoretisch könnte also umgekehrt mangelhafte Bildung des Nukleinproteids durchaus für die Entstehung des Basedow verantwortlich sein: Diese Krankheit wäre dann als Phosphorstoffwechselstörung aufzufassen[144]. Ließe sich auch diese Substanz vielleicht als Therapeutikum einsetzen?

Leider wurden die meisten dieser interessanten Arbeiten aus äußeren Gründen erst mit Verspätung im Lauf des Weltkrieges veröffentlicht. Unterdessen war am Weihnachtstag 1914 dem Amerikaner Edward C. Kendall (1886–1972) die kristalline Reindarstellung einer jodhaltigen organischen Schilddrüsenverbindung gelungen, die sich in verschiedenen biologischen Systemen wirksam zeigte. Mit diesem, *Thyroxin* genannten, reinen Wirkstoff (Hormon) war nun das jahrzehntealte Rätsel des Zusammenhangs von Jod und Schilddrüsenfunktion vorderhand gelöst; die Kocherschen Beiträge hatten die Aktualität bereits eingebüßt, als sie endlich erscheinen konnten.

Die Berner Chirurgen standen mit ihrer auf Labormethoden beruhenden klinischen Forschung ja keineswegs allein da. Sie schlossen sich im Gegenteil an die Arbeiten der beiden deutschen Internisten Friedrich von Müller (1858–1941) und Adolf Magnus-Levy (1865–1955) an, die schon in den 1890er Jahren Veränderungen des Eiweißstoffwechsels und des sogenannten respiratorischen Grundumsatzes unter dem Einfluß der Schilddrüse feststellten[145]. Um 1900 veranlaßte Kronecker mehrere Doktorarbeiten über den respiratorischen Gaswechsel, die Kocher sofort bekannt waren[146]. Dieser traf von Müller im Jahre 1906 an einem internationalen Kongreß in München und erwähnte die Veränderungen des Grundumsatzes 1909 in seiner Nobel-Ansprache[147]. Die Beantwortung der Frage, weshalb und wie die noch bis in die 1960er Jahre diagnostisch verwandte Bestimmung des Grundumsatzes in der Berner Chirurgie aber erst auf dem Umweg über die USA durch seinen Nachfolger de Quervain eingeführt wurde, bedürfte weiterer Nachforschungen*, die sich hier wohl erübrigen.

Es tut Kocher keinen Abbruch, wenn wir heute feststellen, daß er sich mit seiner wirklich originellen Leistung, der Betonung der Blutuntersuchungen als differentialdiagnostisches Kriterium in Zweifelsfällen, selbst täuschte: Wie kürzlich Nachprüfungen zeigten, kommen nämlich Blutbildveränderungen nur unregelmäßig vor. Reihenuntersuchungen brachten sowohl bei Hypo- wie bei Hyperthyreose keinen sicheren Unterschied zu den Normalwerten an den Tag. Das periphere Blutbild eignet sich somit nicht als allgemein gültiger Gradmesser der Schilddrüsenfunktion[149]. Bezüglich der Blutgerinnung erwähnte Sahli 1920 bei der Bespre-

---

* De Quervain selbst gibt den Mangel an breit abgesicherten normalen Vergleichswerten einerseits und an für klinische Zwecke geeigneten Apparaturen andererseits an[148].

chung des Kottmannschen Tests, daß dieser auf einer In-vitro-Messung mit einem Instrument beruhe, das von falschen Voraussetzungen ausgehe[150], und eine englische Übersichtsarbeit sprach neun Jahre darauf von völlig gegensätzlichen Ergebnissen verschiedener Autoren[151]: Die Methodik neuer Laboruntersuchungen scheint schwierig gewesen zu sein. Heute ist der Kottmannsche Test vergessen. Klinisch wird die Blutgerinnung als normal bei Hyper- und als eher herabgesetzt bei Hypothyreose, also gegenteilig zu Kocher, angegeben[152]. Dieser führte allerdings nie normale Mittelwerte einer größeren Serie unbehandelter Kontrollpersonen an, und über die Reproduzierbarkeit seiner Messungen sprach er sich nicht aus. Die entsprechende statistische Methodologie war ja damals auch noch unbekannt. So sind wir geneigt, die Zuverlässigkeit der Kocherschen Diagnosen eher der von ihm meisterhaft beherrschten klinischen Untersuchung als den Labortests zuzuschreiben, wie der «Erfolg» der Vorbehandlung von Basedow-Kranken mit Phosphat (s. S. 141) wohl mit der bewußt beruhigenden Atmosphäre in seiner Klinik und Privatklinik zusammenhing.

Vielmehr ist vom historischen Standpunkt aus seine zum Programm erhobene Anstrengung hervorzuheben, den Funktionszustand eines Organs quantitativ zu erfassen, seine Therapie nach den Ergebnissen zu richten sowie die Tatsache, daß er diese Forderungen kraft seiner Autorität in alle Weltteile weitertrug. Trotz zeitgenössischer Zweifel am Ergebnis blieb das Programm für die Zukunft bestehen. Früchte seines pathophysiologisch-diagnostisch-therapeutischen Bemühens zeigen sich etwa in der Korrespondenz mit seinem amerikanischen Freund Halsted, der sich mehrmals nach Einzelheiten dieses «Funktionstests», wie ihn Kocher selbst nannte[153], zur Planung des operativen Vorgehens erkundigte[154].

In der Rückschau ist es ferner bemerkenswert, daß die Verfügbarkeit des reinen Schilddrüsenhormons der Erforschung seiner agonistischen Effekte einerseits mächtig Auftrieb gab, andererseits – zusammen mit der Verbesserung der Operation des Basedow – der Suche nach vielleicht therapeutisch verwendbaren Antagonisten in der Schilddrüse für einige Zeit den Wind aus den Segeln nahm. Dies führt uns nun im nächsten Abschnitt zu einem Überblick über Kochers Haltung in therapeutischer Hinsicht.

Die Therapie der Schilddrüsenerkrankungen

Gewiß, bei gewöhnlichen endemischen Kröpfen und bei Schilddrüsentumoren blieb in Bern die Entfernung der krankhaften Gewebe die unbestrittene Behandlung, sofern sie wuchsen und die Atmung behinderten. Natürlich kannte Kocher die der Operation gesteckten Grenzen, welche allerdings «der Hauptsache nach durch zu langes Zaudern verschuldet sind[155]». Aber bei einer Mortalität von 0,3 % in seinem dritten Tausend Operationen stellte er die Lehrbuch-Regel auf, daß die Operation

> «deshalb in allen Fällen ausgeführt werden soll, wo die medikamentöse Therapie nicht geholfen hat oder – was in einer großen Anzahl von Fällen zutrifft – geradezu schadet (unvorsichtige Jodtherapie ist zur Stunde gefährlicher als die Kropfexcision) oder wo sie von vorneherein aussichtslos ist[156]».

Die Kochersche Klinik und die Privatklinik waren zum Weltzentrum der Kropfchirurgie geworden. Selbst amerikanische Ärzte schickten Patienten zur Konsultation[157]. Im Februar 1907 waren dort insgesamt 3333 Kropfexzisionen ausgeführt, bei Kochers Tode deren 7052, wovon er selbst 5314* operiert hatte[158].

Bei der Schilddrüsenunterfunktion bezeichnete Kocher die internistische Ersatztherapie mit Schilddrüsenextrakten mehrfach als *therapia magna*[159]. 1897 drückte er denn auch seine Enttäuschung über die von ihm begonnene chirurgische Behandlung, die Transplantation, aus. Die Wirkung bleibe allenthalben eine vorübergehende[160]. Indessen bei Bekanntwerden neuer Ergebnisse aus Genf, insbesondere von Hector Cristiani (1862–1940), nahm er diese Methode im Herbst 1905 doch wieder auf. Was andere konnten, mußte ihm auch hier gelingen[161]! Unter Betonung seiner Priorität suchte er dann bis an sein Lebensende weiter nach der chirurgischen Lösung. Wiederum ging er seine eigenen Wege. Er verpflanzte wohl wie Cristiani unter die Haut, vor allem aber in die Bauchhöhle und in die Milz. Er tat dies nicht nur in den seltenen Fällen von spontanem Myxödem oder Unverträglichkeit der Schilddrüsen-Medikation, sondern weil er sich von ihr das wahrhaft physiologische Ergebnis versprach: 1909 hob er in seiner Nobel-Ansprache hervor, man müsse in allen Fällen von Hypothyreose transplantieren. Im Falle des Gelingens habe dies den Vorteil vor der Ernährung mit Schilddrüsenpräparaten,

> «daß der Körper die dem Transplantat zu entnehmende Quantität Sekret automatisch reguliert, wie die schönen Versuche von Cristiani und von Halsted lehren. Das Bedürfnis des Körpers bildet den Maßstab[162].»

1914 hatte er 93 Patienten, darunter solchen aus Irland, Italien, London, Paris und Stuttgart, menschliche oder Lammschilddrüse einoperiert. Er glaubte schließlich, die Bedingungen für den Dauererfolg durch die Verpflanzung ins rote Knochenmark der Tibia gefunden zu haben, «... und es ist kein Grund einzusehen, warum man nicht unter Umständen ein drittes oder viertes Mal die Operation wiederholen sollte», zumal bei Mongolismus, schrieb er unverdrossen zu seinen Resultaten[163].

---

* Diese Zahlen schließen wohl alle Operationsindikationen ein.

Dabei war dieses originelle, von Kocher als «sehr einfach» bezeichnete Verfahren im Gegensatz zu dem Cristianis sehr aufwendig. Vorerst hatte er es durch eine Dissertantin tierexperimentell prüfen lassen[164]. Beim Menschen gestaltete es sich dann folgendermaßen: In einer ersten Sitzung wurde in lokaler Betäubung nach Bildung eines Periost-Knochenlappens eine kleine Höhle im roten Knochenmark ausgelöffelt. Die Blutung wurde mit *Coagulen* (s. S. 19) gestillt und zur Verhinderung einer Nachblutung eine Silberkugel eingelegt. Periost und Hautnähte schlossen die Wunde. Nach deren Heilung erfolgte in einer zweiten Sitzung die eigentliche Transplantation. Die Silberkugel wurde entfernt, in die Höhle das von einem zweiten Operateur soeben entnommene Drüsenstück entsprechender Größe hineingelegt und die Wunde wieder verschlossen[165]. Wahrlich, der Siebzigjährige vertraute seinem großen chirurgischen und organisatorischen Können!

Es waren die Erfolge mit der neuen Technik der Gewebekultur, welche allgemein die Hoffnung nach solchen bei Transplantationen stärkten, indem sie die Möglichkeit der Überpflanzung wirklich lebenden Gewebes eröffneten. Auf beiden Gebieten gehörte Alexis Carrel in New York (s. S. 63) zu den führenden Forschern. Mit Hilfe der Gewebekultur studierte er die speziellen Bedingungen für das Überleben eines Organs in vitro, dessen Verpflanzung als solche ihm, dank seiner feinen chirurgischen Technik – insbesondere auch der Gefäßnaht – gelöst schien. Die in Anhang III transkribierte Anfrage Kochers aus dem Frühjahr 1914 an den Amerikafranzosen zeigt die Motivation und das Bestreben des Schweizers, Informationen darüber aus aller Welt zu beschaffen. Carrel faßte seine Erfahrungen in einem bemerkenswerten Antwortbrief zusammen:

> «Was die homoplastische Transplantation (von einem Tier zum andern) von Organen wie die Niere betrifft, habe ich nie positive Resultate gefunden, die nach einigen Monaten weiterdauerten. Dagegen war das Ergebnis autoplastischer Transplantationen (im gleichen Tier) immer günstig. Die biologische Seite der Frage muß sehr viel mehr erforscht werden, und wir müssen herausfinden, wie die Reaktion des Organismus gegen ein neues Organ verhütet werden kann[166].»

Diese Zusammenfassung entsprach Kochers eigener Vorstellung von der Leichtigkeit der Ausführung – er transplantierte allerdings freie Schilddrüsenstücke ohne Gefäßnaht – und der Wichtigkeit der speziellen Bedingungen. Selbst glaubte er mithin eine gangbare Lösung durch Vorabklärung und Vorbehandlung von Spender und Empfänger gefunden zu haben. Beim Empfänger wurde der Grad der Unterfunktion durch das Blutbild festgestellt – je ausgeprägter sie war, desto schlechter standen die Aussichten auf Erfolg. Dann wurde er mit Schilddrüsenpräparaten vorbehandelt, zur «Herabminderung der Immunitätsreaktion». Deswegen und damit das Transplantat nicht durch Überbeanspruchung zugrunde gehe, sei auch die wiederholte Operation angezeigt. Den Spender dagegen behandelte Kocher zur Steigerung der Tätigkeit der Schilddrüse und zur Anregung ihrer Regenerationsfähigkeit als Transplantat mit Jod vor. Natürlich hielt er auch die Beachtung aller technischen Details bei seinem komplizierten Vorgehen für ausschlaggebend für den Erfolg, der genau betrachtet in weniger als einem Viertel der Fälle eingetreten war*. Das schien ihn aber nicht zu stören. Man dürfe sich nichts daraus machen, schrieb er, einen ungenügenden Erfolg durch Schilddrüsenmittel zu vervollständigen, da es ja in erster Linie auf das Wohlergehen des Patienten ankomme und erst in zweiter Linie auf die Reinheit des Experimentes in vivo[166a]... Wie in der Knochen- und Krebschirurgie ging es ihm offenbar darum, die prinzipielle Möglichkeit einer Dauerheilung durch Operation zu zeigen, woraus sich in vielen Fällen automatisch die Indikation dafür ergab.

Was die Behandlung der Basedowschen Krankheit, d.h. der Schilddrüsenüberfunktion, anbelangt, so wurde Kocher nach Überwindung anfänglicher Hemmungen zum einflußreichsten Vertreter des chirurgischen Eingriffs. Verärgert beklagte er sich bei Carrel nach dem Französischen Chirurgenkongreß von 1910:

«Ich wollte, Sie wären dagewesen und hätten gehört was man sagte... [Die Franzosen] verneinen ganz einfach die Wirkung der Operation, weil sie sie nicht durchführen können. Das war das Ergebnis dieses Kongresses[167].»

Er strebte eine normale Funktion der Schilddrüse durch vorsichtiges Vorgehen an, wenn nötig in mehreren Sitzungen, geleitet durch die Blutbefunde. Auch hier glaubte er die Gefahren durch Frühoperation zu bannen: «Sie gibt aber auch glänzende Resultate», heißt es 1907 in seinem Lehrbuch[168]. Sie ermutigten ihn schon seit 1897, mit Vehemenz in ganz Europa gegen den «unausrottbaren Schlendrian der Jodbehandlung eines jeglichen Kropfes» aufzutreten[169], mit der sich der Zustand bei Basedowkropf oft so verschlimmere, daß man ihn dann «Jodbasedow[170]» nennen könne. 1912 sprach er in diesem Zusammenhang immer noch vom Kampf gegen diejenigen

«Ärzte, die nur in der ‹internen› Medicin die Alma mater der medizinischen Wissenschaft anerkennen wollen, in der Chirurgie dagegen bloß eine technische ‹Specialität› zu sehen vermögen...».

---

* Von 56 der 93 transplantierten Patienten waren Nachrichten (durch Ärzte, Verwandte oder den Betroffenen selbst) eingegangen. 18 Fälle ergaben einen ungünstigen, 18 einen günstigen Verlauf, waren aber mit Schilddrüsenpräparaten weiterbehandelt. 21 Fälle zeigten guten Erfolg ohne weitere Behandlung. (In Kochers Zahlen ist ein Fehler enthalten.)

In die Zukunft blickend, schränkte er aber den Wert des chirurgischen Eingriffs in zeitlicher Hinsicht etwas ein, als er feststellte:

> «... bis zur Stunde, wo das Medicament zu rascher und sicherer Beschränkung der Schilddrüsentätigkeit gefunden sein wird, ist unbedingt dem Chirurgen bei Basedow der Vortritt zu lassen, da hier zur Stunde nur die Frühoperation sichern und vollen Erfolg gewähren kann[171].»

Wie ernst er es mit jenem Medikament meinte, zeigen die erwähnten Forschungen mit dem Phosphor-Nukleoproteid.

So finden wir beim älteren Kocher hier, wie in der Bewertung der Tuberkulose- und Krebschirurgie, mehr wissend als könnend, eine ambivalente Einstellung zur Zukunft chirurgischer Therapien, die er teilweise selbst geschaffen hatte. Die Vervollkommnung der Chirurgie an sich hatte zu neuen pathophysiologischen Erkenntnissen geführt, welche Möglichkeiten nicht chirurgischen therapeutischen Vorgehens aufzeigte. Diese auf den ersten Blick anscheinend paradoxe Situation erheischt eine analysierende Zusammenfassung des halben Jahrhunderts Kocherscher Beschäftigung mit der Schilddrüse.

Rekapitulation und Ausblick

Die Schilddrüsenforschung zu Kochers Zeiten läßt sich nach inhaltlichen Schwerpunkten in vier ineinandergreifende Zeitabschnitte gliedern, nämlich in einen operativ-technischen, einen physiologischen, einen biochemischen und einen pathophysiologischen. Parallel dazu entwickelte sich stets die Abklärung der Ätiologie des endemischen Kropfs und des Kretinismus. In der frühen antiseptischen Zeit begann sich die Chirurgie mit der vorher gefürchteten Kropfoperation zu beschäftigen. Kocher gelang es in einzigartiger Weise, die Operation des gewöhnlichen Kropfes zu systematisieren und gefahrlos zu gestalten. Sein großes Patientengut erlaubte ihm 1883, nach 10jähriger operativer Tätigkeit, die umfassende Darstellung seiner Mitentdeckung, der Ausfallserscheinungen nach der gerade ihm glänzend gelungenen Totalentfernung der Schilddrüse. Diese Erkenntnis intensivierte in einem zweiten Abschnitt die internationale Erforschung der physiologischen Rolle dieses Organs und seiner Wirkungsweise, bis sich nach 1890 die neuartige Auffassung einer endokrinen Drüse durchzusetzen begann. Sogleich fing in der dritten Phase die Suche nach dem chemischen Wirkstoff an. Sie gipfelte 1915 in der Reindarstellung des Schilddrüsenhormons Thyroxin durch Kendall, also zwei Jahre vor Kochers Tod. Schon die Imitation der Drüsenwirkung durch chemisch ungereinigte Präparate in den 1890er Jahren bedeutete den Schlüssel zu einer neuen Pathophysiologie verschiedener Schilddrüsenkrankheiten.

Gaben seine wohl begründeten Ergebnisse aus der operativ-technischen Zeit 1883 den entscheidenden Anstoß zur physiologischen Periode, so verhalfen Kochersche Operationsresultate 25 Jahre später richtigen pathophysiologischen Auffassungen nach und nach zum Durchbruch. Solche Gedankengänge spielten allerdings in der «radikalen» Zeit höchstens am Rande eine Rolle bei diesen Eingriffen. Aber es ist in der Chirurgie nicht das einzige Mal, daß ein Vorgehen, das anfänglich wie ein Notbehelf aussah, schließlich zum Ausgangspunkt grundlegender Entdeckungen wurde.

Mit seiner Transplantation von 1883 steht Kocher als Pionier da. Damit gebührt ihm die Priorität der Schilddrüsenüberpflanzung bei Ausfallserscheinungen und nicht dem Aargauer Heinrich Bircher oder dem Franzosen Odilon M. Lannelongue (1840–1911), denen sie die Medizingeschichte bisher zuschrieb[172]. Diese Tatsache ist deshalb erwähnenswert, weil sie der Beginn der modernen Organotherapie überhaupt bedeutet und ihn um sechs Jahre vorverschiebt*. Kocher hätte auch die Erkennung der endokrinen Sekretion der Schilddrüse schon damals in der Hand gehabt, würdigte aber seine eigenen Beobachtungen nicht innovativ, sondern nur zeitgemäß. So kam für ihn der spätere Befund, daß «in so einfacher ... fast roher Weise ein Ersatz für eine fehlende Drüsenfunktion geleistet werden kann ... höchst unerwartet[174]». Es ist denkbar, daß er sich wie viele Gelehrte seiner Zeit am Gedanken der Organtherapie stieß. Wie sein Mitarbeiter Lanz es noch 1895 ausdrückte,

> «... erwartet[e] man füglich, einen solchen Vorschlag eher in dem Thierbuche eines Quacksalbers zu finden, so plump erscheint die Vorstellung eines solchen Eingriffs in die Physiologie».

Sie knüpfte sozusagen an die mittelalterliche Dreckapotheke an. Demnach hielt Lanz die vor allem nach Brown-Séquards Injektion von Hodenextrakt sogleich Mode gewordenen Behandlungen

> «... mit Nervenextrakt, Muskelextrakt etc. [für] sehr gröbliche Verirrungen; allein für die Schilddrüse ... verhält es sich doch eben gewissermaßen anders[175]».

Der im biochemischen Zeitabschnitt wesentliche Erstnachweis von Jod in der Schilddrüse entging Kocher 1894 um Haaresbreite: Vorurteil und Ungenauigkeit eines Spezialisten prellten ihn hier um die Frucht eines richtigen Gedankens. Der Wandel in der Erfassung der Pathophysiologie auf rein klinischer Bewertungsgrundlage zu einer solchen auf labormedizinischer unterstützte die Verdrängung des Nervensystems als primären Krankheitsverursacher durch die Auffassung von Myxödem und Base-

---

* Bircher folgte im Januar 1889, Lannelongue im Frühjahr 1890 mit Schilddrüsentransplantationen, Brown-Séquard im Frühjahr 1889 mit dem Bericht über die Selbstinjektionen von «liquide extrait de testicules d'animaux[173]».

dow als graduelle Unter- bzw. Überfunktion der Drüse selbst. Diese hat ihre Gültigkeit im ganzen bis heute bewahrt. In der Folge hat sich gerade durch das bessere Verständnis der Schilddrüsenfunktion in Gesundheit und Krankheit die Behandlung der Hyperthyreosen von der blutigen, chirurgischen teilweise zur unblutigen, medikamentösen gewandelt. Eine Möglichkeit ist damit nach dem Zweiten Weltkrieg Tatsache geworden, die der ältere Kocher, mehr *nolens* als *volens* nicht ausschloß.

Wie in der Lehre vom Hirndruck und der Kocherschen Auffassung der Epilepsien war bei Kropf, Myxödem, Basedow und Schilddrüsentransplantation der pragmatische chirurgische Eingriff vorangegangen. Erst dessen Ergebnisse in funktioneller Hinsicht gaben den Anstoß zur Bestätigung der darauf gebauten Theorien in klinischem Versuch und Tierexperiment.

Noch als Siebzigjähriger studierte Kocher denn in Klinik und Labor an vorderster Front die verschiedensten Gesichtspunkte der Chirurgie, Physiologie, Pathophysiologie und Pharmakologie der Schilddrüse. Diese Fragen besprach er noch in den letzten Lebensjahren mit dem führenden amerikanischen Schilddrüsenforscher David Marine (1880–1976), der im Sommer 1913 für mehrere Wochen bei ihm weilte[176] und mit dem bedeutenden amerikanischen Chirurgen Halsted persönlich sowie in einem intensiven Briefwechsel[177]. Kochers zur nämlichen Zeit ausgearbeitete klinische Erfassung der Schilddrüsenfunktion mittels dynamischer Laboratoriumstests ist ideengeschichtlich hervorzuheben, trotz ihrer unangemessenen Anlage und Deutung. Weil er seine Therapie danach richtete, konnte er sie mit Recht «physiologisch» nennen.

Bei all dieser Tätigkeit ließ Kocher auf Vorbeugung des Kropfes abzielende ätiopathologische Arbeiten nicht beiseite. Sie standen aber in keinem Verhältnis zu seinen letztlich auf therapeutische Ziele ausgerichteten übrigen Forschungen. Er griff nicht eigentlich in die in Europa und den Vereinigten Staaten schon länger erörterte Jodsalzprophylaxe des endemischen Kropfes ein[178]. Vielmehr suchte er im Zeitalter der Bakteriologie, wie viele andere, nach einem Kropferreger, der – zum Beispiel durch Trinkwassersterilisation – auszuschalten wäre[179]. In einer schweizerischen Tradition seit 1840 stehend[180], ließ er als erste Doktorarbeiten Kropfstatistiken für die Kantone Bern und Aargau erstellen[181]. Dann ermittelte er mit einigen Mitarbeitern in den Jahren 1883 und 1884 anhand systematischer Untersuchung von 76606 Schulkindern die Verteilung des Kropfes und Kretinismus im Kanton Bern in Abhängigkeit der Bodenbeschaffenheit. Das Ergebnis legte er 1887 in einer mit Hilfe seines Vaters entstandenen Kropfkarte nieder (s. Abb. 17)[182]. Aus Tierversuchen schloß er ferner auf die Möglichkeit der Vererbung des Kretinismus sowie der mikrobiellen Ursache des Kropfes[183]. Mit diesen Arbeiten wies er nach, daß die u.a. auf seinen Lehrer Lücke zurückgehende geologische Hypothese der Kropfentstehung, die sein Schüler Heinrich Bircher ebenfalls aufgrund epidemiologischer Erhebungen aufgestellt

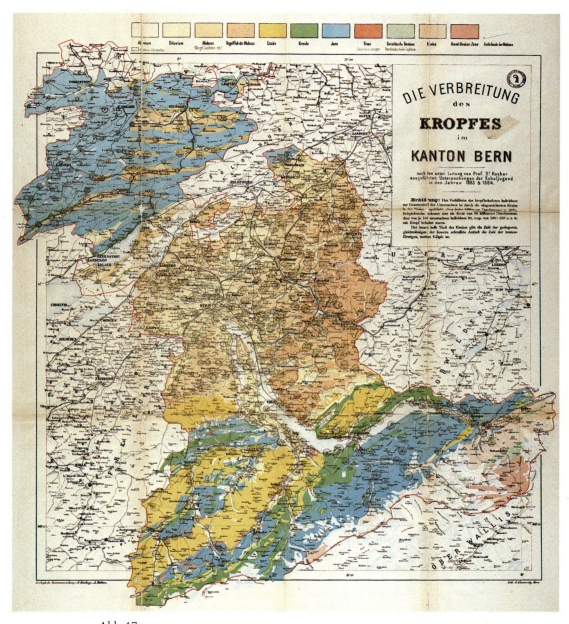

Abb. 17
Verteilung des Kropfes im Kanton Bern in Abhängigkeit von der Bodenbeschaffenheit, zusammengestellt von Kocher anhand von Schüleruntersuchungen (1887)

hatte[184], sich nicht starr aufrechterhalten ließ. Diese 1910 von Birchers Sohn Eugen (1882–1956) zu einer neuen «Trinkwassertheorie» umgeformte Hypothese versuchte unter anderen auch der siebzigjährige Kocher an Tieren mittels Tränkungsversuchen an Hunden zu überprüfen[185]*. Erst als in seinen Augen die Behandlung des Kropfes durch die Operation gelöst war, kam Kocher mit Blick auf die Zukunft auch wieder auf die Vorbeugung zurück. So schloß er um 1910 zwei weit ausholende Reden mit dem Hinweis auf ihre zukünftige Notwendigkeit, nämlich 1909 die Nobel-Konferenz[187] und 1917 einen Vortrag vor den versammelten Schweizer Chirurgen. Die damals vier Monate vor seinem Tod ausgesprochenen Worte veranschaulichen die Schwerpunktsetzung zwischen Therapie und Prophylaxe in Kochers Lebenswerk:

> «Wenn wir einen Rückblick werfen auf die nicht viel mehr als 50jährige Geschichte intensiver Anwendung der Kropfoperation, so wollen wir nicht in Selbstbewunderung stehen bleiben und denken, wie wir's so herrlich weit gebracht haben, daß wir die Mortalität von 30 prozent auf 3 pro Mille... erniedrigt, also fast völlig ausgemerzt haben, sondern... die Frage aufwerfen, nach welcher Seite weiterer Fortschritt liegt. Auf technischem Gebiet kann er nicht liegen, wohl aber auf dem Gebiete der Prophylaxis...[188].»

Er sah sie in Form hygienischer Maßnahmen, beispielsweise im ausschließlichen Trinken abgekochten Wassers und eventueller Beimischung kleiner Jodmengen ins Trinkwasser von Schulkindern[189]. Die inzwischen angelaufene allgemeine Jodsalzprophylaxe[190], die wir heute noch kennen, erwähnte er nicht.

Zusammenfassend kann man feststellen, daß in jenen fünfzig Jahren von keinem einzelnen Forscher und Praktiker eine größere Förderung der Schilddrüsenforschung ausgegangen ist als von Kocher. Stets waren seine Fragestellungen zuerst chirurgisch. Doch entpuppt sich für uns seine schließliche Suche nach Überwindung des chirurgischen Eingriffs nur als scheinbar paradoxe, in Wahrheit aber zwingende Bilanz einer verschlungenen Entwicklung, die ihn mindestens ebenso bestimmte wie er sie. Das weite Spektrum aller bekannten Forschungsmethoden, die er gezielt und andere anspornend einzusetzen wußte, stempelt Kocher in dieser Entwicklung zum richtigen Mann am richtigen Ort zur richtigen Zeit.

---

* Die epidemiologischen Studien der 1880er Jahre brachten ihn in Gegensatz zum temperamentvollen Heinrich Bircher, mit dem er ja noch andere Interessengebiete teilte (s. S. 46). Bircher schlug sich denn auch in den mit der Beschreibung der *cachexia strumipriva* aufgeworfenen Prioritäts- und Interpretationsfragen zu den Gegnern Kochers[186]. Den meisten bedeutenden Männern erwachsen Widersacher – manche, und zu ihnen gehörte Kocher, schaffen sich dazu noch selbst einige.

Anmerkungen

1 Bornhauser 1951, S. 159–162; Schönwetter 1968, S. 35–40; allgemeine Nachschlagewerke zur Geschichte der Schilddrüse und Endokrinologie sind Harington 1933, Rolleston 1936, Iason 1946, Merke 1971, Medevi 1982, S. 244–269, 421–438.
2 Merke, ibid., S. 176.
3 Bornhauser, op. cit., Anm. 1, S. 14–21; Merke 1974, S. 48–49; Ackerknecht und Buess 1975, S. 49–50.
4 Merke (op. cit., Anm. 1, S. 97–98) hat nachgewiesen, daß die in der Literatur wiederholt aufgeführte, von Celsus erwähnte «Kropfexstirpation" (s. z.B. Harington, op. cit., Anm. 1, S. 44) in Wirklichkeit nicht der Entfernung von Schilddrüsengewebe entsprach; zur Geschichte der Kropfoperation s. ibid., S. 256–257, und für eine Chronologie der Entwicklung der Kropfchirurgie Bornhauser, op. cit., Anm. 1, S. 45–46; sowie sehr ausführlich Halsted 1920.
5 K. 1882a, S. 225–226; eine Ausnahme stellte der Landarzt Felix Heusser aus Hombrechtikon bei Zürich dar; s. dazu Bornhauser, op.cit., S. 47.
6 K. 1917, S. 1634.
7 Billroth 1879, S. 214.
8 Billroth 1869, S. 174.
9 ibid., S. 177.
10 ibid., S. 178–179; diese und weitere Stellen (ibid., S. 179–180) widersprechen einer von Merke (op. cit., Anm. 1, S. 256) zitierten Sekundärquelle, wonach Billroth noch 1875 eindringlich vor der Durchführung aus nicht unbedingt zwingenden Gründen gewarnt hätte.
11 Bornhauser, op. cit., Anm. 1, S. 46, 153.
12 Billroth, op. cit., Anm. 7, S. 209–211.
13 D. Marthe 1873.
14 K. 1874a, S. 425.
15 ibid.
16 K. 1883a, S. 2.
17 ibid.
18 Quervain 1938, S. 667.
19 Billroth, op. cit., Anm. 7, S. 215.
20 K. 1874a, S. 425.
21 K. 1889b, S. 8.
22 Billroth, op. cit., Anm. 7, S. 214; K. 1882a, S. 260, 267.
23 Zit. bei Harington, op. cit., Anm. 1, S. 4.
24 Harington (ibid., S. 3–5), Schönwetter (op. cit., Anm. 1, S. 36–40) sowie Bornhauser (op. cit., Anm. 1, S. 36–39, 132), Merke (op. cit., Anm. 1, S. 246) und Iason (op. cit., Anm. 1, S. 85–86) geben eine Übersicht über die Schilddrüsentheorien jener Zeit; s.a. Medevi, op. cit., Anm. 1, S. 268–269.
25 KM. 1860.
26 Bernard 1879, S. 294.
27 s. Bornhauser, op. cit., Anm. 1, S. 40–42.
28 K. 1883a, S. 20.
29 K. 1874a, S. 433–434.
30 ibid., S. 434.
31 Zit. aus einer Arbeit des Billroth-Assistenten A. Wölfler (1879) bei K. 1883a, S. 20; s.a. ibid., S. 4.
32 K. 1886a.
33 Reverdin 1971, S. 130; Bornhauser, op. cit., Anm. 1, S. 59, 94.

34 Hintzsche 1970.
35 Eine romanhafte, aber den Tatsachen entsprechende Schilderung jener Februartage gibt Thorwald 1965, S. 211–219.
36 K. 1883a, S. 21–22, 24–25.
37 Garré 1926, S. 519. Kochers schmerzliche Erfahrung wurde noch 1934 am Amerikanischen Chirurgenkongreß in Erinnerung gerufen, als ein Chirurg die Totalentfernung der Schilddrüse bei *angina pectoris* und anderen Herzbeschwerden empfahl, s. Ravitch 1982, S. 743–44.
38 K. 1883a, S. 25.
39 K. 1883a; die Diskussion findet sich in K. 1883e.
40 K. 1883e, S. 38.
41 K. 1883a, S. 4–9; K. 1895f, S. 10.
42 K. 1883a, S. 45.
43 ibid., S. 32.
44 Graham 1978.
45 s. Harington, op. cit., Anm. 1, S. 5–6; Bornhauser, op. cit., Anm. 1, S. 42–43.
46 Insbesondere von H.C. Lombard (1803–1895), s. Bornhauser, op. cit., S. 37–39.
47 Reverdin und Reverdin 1883.
48 Eine detailreiche und scharfsinnige Sichtung der Arbeiten Kochers, Reverdins und ihrer Zeitgenossen unternahm Bornhauser, op. cit., Anm. 1, S. 74–113; Michler und Benedum (1970) reproduzierten und würdigten die Briefe der beiden Gelehrten an den Billroth-Nachfolger Anton von Eiselsberg (Wien) in dieser Angelegenheit.
49 Eine elegante soziologische Abhandlung hierzu ist Merton 1968.
50 s. z.B. im Nobel-Vortrag (K. 1910c, S. 3) sowie K. 1917a, S. 1636.
51 K. 1910g, S. 69.
52 K. 1886a, s. spätere gleiche Äußerungen K. 1892c, S. 581; K. 1908b, S. 1.
53 s. Anm. 48.
54 K. 1895a; D. Schidel 1888, S. 3 sowie Zitat auf S. 170 dieser Arbeit.
55 Für Torticollis spasticus vgl. K. 1896c und Quervain 1896; zur Gallenwegschirurgie s. K. 1890a, S. 97, und K. 1895h; zur Magen-Darm-Chirurgie und der Hernienoperation s. Diskussion im Kapitel 8 dieser Arbeit, zur Hirnchirurgie s. Kapitel 5. Allgemein s. Autobiographische Skizze (K. 1910g) im Anhang II.
56 Bett 1947.
57 Madden et al. 1968; s.a. Krönlein 1896, S. 334.
58 s. Anm. 48; s.a. K. 1892c, S. 579–580, wo Kocher eine Mitteilung über Totalexstirpation und Kretinismus aus dem Jahr 1870 [sic!] erwähnt, und zwar in einer Zeitschrift, in welcher er in diesem Jahr nichts veröffentlicht hat.
59 Merton, op. cit., Anm. 49, S. 334–335; s.a. Merton 1957.
60 s. Bibliographie bei Reverdin, op. cit., Anm. 33, S. 201–205.
61 ibid., S. 160, 209.
62 K. 1892c, S. 581; *Brit. med. J.,* i: 930 (1890); K. 1906a, S. 1261.
63 Reverdin, op. cit., Anm. 33, S. 171–188, 206–208; Klasen 1981, S. 9–13.
64 Pasteur 1854, 1871, 1881.
65 K. 1892a, 5. Aufl. 1907, S. 682; K. 1914b, S. 846, 851. Die Priorität wird am klarsten beansprucht in K. 1908b, S. 1. Diese Transplantation wird auch von Kochers Schüler Lanz erwähnt (Lanz 1894, S. 25).
66 K. 1895f, S. 9.
67 D. Favre 1890, S. 75–76.
68 K. 1883a, S. 44.
69 ibid., S. 40–43.
70 Kaufmann 1885.

71 Weitere Experimente betreffend die vermeintliche Rolle der Schilddrüse bei der Blutbildung s. bei Bornhauser, op. cit., Anm. 1, S. 132.
72 ibid., S. 119–131.
73 Der Bericht über die Sitzung findet sich im *Brit. Med. J.,* ii: 1071–1074 (1883). Die Originalbriefstelle Kochers lautet: «There cannot be the slightest doubt of the analogy of myxoedema and cachexia strumipriva. I was not aware of it before, having never seen a case of the affection [d.h. Myxödem]. I think you will agree with me that, by my observations, the atrophy of the thyroid body, which you have found in your cases, gets much greater importance», (ibid., S. 1072).
74 Clinical Society of London 1888.
75 Bruns 1884, S. 11, 18, 20.
76 K. 1910c, S. 4.
77 s. Bornhauser, op. cit., Anm. 1, S. 128. Die dort aus Schiff (1884) zitierte Stelle lautet: «Si... les corps thyroides agissent en produisant dans leur intérieur *une substance qu'ils cédent à la masse sanguine* et qui constitue un élément nutritif pour un autre organe.»
78 Lanz, op. cit., Anm. 65, S. 12.
79 Reverdin und Reverdin, op. cit., Anm. 47, S. 359–360; Bornhauser, op. cit., Anm. 1, S. 70; s. Anm. 105.
80 Kopp 1892, Quervain 1893.
81 Quervain, ibid., S. 546.
82 s. Anm. 66.
83 s. GM, Nr. 1122.
84 Lanz, op. cit., Anm. 65, S. 27.
85 Zit. bei Colombo 1961, S. 34.
86 Harington, op. cit., Anm. 1, S. 13.
87 ibid., S. 13–14; s.a. GM, Nr. 3838.
88 Bornhauser, op. cit., Anm. 1, S. 151–152; Harington, ibid., S. 14–15. Die Substitutionstherapie wurde rasch international bekannt. Harington zählt allein zwischen 1882 und 1885 sechzehn Arbeiten auf (ibid.).
89 Lanz, op. cit., Anm. 65, S. 34.
90 K. 1893d.
91 K. 1895f, S. 3–6; K. 1915b, S. 11.
92 Bornhauser, op. cit., Anm. 1, S. 152.
93 K. 1895f, S. 18.
94 GM, Nr. 1131. Zur Biographie Baumanns s. Spaude 1973.
95 Tschirch 1921, S. 194–195; auch Kocher kam später wiederholt auf dieses Mißgeschick zurück; s. z.B. K. 1910c, S. 4, Fußnote.
96 Wormser 1897, S. 505.
97 ibid., S. 517.
98 Iason (op. cit., Anm. 1, S. 85–86) gibt eine 20 Bezeichnungen umfassende Liste sowie eine ebenso lange der verschiedenen pathogenetischen Theorien aus jener Zeit. s.a. Bornhauser op. cit., Anm. 1, S. 154, und Anm. 24.
99 «I admit that the combination of affection of the thyroid gland, with irritation of the sympathetic nerve, in Basedow's disease, much induces one to think of an analogy in the opposite way.» *Brit. med. J.,* ii: 1072 (1883); s.a. Anm. 76.
100 Bornhauser, op. cit., Anm. 1, S. 153–156.
101 K. 1895f, S. 13; Lanz 1895, Lanz 1899.
102 s. Krehl 1898, S. 347–348; für eine kritische Literaturübersicht s. Wolff 1898.
103 Bürgi und Labhart 1978, S. 183.
104 K. 1895c.

105 Die sympathogene Theorie von Basedow und Diabetes wurde u. a. auf Tierversuche Claude Bernards abgestützt, s. Eulenburg und Guttmann 1873, S. 32–62, 188–194. Ein späterer Übersichtsartikel zu dieser Streitfrage ist Putnam 1894. Diese pathogenetische Theorie wurde auch auf psychische Krankheiten angewandt (Fischer-Homberger 1970, S. 74–197). Betreffend die Schilddrüse vertrat sie noch 1897 am eifrigsten der Berliner Physiologe Hermann Munk, s. Bornhauser, op. cit., Anm. 1, S. 120–121; s.a. Ackerknecht 1974, S. 6–7.
106 s. Lenormant 1910, S. 119; A. Kocher, 1901, S. 156.
107 s. Überblick bei A. Kocher 1914, S. 935–936, 950.
108 s. bei Lenormant, op. cit., Anm. 106, S. 123, sowie 2ᵉ Congrès de la Soc. Int. Chir. 1908, Bd. 1, S. 330, und D. Elsässer 1903.
109 K. 1895f, S. 12–13.
110 Trachewsky 1897.
111 K. 1901b.
112 Lanz 1899, 1903; Moebius 1903; Waldeck-Semadeni 1980, S. 41–42.
113 Lanz 1903. In Frankreich stand diese «antithyroidale» Behandlung mit Serum aus thyroidektomierten Tieren noch nach dem Ersten Weltkrieg an erster Stelle der therapeutischen Maßnahmen bei Basedow, s. Lereboullet et al. 1921, S. 77–79, in Deutschland stand Moebius' Antithyreodin (Merck) noch 1930 in Gebrauch, s. Waldeck-Semadeni, ibid.
114 K. 1895f, S. 6; s.a. K. 1912c, S. 1315.
115 Zit. bei Waldeck-Semadeni, op. cit., Anm. 112.
116 Gleicherweise argumentierte man noch 1930 auf internistischer Seite, u.a. zur Begründung der von Kocher so bekämpften Jodtherapie (s. Michaud 1930). Dabei hatte bereits 1903 Murray 40 Spontanverläufe von Basedow veröffentlicht, von denen 31 gebessert bis vollständig geheilt waren und daraus auf mehrheitlich günstigen Spontanverlauf der Krankheit geschlossen, s. Bürgi und Labhart, op. cit., Anm. 103, S. 190; s.a. Studer 1982, S. 344.
117 Wolff, op. cit., Anm. 102, S. 57. Es handelt sich um den für seine knochenbiologischen Arbeiten heute noch bekannten Berliner Orthopäden Julius Wolff (1836–1902).
118 D. Tschikste 1911, S. 6, 16.
118a K. 1906c, S. 27.
119 K. 1898g; K. 1892a, 4. Aufl. 1902, S. 208.
120 K. 1895c, K. 1895f; K. 1892a, 5. Aufl. 1907, S. 678. Dies sei damals das weltbeste Resultat gewesen (Colock 1908, S. 1168).
121 Über diese Arbeiten berichtet Bornhauser, op. cit., Anm. 1, S. 156.
122 Die Arbeit umfaßte allein 107 Seiten Kasuistik der 59 operierten Fälle sowie 1423 (!) zitierte Arbeiten. Die Kasuistik zeigt klar, daß Kocher erst nach 1896 häufiger zur operativen Therapie griff: Im Jahr 1901 waren nur 13 der 55 nicht bei der Operation verstorbenen Patienten länger als 5 Jahre in Beobachtung. Die durchschnittliche Beobachtungszeit der andern 42 betrug nur $2,5 \pm 0,2$ (1SE) Jahre (meine Berechnung), s. A. Kocher, op. cit., Anm. 106, S. 152–156.
123 s. Anm. 104.
124 K. 1899c.
125 Besprochen bei Bornhauser, op. cit., Anm. 1, S. 157.
126 A. Kocher op. cit., Anm. 106; K. 1904a, S. 1175–1176, 1184; K. 1906a, c, d; K. 1908a; K. 1910a, b, c, d, e; K. 1911a, b, c; K. 1912b, c.
127 A. Kocher 1907; s.a. Lenormant, op. cit., Anm. 106, S. 129.
128 s. z.B. K. 1904a, S. 1118; A. Kocher, op. cit., Anm. 106, S. 239.
129 Gilder 1972, S. 63–65; Lenormant, op. cit., Anm. 106, K. 1910f; s.a. Anm. 167.
130 K. 1910b, S. 180.

131 D. Bojanski 1909; Kocher gab u.a. ein von ihm gefundenes Augenzeichen an.
132 K. 1908a, 1910a, b, 1911a, 1912a.
133 Sahli 1891b.
134 s. Reisner 1978, S. 129–143.
135 s. Anm. 136, S. 1.
136 Depage 1906; weitere Arbeiten dazu von Ortiz de la Torre, Sonnenburg und Keen sowie eine Diskussion, s. 1er Congrès Soc. Int. Chir. 1905, Première question, S. 129–212.
137 K. 1906a, d, h, 1911a, b, c, 1912a, c; Kottmann 1910a, 1910b, S. 1132–1134; s.a. Salis und Vogel 1914.
138 K. 1912a, S. 290.
139 s. GM, Nr. 1134.
140 D. Fonio 1911, D. Baumgarten 1912, D. Frey 1914, D. Lanz 1916, D. Peillon 1916, D. Courvoisier 1916.
141 D. Tschikste 1911, S. 3.
142 ibid.
143 D. Courvoisier, 1916.
144 D. Gröbly 1918.
145 s. z.B. Krehl, op. cit., Anm. 102, S. 345–347; s.a. Medevi, op. cit., Anm. 1, S. 258–259; GM, Nr. 3839, 3840.
146 s. Wormser, op. cit., Anm. 96, S. 507.
147 K. 1910c.
148 Quervain 1939a, S. 8.
149 Bucher und König 1969; Reddy et al. 1981.
150 Sahli 1920, S. 283–284.
151 Orr und Leitch 1929, S. 55.
152 Bürgi und Labhart, op. cit., Anm. 103, S. 160–161; Ingbar und Woeber 1981, S. 180, 211.
153 A. Kocher 1919 (Manuskript).
154 Halsted 1915 (Manuskript); Halsted 1919 (Manuskript).
155 K. 1892a, 5. Aufl. 1907, S. 652.
156 ibid., S. 650.
157 Ravitch, op. cit., Anm. 37, S. 703.
158 s. Anm. 156; A. Kocher 1919 (Manuskript).
159 K. 1912c, S. 1270.
160 Zu diesem Schluß kam aufgrund eigener Tierexperimente und eingehenden Literaturstudiums zur gleichen Zeit auch Eugen Enderlen (1863–1940) in Marburg (Enderlen 1898).
161 K. 1908b, S. 1, 3; datierte Krankengeschichten einzelner Patienten, s. K. 1914b, S. 513–544; s.a. die Schilderung, insbesondere der Genfer Arbeiten, bei Bornhauser, op. cit., Anm. 1, S. 147–151.
162 K. 1910c, S. 33–34.
163 K. 1914b, S. 512, 555, 565.
164 D. Serman 1909.
165 K. 1914b, S. 561–563.
166 «Concerning homoplastic transplantation (from one animal into another) of organs such as the kidney, I have never found positive results to continue after a few months, whereas in autoplastic transplantation the result was always positive. The biological side of the question has to be investigated very much more and we must find out by what means to prevent the reaction of the organism against a new organ» (zit. bei Malinin 1979, S. 49–50).
166a K. 1914b, S. 508–513, 553–554.

167 «I wish you had been there to hear what they said. Simply denying the effect of the operation because they cannot do it, that was the result of the meeting» (zit. bei Malinin, op. cit., Anm. 166, S. 228).
168 K. 1892a, 5. Aufl. 1907, S. 679.
169 K. 1899c.
170 K. 1910d.
171 K. 1912a, S. 287.
172 Colombo, op. cit., Anm. 85, S. 34; Ackerknecht und Buess, op. cit., Anm. 3, S. 68.
173 ibid., und GM, Nr. 1177; s.a. Borell 1976.
174 K. 1895f, S. 6.
175 Lanz 1895, S. 48; s. dazu auch Abb. 14 a und b.
176 Halsted 1913 (Manuskript); Halsted 1915 (Manuskript).
177 Rutkow 1978.
178 Zur Jodprophylaxe s. Bornhauser, op. cit., Anm. 1, S. 25–34; Merke, op. cit., Anm. 3, S. 50–53; Ackerknecht und Buess, op. cit., Anm. 3, S. 52.
179 K. 1892c; s.a. Merke, ibid., S. 52.
180 Bornhauser, op. cit., Anm. 1, S. 32, 34–36.
181 D. Marthe 1873, D. Frey 1876.
182 K. 1889a (die Veröffentlichung erfolgte mit Verspätung).
183 ibid., S. 157.
184 Colombo, op. cit., Anm. 85, S. 24–28.
185 KM. 1909; s.a. Krehl 1921, S. 425.
186 s. Colombo, op. cit., Anm. 85, S. 31–32, 34–35; K. 1892a, 5. Aufl. 1907, S. 907.
187 K. 1910c, S. 58.
188 K. 1917a, S. 1652.
189 ibid. sowie K. 1915b, S. 15–18.
190 Merke, op. cit., Anm. 3, S. 52.

10
Der Forscher

Die Vielzahl und Vielfalt gleichzeitig laufender Forschungsprojekte Kochers ließen sich neben seiner ärztlichen, operativen und weiteren literarischen Tätigkeit* nur bei einem ausgezeichnet organisierten Tagesablauf bewältigen. Dies begann bei ihm, wie überall, mit großer Selbstdisziplin und mit entschiedenem Wollen. Hierin war Kocher von jüngsten Mannesjahren an sicher und entschlossen. Er plante bis ins Detail voraus. So begann er einzelne Abschnitte seiner Reiseaufzeichnungen in England (1875) oder die vorbereitenden Notizen für die Sitzungen des Medizinisch-Chirurgischen Kantonalvereins in Bern von 1880 bis 1881 mit der Formel «ich will[2]». Geradezu wie ein Programm der Lebensführung liest sich ein Zettel, den er mit 43 Jahren schrieb und noch als Greis mit sich herumgetragen haben soll:

> «... am heutigen Tage ist das neue Spital eingeweiht und bezogen worden. Dadurch beginnt für mich eine neue Ära der Wirksamkeit, indem treffliche Einrichtungen dieselbe fördern. Mit viel reicherer Erfahrung trete ich wieder in mein Wirken, aber mit einem älter gewordenen Körper und mit einem gereiften Geist. Statt Hoffnungen meiner Kollegen und Mitbürger, die mich das erstemal emportrugen, [d.h. bei der Wahl zum Professor, s. S. 20] erheben sich jetzt nur noch Erwartungen. Statt der Popularität eines jung aufstrebenden Geistes umgibt mich jetzt halb kritische, halb neidische Beachtung meines Wirkens. Statt daß ich Unterstützung genieße, erwartet man Förderung von mir. Auf diese neue Stellung muß ich mich denn auch einrichten. Genuß und Förderung darf ich bloß im Kreise der Familie und Freunde erwarten. Bei den andern dagegen muß ich nur auf Helfen, Fördern, Geben bedacht sein. Meine Kräfte darf ich nicht zersplittern, daher, was andere für mich ebenso gut tun können, andern überlassen, ganz auf meine Spezialität mich zurückziehen.

---

* Kocher schrieb seit seiner frühesten Zeit Übersichtsarbeiten und Lehrbuchartikel über Gebiete, in denen er nicht eigentliche Forschung betrieb, s. zum Beispiel seine über 450 Seiten umfassende Monographie *Die Krankheiten des Hodens und seiner Hüllen, des Nebenhodens und der Samenblasen* in Pitha und Billroths *Handbuch der Chirurgie* aus dem Jahre 1874[1].

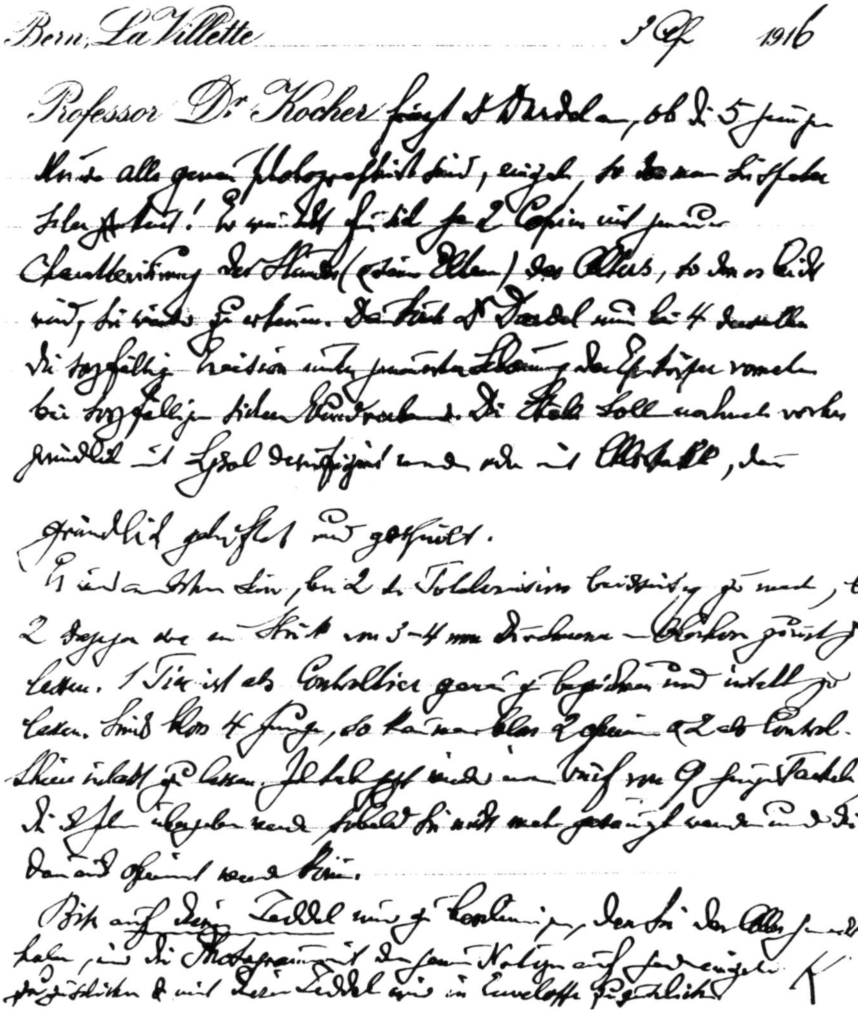
Bern, La Villette 1916

Professor Dr. Kocher

Abb. 18
Handschriftliche Anweisung Kochers an seinen Assistenten Dr. Dardel zu experimenteller Arbeit (1916)

Auch meinen Körper muß ich pflegen durch die nötige Ruhe, Mäßigkeit, Nüchternheit, Bewegung und Kraftanstrengungen[3].»

Mehr noch als das Programm an sich bedeutet die Tatsache, daß sich der Verfasser daran hielt. Das Studierzimmer in seinem Privathaus bildete das Zentrum seiner Tätigkeit. Hier befand sich seine Krankengeschichten-Sammlung. Sein ältester Sohn Theodor (1870–1950) besorgte die Korrespondenz. Den Kontakt mit den Assistenten, sowohl denjenigen seiner nahe gelegenen Privatklinik als auch denjenigen der etwas weiter entfernten Universitätsklinik, hielt er von dort aus schriftlich aufrecht, in der Form täglicher «Abendberichte» sowie täglich nachgeführter Krankengeschichten. Dieselben wurden von Kocher gelesen und, mit Anmerkungen versehen, wieder zurückgeschickt. Bis zuletzt gab es in seiner Privatklinik kein Telephon[4]. Die Anweisungen, auch solche zu experimenteller Arbeit, wurden schriftlich erteilt und der Rapport erwartet (s. Abb. 18). Wie einer seiner letzten Assistenten berichtet, sah der Chef trotzdem außer bei Notfällen jeden Patienten vor der Operation persönlich. In späteren Jahren arbeitete man, zumal in der Privatklinik, gleichzeitig an zwei Operationstischen. Kocher beschränkte sich auf den Hauptteil eines Eingriffs, den sein jüngerer Sohn Albert, seit 1904 Hilfsoperateur am Inselspital, beendete, derweil der Vater den nächsten begann. Operationen am Magen-Darm-Trakt wurden sitzend ausgeführt, zum Erstaunen ausländischer Gäste. Kochers Organisation richtete sich ganz auf ruhigen Ablauf aus, entsprechend dem oben zitierten «Programm». Zugleich schuf sie klare Befehls- und Kontrollverhältnisse[5].

Eine solcherart geführte, nicht allzu große Abteilung im Universitätsspital und seiner Privatklinik schufen die Voraussetzungen; Kochers spezifische Forderungen und sein internationales Ansehen bestimmten ein zur Forschung anregendes Klima. Er ließ sich trotz ständiger Widerwärtigkeiten, vor allem finanzieller Art, wovon seine Korrespondenz mit der bernischen Regierung beredt Zeugnis ablegt[6], in der Durchsetzung seiner Absichten nicht beirren. Noch 1911 leitete er eines seiner unzähligen Gesuche an die Erziehungsdirektion ein mit dem Ausspruch seines Lehrers Lücke: «Was spricht Cato jedesmal, was thut noth in mein Spital[7]!»

Zur Betrachtung der bernischen Verhältnisse gehört auch die Inanspruchnahme der lokalen Vertreter anderer Wissenschaften, wie etwa der Pathologen Klebs und Theodor Langhans (1839–1915), insbesondere bei der Schilddrüsenforschung, des Physiologen Kronecker, des Bakteriologen Tavel, der klinischen Chemiker und Pharmakologen Nencki, Drechsel und Bürgi, des Pharmazeuten Tschirch und des Physikers Forster[8]. Von seiner Heimatstadt aus pflegte er andererseits persönlich und schriftlich die mannigfachsten internationalen Beziehungen. Hier empfing er seine Besucher, Kollegen und Patienten, beide sogar aus Übersee[9]. Einem von ihnen gegenüber äußerte er über sich selbst:

«Die Natur sei sehr gut zu ihm gewesen indem sie ihm zwei Augen geschenkt habe, das eine für den Enthusiasmus der jüngeren Zeit und das andere für die Reife tatkräftiger aber fortgeschrittener Jahre[10].»

Hinter Kochers Arbeit stand also nicht nur jene überragende Willenskraft, die in den voranstehenden Kapiteln mehrfach von ihrer positiven und negativen Seite hervortrat. Es waren auch Freude und echte ärztliche Hingabe. Dazu hatte er das Geschenk einer eisernen Gesundheit und das Glück einer geeinten Familie. Alles aber überspannte sein christlicher Glaube, der in seinem Werk in mancher Form durchschimmerte. Klar und wiederholt bekannte er sich bei offiziellen Anlässen dazu: Forschung und Erfolg sollten nicht zum Materialismus, sondern zum Glauben an Gott, Recht und Vernunft führen, bezeugte er als Rektor bei der Einweihung des neuen Berner Universitätsgebäudes im Jahre 1902[11]. Mit Recht hat sein Biograph Bonjour dem Fundament von Kochers Christentum ein eigenes Kapitel gewidmet.

Hier sei zur Veranschaulichung der eben erwähnten Grundlagen seines Wirkens mehr an Alltägliches erinnert. Die treue ärztliche Hingabe zeigt sich etwa darin, daß er noch kurz vor seinem Tode mit 76 Jahren eine gewöhnliche Hernienoperation mit der gleichen Sorgfalt ausführte wie einen mehrstündigen Eingriff. Obschon er körperlich nicht den Eindruck einer Kraftnatur machte, mußte er doch den klinischen Unterricht während der 45 Jahre seiner Tätigkeit nur 1916 für längere Zeit aus Gesundheitsgründen unterbrechen. Trotz wiederholter Anstellungen seiner Angehörigen übertrug er erst damals, also mit 75 Jahren, einen Teil der Verantwortung seinem Sohn Albert, doch bloß eine Zeitlang:

«Er war ein zu aktiver Mann und an seiner Arbeit zu interessiert... als daß er etwas von seinem großen Werk aufgegeben und mehr auf meine Schultern gelegt hätte»,

schrieb dieser nach dem Tod des Vaters an Halsted[12]. Tatsächlich erschienen zwei Drittel seiner 249 Veröffentlichungen nach seinem 50. Lebensjahr, davon allein 34 (13,5%) während des letzten Quintenniums. Figur 2 veranschaulicht anhand seiner Arbeiten und Diskussionsbemerkungen an Kongressen Cushings bildhafte Schilderung von Kochers nie nachlassender Arbeitskraft: «Der Strom seines langen und tätigen Lebens floß so beständig, kühl und ununterbrochen wie derjenige der Aare um sein geliebtes Bern[13].» Er starb denn auch aus voller Tätigkeit innerhalb von vier Tagen wahrscheinlich an der akuten Dekompensation der Nieren nach einer jahrelang stumm verlaufenen Nierenkrankheit[14].

Selbst von eiserner Disziplin und von einem seit seiner frühesten Zeit bekannten «Riesenfleiß[15]» forderte er als Chef dasselbe: «So ist's recht...», soll er einmal am Semesterende seinen völlig erschöpften Assistenten gesagt haben. «Pausbäckige, von Gesundheit und Wohlbehagen strotzende Gesichter erwecken in mir immer das unangenehme Gefühl, ich hätte die Herren nicht straff genug gehalten, ich hätte sie nicht genügend

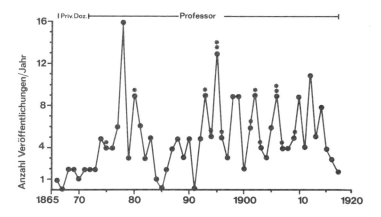

Fig. 2.
Anzahl der Veröffentlichungen Theodor Kochers pro Jahr von 1866 bis 1917.

Anzahl der Veröffentlichungen Theodor Kochers pro Jahr als Privatdozent (1866–1872) und Professor (1872–1917). Berücksichtigt sind alle allein und als Mitautor verfaßten Lehrbücher, Monographien und Arbeiten in wissenschaftlichen Zeitschriften mitsamt den Diskussionsbeiträgen und klinischen Demonstrationen bei Kongressen und Ärztetagungen, sowie veröffentlichte Reden, nicht aber Übersetzungen. Das Erscheinen eines größeren Werks (Monographie, Handbuch, *Operationslehre*) ist hervorgehoben (*); dabei ist jede Auflage der *Operationslehre* gesondert aufgeführt, stellte sie doch jeweils praktisch ein neues Buch dar. (Zusammengestellt aus der *Bibliographie*.)

arbeiten machen.» Doch beschwichtigend habe er hinzugefügt: «Seien Sie ganz unbesorgt, sehen Sie, mein Leben hat mich gelehrt, daß auf einen Menschen, der an Überarbeitung stirbt, 999 am Nichtstun zugrunde gehen[16].» Im Verkehr mit den Mitarbeitern ließ er sich zwar nie gehen, aber er war ihnen gegenüber distanziert. Dies stellte wohl für manchen Ordinarius seiner Zeit keine Besonderheit dar, wie auch, daß er mit Lob und Aufmunterung geizte[17]. Solche Verhältnisse mögen aus der Sicht heutiger psychologischer Personalführung erstaunen; allein, es ließe sich lange darüber spekulieren, inwiefern er «trotzdem» erfolgreich war ...

Weniger erstaunt es nun zu vernehmen, daß Kocher persönlich zurückhaltend, ja verschlossen, sich nur einem sehr engen Kreis, vorzüglich der Familie und der medizinischen Beziehungen, öffnete. Hierzu gehört vor allem die Freundschaft mit dem ihm sehr ähnlichen Halsted[18]. In seinen Briefen erwähnt der Amerikaner die freundliche Aufnahme, die er wiederholt in Kochers Haus erfahren hatte. So ist es endlich angebracht, des Anteils der Familie Kochers an seinem Werk zu gedenken. Seine Gattin, geborene Marie Witschi, mit der er in fast 50jähriger glücklicher Ehe zusammenlebte, entstammte wie Kochers Mutter Herrnhuter Kreisen. Der Ehe entsprossen die drei Söhne, Theodor, Albert und Otto (1876–1924). Die beiden älteren unterstützten in wissenschaftlicher und praktischer Hinsicht ganz die Arbeit des Vaters. In seiner Familie und Gottergebenheit fand seine schier unerschöpflich scheinende Schaffenskraft ihren unentbehrlichen Rückhalt. Nicht zuletzt bewog ihn Rücksichtnahme auf seine Familie, in Bern zu bleiben, als er 1880 einen ersten Ruf ins Ausland, nach Prag, erhielt. Es war dies ein Grundsatzentscheid, den auch spätere, verlockendere Angebote aus Wien und Berlin nicht umzustoßen vermochten. Seiner Frau hätte ein Umzug ein Opfer bedeutet[19]. Im Gegensatz zu ihrem Mann hätte sie jedenfalls einfache Schweizer Bergferien solchen in «den schönen englischen Hôtels» vorgezogen,

> «wo in einem prachtvollen Saal das Breakfest und Dinner eingenommen wird... und obschon hier Conzerte gegeben werden & die Leute in eleganten Ballkleidern herumtanzen»,

wie Kocher im August 1881 an seine drei Buben aus England schrieb[20]. Bezeichnenderweise sagte er im Jahre 1886 wegen Erkrankung eines Sohnes einen zweiten, für sein wissenschaftliches Ansehen wesentlichen Vortrag zur Totalentfernung der Schilddrüse vor der deutschen Chirurgengesellschaft ab[21]. Dieses Verhalten spricht weiter für seinen Familiensinn, den schon Bonjour und Hintzsche betont haben[22].

Die Kraft der Ideen in einem Mann, in dem sich durch Erfolg gefestigtes Selbstbewußtsein mit Demut vor dem Unbekannten mischten, trug dazu bei, daß Kocher als herausragend tüchtiger Fachmann angesehen wurde. Eine Aura internationaler Berühmtheit umgab ihn in seinen späteren Jahren. Man begegnete ihm mit Bewunderung und Ehrfurcht, zumal seitens jüngerer, in ihrer Arbeit gleich ausgerichteter Kollegen. George Crile beschreibt ihn in seiner *Autobiographie* als

> «in jeder Beziehung einer der großen Männer der Chirurgie – außergewöhnlich intelligent und sehr beliebt. Nicht nur war er ein Wissenschaftler, ein Philosoph, ein geschulter Chirurg, ein anregender Lehrer, der eine Schule chirurgischen Handelns und Denkens entstehen ließ, er besaß dazu eine eigentümlich magnetische Persönlichkeit. Sein Werk wurde schon zu seinen Lebzeiten in allen Sprachen zitiert[23].»

Doch stellte er ihn und von Bergmann «ganz knapp hinter Billroth[24]».

Kocher kann wohl als philosophisch interessiert – seine Wißbegier kannte keine Grenzen, wie der Philosoph Paul Haeberlin (1878–1960) sagte[25] –, nicht aber als Philosoph bezeichnet werden. Seine methodische Meisterschaft im medizinischen Denken, Handeln und Lehren war von zwingender Suggestion. Seine Schule beseelte aber nicht das enge menschliche Verhältnis zwischen Lehrer und Assistenten, wie das etwa bei der Billrothschen der Fall war. Dazu drängte er zu ungeduldig weiter. «Kocher war ein richtiger Grübler», wie Haeberlin feststellte; er stand zeitlebens «in» der Sache. Zur Ausstrahlung einer überragenden, abgerundeten Persönlichkeit fehlten ihm jene weiter gepflegten Interessen, die einen Horsley oder Lister auszeichneten und ihr Werk kennzeichneten und die daraus gewonnene Gemütsruhe, um die er Billroth beneidete[26]. Dies schimmerte eben in der Charakterisierung durch Zeitgenossen außerhalb von Chirurgie und Medizin durch. So erinnerte sich der gleich ihm sehr experimentell orientierte Bernhard von Naunyn später, Kocher sei ihm völlig fremd geblieben.

> «Sein enormer Fleiß und sein ausschließlich auf seine Berufsarbeit konzentriertes Interesse haben ihm große Erfolge gebracht. Doch hat er sich mir von mehreren Seiten so gezeigt, daß eine Annäherung ausgeschlossen blieb[27].»

Der Historiker der Berner Universität, Richard Feller, bestätigte 1935 diesen Eindruck:

> «So einfach und klar sein [Kochers] Ausdruck auf der Lehrkanzel und in den zahlreichen Abhandlungen war, ... so blieb er doch unergründlich, mehr geehrt und gefürchtet als geliebt[28].»

Einige Ergebnisse der vorliegenden Untersuchung seiner Arbeiten könnten zu einer Erklärung dieses je nach Standpunkt verschiedenen Eindrucks beitragen. Die Verdienste des Nobelpreisträgers sind ganz hervorragend; mit Recht durfte er auch selbstbewußt auftreten. Wohnte jedoch im Grunde seinem Forscherschicksal nicht ein gewisses Paradoxon inne, wovon seine Unergründlichkeit herrühren mochte? Es tritt etwa in den Schilddrüsenarbeiten und später in der evaluativen Forschung zutage. «Kocher ist beweglich, erfaßt Wesentliches augenblicklich – täuscht sich aber vielleicht öfters [als Sahli]», hatte Cushing schon 1900 notiert[29], und gerade in bezug auf die Schilddrüsenforschung traf dies zu. Der äußerlich beherrschte Mann war in dieser Hinsicht innerlich aufgewühlt. Forschung entsprach für ihn keinem ruhigen Fluß, sondern einem ständigen Hin- und Zurückgehen und einem Eingehen auf die Funde der andern. *Als Forscher* erkannte er die theoretische Tragweite seiner *cachexia strumipriva* und seiner ersten Schilddrüsentransplantationen zu spät, durch unglücklichen Zufall entging ihm ein andermal die wichtige Entdeckung des Jods in der Schilddrüse. Dagegen gebührt ihm *als empirisch Handelndem* die Priorität der ersten Schilddrüsentransplantation, an der er weiter arbeitete, als ihre Bedeutung vom praktischen Standpunkt – nicht aber vom theoretischen – sehr klein geworden war.

So gab es viele Steine und wenig Perlen – wie meistens in der Wissenschaft. Kocher tat sich in der Verarbeitung dieser Rückschläge besonders schwer. Eingesehene Irrtümer hob er in den Aufzeichnungen zu seinen Vorlesungen für die Studenten stets mit der Randnotiz «Blamage» hervor[30]. Dafür bestand er hartnäckig auf seinen Verdiensten wie sein selbstverfaßter Lebenslauf zeigt (s. Anhang II).

«Ich weiß aus meinen jungen Jahren viel zu gut», schrieb er 1895, «wie empfindlich man gegen Beeinträchtigung seiner wirklichen oder vermeintlichen Entdeckungen und literarischen Erfolge ist als daß ich mir hätte zu Schulden kommen lassen, noch einen jungen Autor in seinen Rechten zu schmälern...»

was er in dem Fall dann trotzdem tat[31].

Diese Empfindlichkeit schlug in seiner Arbeitsweise durch. De Quervain bemerkte, vielleicht mit dem anders gearteten Billroth vergleichend[32], daß es, abgesehen von Arbeiten bakteriologischen und pathologischen Inhalts, in Kochers Natur gelegen habe,

«sein Material wenn irgend möglich selbst zu verarbeiten. Er hielt an diesem Grundsatz länger fest als die meisten seiner gleichaltrigen Kollegen deutscher Schule, so daß in den drei ersten Dezennien seiner Wirksamkeit die meisten Arbeiten aus der Berner Klinik seiner eigenen Feder entstammten[33].»*

Später teilte Kocher seine Autorenschaft oder trat sie auch ganz ab, insistierte aber um so mehr auf den eigenen Prioritäten. Seine agressive Hervorhebung derjenigen an der Entdeckung der Schilddrüsenausfallserscheinungen in der Nobel-Ansprache und der damit veröffentlichten selbstbiographischen Skizze im Jahre 1909 (s. Anhang II) ist bisher unbekannt geblieben. Sie zeigt das trotz des höchst ehrenvollen Anlasses verletzte Selbstgefühl des Berner Chirurgen um so deutlicher, als kaum ein äußerer Beweggrund bestand: Reverdin hatte sich seit 1898 nicht mehr dazu geäußert[35]. Solche öffentlichen Beteuerungen sind wohl unbewußter Ausfluß der diesen großen Mann dominierenden Leidenschaft für die Chirurgie. Doch fehlen hier Kompetenz und Platz, in die psychologischen Hintergründe seines Tuns einzudringen, über die er sich selbst nicht Rechenschaft gab.

Vielmehr muß abschließend erwähnt werden, daß Kocher, fachlich in wichtigen Belangen als Bahnbrecher notgedrungen ein Einzelgänger, persönlich ein Einsamer, zur Einsicht kam, daß ein bedeutender Anteil seines Lebenswerks, die radikal-chirurgische Behandlung der Knochen- und Gelenkstuberkulose wie die Kropfchirurgie früher oder später von Maßnahmen konservativer Richtung verdrängt würden**. Selbst die in die radikale Krebstherapie gesetzten Hoffnungen schienen sich bei genauerer Bewertung nicht zu erfüllen. So schrieb er im vorgerückten Alter seiner Frau:

---

* Darüber kam es 1901 auch zu einer Diskussion mit Cushing, da dieser darauf bestand, seine experimentelle Arbeit (s. S. 61) selbst zu veröffentlichen[34].

** Er konnte nicht voraussehen, daß die von ihm geschaffenen chirurgischen Gelenkszugänge[36] Jahrzehnte später von neuen Gesichtspunkten aus für die operative Orthopädie und Frakturbehandlung wiederum Bedeutung erlangen würden.

«Wie sehr wünsche ich, etwas zu vollbringen vor meinem Tode, das wirklich bleibenden Wert hat für die Menschheit, so daß ich sterben kann, treu meinem Gott und Heiland, der mich gewürdigt hat, ihm als tüchtiger und wenn möglich treuer Knecht zu dienen[37].»

Es ist, wie wenn er die fachliche Entwicklung erfassend, ihren sonst für ihn tragischen Folgen – er neigte manchmal zu tiefer Niedergeschlagenheit[38] – zu entrinnen versucht hätte durch tätige Flucht nach vorn in noch mehr praktische Chirurgie einerseits, in die Grundlagenforschung andererseits.

Anmerkungen

1 K. 1874e.
2 KM. 1880b.
3 Zit. bei Bonjour 1981, S. 58.
4 Gröbly 1941.
5 ibid.
6 Aufbewahrt im Staatsarchiv des Kantons Bern (BB IIIb, Mappe 2404 sowie Mappen 24105 und 24106).
7 KM. 1911.
8 s. diese Arbeit, S. 31, 45, 135, 138f; für Nencki, s. Bickel 1972, S. 78–79.
9 s. Ravitch 1982, S. 703.
10 «Nature had been very good to him in giving him two eyes, the one for the enthusiasm of early age and the other for the maturity of vigorous but advancing years» (zit. bei Lynn-Thomas 1917).
11 s. Feller 1935, S. 405.
12 «... he was too actif a man and too interested in his work to ... give up a little of his great work and put more on my shoulders» (zit. bei A. Kocher 1918, Manuskript).
13 «The current of his long and active life was as steady, cool and uninterrupted as that of the Aare encircling his beloved Berne» (zit. bei Fulton 1946, S. 609–610).
14 A. Kocher, op. cit., Anm. 12.
15 Zit. aus Buchbesprechung in *Correspbl. Schweiz. Ärzte* 5:166 (1875).
16 Zit. nach Bonjour, op. cit., Anm. 3, S. 79.
17 Garrè 1926, S. 519; Arnd 1918, S. 33.
18 s. Rutkow 1978a.
19 Bonjour, op. cit., Anm. 3, S. 37.
20 KM. 1881.
21 K. 1886a.
22 Bonjour, op. cit., Anm. 3, S. 86–92; Hintzsche 1967.
23 «I stopped at Berne to see the work of Theodor Kocher who was in all respects one of the great men in surgery – extremely intelligent and very popular. Besides being a scientist, a philosopher, a skillful surgeon, an inspiring teacher who developed both a school of surgery and ideas, he had a singularly magnetic personality. His work, even while he was living, was quoted in all languages» (zit. bei Crile 1947, S. 70).
24 ibid., S. 56.
25 Bonjour 1983, S. 86.

26 1883 schrieb Kocher aus Wien an seine Frau: «Ich beneide ihn [Billroth] um solche Gemütsruhe und beabsichtige, für Dich und mich eine schöne Portion davon zu kaufen und sie als Geschenk nach Hause zu bringen» (zit. bei Bonjour, op. cit., Anm. 3, S. 49) – s. später bei Payr 1917; Garrè 1917; Rutkow, op. cit., Anm. 18.
27 Naunyn 1925, S. 241; auch Arnd sagt, der Fleiß sei Kochers «hervorragendste Eigenschaft» gewesen, op. cit., Anm. 17, S. 31.
28 Feller, op. cit., Anm. 11, S. 539.
29 «Kocher is quick, grasps essentials immediately, is perhaps more often wrong...» (zit. bei Fulton, op. cit., Anm. 13, S. 180).
30 KM. 1873–74, IV, S. 78, 114, 126, 188.
31 K. 1895a, S. 411.
32 s. Absolon 1981, S. 209–210; Clairmont 1917.
33 Quervain 1917a, S. III–IV.
34 Fulton, op. cit., Anm. 13, S. 191–192.
35 Bornhauser 1951, S. 108–111.
36 s. K. 1888c.
37 Zit. bei Bonjour, op. cit. Anm. 3, S. 102.
38 ibid. S. 86.

11
Bilanz

Die Forschungen

Überblicken wir nun die Kocherschen Forschungen zusammenfassend, so stellen wir fest, daß diese sich in zwei Hauptzweige einteilen lassen. Einmal erarbeitete er in seiner *investigativen Forschung* experimentell und klinisch neue physiologische Kenntnisse und zeigte pathophysiologische Mechanismen auf. Sozusagen als ein Nebenprodukt ergaben sich dabei mehrere bleibende, wenn auch bisher wenig bekannte Beiträge zur Epidemiologie und zur Krankheitsbeschreibung. Dann versuchte er mittels *evaluativer Forschung,* das heißt der statistischen Auswertung der Behandlungsresultate, seine therapeutischen Auffassungen auf eine quantitative Grundlage zu stellen. Unberücksichtigt bleibt bei dieser Einteilung allerdings die ständige Vereinfachung und klarere Ausbildung bestimmter Verfahrensweisen, die Entwicklung von Instrumenten und Geräten, wie sie sich im Laufe der Zeit aus der täglichen Tätigkeit mehr als durch systematisches Suchen ergaben. Solche Beiträge Kochers sind unzählig – sie zu erkennen genügt ein Blick in seine *Operationslehre.*

Die in Tabelle III wiedergegebene Auswertung der von ihm vergebenen Dissertationen deutet auf die Schwerpunkte der eigentlichen Kocherschen Forschung hin. Dissertationen vermitteln zudem einen lebendigeren Einblick in seine detaillierten Forschungsvorhaben als seine oft zusammenfassenden Arbeiten und Vorträge. Bei der investigativen Forschung überwogen die experimentellen Arbeiten klar die Darstellung epidemiologischer und klinischer Beobachtungen. Letztere machte Kocher indessen mit Vorliebe selbst. Die evaluative Forschung umfaßte zum größten Teil die Zusammenstellung der Ergebnisse chirurgischer Eingriffe. Doch wollen wir die beiden Hauptforschungszweige noch im einzelnen weiter betrachten.

Kochers *investigative Forschung* entwickelte sich in drei Richtungen. Einmal beschrieb er, gestützt auf genaue klinische Beobachtungen und auf den pathologisch-anatomischen Befund, die Ausfallserscheinungen nach Schilddrüsenentfernung sowie die leichte Über- und Unterfunktion der Schilddrüse. Mit der gleichen *klinisch-pathologischen Methode* leistete er einen fundamentalen Beitrag zur Rückenmarksphysiologie. Wie seine ebenfalls darauf beruhende kranio-zerebrale Topographie ist dieser bis

Tabelle III:
Unter Kocher ausgearbeitete Dissertationen nach einzelnen Forschungsgebieten

	Gesamtzahl	Forschungsgebiet	Anzahl
Investigative Forschung			
Experimentelle Arbeiten	39	Schilddrüse	20
Klinische Arbeiten (Epidemiologie, Krankheitsbeschreibungen)	14		
Evaluative Forschung			
		«Chirurgische» Tuberkulose	17
Resultate chirurgischer Eingriffe	61	Krebsoperation	15
		Hernienoperation	8
Resultate konservativer Behandlung	4	Tuberkulose	4
Resultate einzelner Methoden der Wundbehandlung	3		
Varia	1		
Total	122		

Erklärung im Text (Zusammengestellt aus der Bibliographie). – Man beachte nebenbei, daß 40 Dissertationen von russischen Studentinnen verfaßt waren.

jetzt trotz seiner großen Bedeutung für seine Zeitgenossen von den Historikern übersehen worden. Auf gleiche Weise bereicherte Kocher ferner die Orthopädie bleibend um die Beschreibung des Krankheitsbildes der Epiphyseolisthesis. Dagegen wurde sein Beitrag zur Diagnose der Knochenbrüche sogleich nach der Veröffentlichung von der unerwartet erscheinenden Radiologie verdrängt. Kochers *physiologische* und *pathophysiologische Forschungen* reichten von mechanischen Studien zur Entstehung von Hernien, Frakturen und Luxationen an Leichen über die Erforschung der Druckwirkungen im Schädelinnern an künstlichen Modellen und im Tierversuch bis hin zur dynamischen Erfassung der Schilddrüsenfunktion am Patienten mit Hilfe von Blutgerinnungsmessungen und Stoffwechselstudien. Endlich suchte er in zeitgemäßer *ätiopathologischer Richtung* zuerst ohne, und, nach dem Durchbruch der Arbeiten Pasteurs und Kochs, mit bakteriologischen Techniken nach objektivierbaren Ursachen der Wundinfektion. Experimentell und epidemiologisch trachtete er weiter danach, auch diejenigen des Kropfes zu erfassen. Ferner prüfte er selbst isolierte agonistische und antagonistische Wirkstoffe der Schilddrüse.

Diese drei Forschungsrichtungen entsprechen denjenigen, die der spanische Medizinhistoriker Pedro Lain Entralgo in seiner *Historia clinica*[1] überzeugend für das wissenschaftliche Studium der Krankheiten im 19. Jahrhundert identifiziert hat: nämlich die Beschäftigung mit den statischen physikalischen Zeichen, die klinisch-pathologische Methode, die dynamische Konzeption der pathophysiologischen Erklärungen und schließlich die Objektivierung spezifischer Krankheitsursachen in der ätiopathologischen Richtung. Kocher, der als Eklektiker allen drei Spuren folgte, veranschaulicht gut die Möglichkeiten und Grenzen investigativer Forschung dieser Zeit.

Was Kochers *evaluative Forschung* betrifft, so objektivierten seine Statistiken, einem Bedürfnis der Zeit gemäß sowie unter dem direkten Einfluß Spencer Wells' und Billroths, die operative Erfahrung. Sie zeigten die gefahrlose Durchführbarkeit des Ersatzes konservativ-chirurgischer Maßnahmen durch neue Operationen, vorwiegend durch möglichst radikale Entfernung krankhaften Gewebes. Wegen ihrer Einseitigkeit waren sie aber weder geeignet, die oft behauptete Überlegenheit eigener Methoden noch den therapeutischen Wert eines chirurgischen Eingriffs per se festzustellen. Letzterer scheint für Kocher allerdings – mit Ausnahme der Operationen bei Tuberkulose – kein vordringliches Problem gewesen zu sein; er nahm ihn jahrzehntelang als gegeben an. Es bestand offenbar wenig Grund dazu, den Wert der durch die herrschende theoretische Krankheitsauffassung begründeten Operationen anzuzweifeln, bevor neuartige Behandlungsmöglichkeiten, wie die Injektion von Antiseptika, gefolgt von der Höhensonnentherapie der Organtuberkulose oder die Röntgenstrahlentherapie der Tumoren aufkamen. Wie 30 Jahre zuvor diejenigen der radikalen Chirurgie meldeten nun die Verfechter dieser unblutigen Methoden ihrerseits in ersten – unkontrollierten – Ergebnissen enthusiastische Erfolge. Diese riefen die Chirurgen zu vergleichenden Studien auf den Plan. Der in gewissen Kreisen fraglose Glaube an den Wert der Operationen spricht etwa aus der Unterredung des Berliner Gynäkologieprofessors Ernst von Bumm (1858–1925) mit einem Bewerber für die Oberarztstelle im Jahre 1904:

> «B. ‹Können Sie operieren?› – Kandidat: ‹Meine Erlanger Resultate sind gut!› – B: ‹Ich will nicht wissen, wie Ihre Resultate sind, ich will wissen, ob Sie operieren können!› – Kandidat: ‹Ich kann; und› – berichtet der Betreffende weiter – ‹im Handumdrehen waren wir uns einig›[2].»

Erst systematische historische Forschung wird abzuklären vermögen, ob solche Anekdoten und die Kocherschen Statistiken die Haltung der Mehrheit operierender Ärzte jener Generation ausdrücken. Die Wahrscheinlichkeit, daß dies zutrifft, ist groß; denn Arbeiten, die das Ergebnis bei operativ behandelten Patienten gegenüber einer Kontrollgruppe abwägen, das heißt einer Anzahl gleichzeitig und unter denselben Umständen konservativ oder gar nicht behandelter, vergleichbarer Kranker, scheinen sich ersten Angaben zufolge erst nach dem Zweiten Weltkrieg verbreitet zu haben[3]. Die Chirurgen spielten übrigens eine bedeutende Rolle bei der Einführung dieser sogenannten randomisierten kontrollierten Studien überhaupt[4]. Doch begeisterte, aber ziemlich unkontrollierte Frühberichte über neue Methoden und «Verbesserungen» alter Heilverfahren jeglicher Ausrichtung kommen immer noch vor[5]!

Diese für uns vorwissenschaftlichen Empfehlungen einer Behandlung waren keineswegs unlogisch oder unrationell, indem sie auf dem zeitgemäßen Stand der theoretischen Wissenschaft beruhende Ansichten bestätigten. Es ist aber keine geniale, sondern eine leidende Vernunft, die immer wieder unsere kritische Aufmerksamkeit verdient. Die unkontrollierte Ausbreitung aus theoretischen Erkenntnissen oder Vorstellungen hervorgegangener Heilverfahren wird ja stets aufs neue damit begründet, man könne jemandem den Nutzen dieser oder jener «logischen» Maßnahme nicht vorenthalten, bloß um einer Kontrollgruppe willen. Das damit zusammenhängende Dilemma zwischen der kollektiven – oder wissenschaftlichen – und der individuellen Ethik steht heute ernsthaft zur Diskussion[6]. Es gilt dabei zu bedenken, daß der erwartete individuelle Vorteil ein vermeintlicher bleibt, solange er nicht als solcher nachgewiesen ist.

Die Ausarbeitung von Anhaltspunkten zu einer Lösung ist in der Tat dringend. Wie die Geschichte lehrt[7] und die evaluative Forschung Kochers beispielhaft vor Augen führt, hielten bisher die wenigsten Therapien der Zeit stand. Zweimal in seinem langen Leben fand ein solcher Umschwung statt. Das erste Mal nach 1870, als die radikale Chirurgie die konservative ersetzte und sich bald auch manchen früher internistischen Leidens bemächtigte. Das zweite Mal um 1905, als neuartige unblutige Maßnahmen ihrerseits die Chirurgie auf einzelnen Gebieten in Zweifel zu stellen begannen. In beiden Perioden wurden alte Behandlungen durch neue in Frage gestellt, die gemäß der geltenden theoretischen Voraussetzungen «logisch» schienen. Im Zeitpunkt ihrer Einführung wurde jedoch keine systematische Erfassung ihres Werts geplant. Mehr zufallsbedingt suchte man im nachhinein, sie mit sogenannten «historischen Vergleichen» abzusichern. Es wäre für die Geschichte der Therapie von epochaler Bedeutung, wenn die Gelegenheit, die sich heute durch die Erkenntnis dieser Zusammenhänge bietet, es fortan besser zu machen, nicht vertan würde.

Von der konservativen über die radikale zur physiologischen Chirurgie

Spielten während der fünfzigjährigen Laufbahn Kochers Aussagen aufgrund einer gleichen Art statistischer Erhebungen eine wichtige Rolle, so veränderte sich die Gewichtung der einzelnen Methoden seiner experimentell-investigativen Forschung über die Zeit. Seine frühen Arbeiten zur Blutgerinnung spiegelten das um 1870 grundlegende Interesse der Chirurgen an der pathologischen Anatomie wider. Wie andere bedeutende Chirurgen vor ihm, Samuel Gross (1805–1884) und Halsted in den

Vereinigten Staaten, Lister in Großbritannien und Billroth in Deutschland[8], verdankte Kocher einen ersten Teil seines Ruhms pathologischen Studien. Um 1890 war dann die Bakteriologie als Grundlage der neuen radikalen Chirurgie gefestigt. Bald darauf begannen Physiologie, später Immunologie als theoretischer Unterbau der allerneuesten physiologischen Chirurgie hervorzutreten. Diese Entwicklungsstufen gehen aus der Betrachtung der Schilddrüsenkrankheiten, der chirurgischen Tuberkulose und des Krebses hervor[9]. Diese Beispiele veranschaulichen ebenfalls den Wandel von einer lokalistischen zu einer vermehrt den ganzen Menschen berücksichtigenden Krankheitsauffassung[10]. Entsprechend richteten sich Untersuchungsmethoden zur Diagnosestellung und Therapie neu aus. Zu der Erhebung und Veränderung statischer pathologisch-anatomischer Lokalbefunde gesellte sich allmählich die Erfassung und Beeinflussung des dynamisch-funktionellen Geschehens. Hatte

> «die operative Therapie auf dem Kulminationspunkt ihrer raschesten Fortschritte... sich ohne große Rücksicht auf andere Faktoren ganz auf den Standpunkt der direkten Entfernung der Krankheitsursache durch ihre mechanistischen Maßnahmen gestellt»,

wie Kocher 1915 zugab[11], so mußte sie nun auf die Gegebenheiten der Physiologie vermehrt Rücksicht nehmen und sie, wenn unbekannt, erforschen.

Kocher hörte als Student konservative, allgemein ausgerichtete Chirurgie, begegnete in seinem letzten Semester sowie auf seiner Bildungsreise der neuen radikalen Lokal-Chirurgie und begann damit als junger Professor. Er «eroberte» manchen Körperteil für die Chirurgie, um so Krankheiten zu «beherrschen», wie er sich im militärischen Sprachgebrauch jener Zeit ausdrückte[12]. Das setzte erstklassige Operationsverfahren voraus. Die pathologisch-anatomische Grundlage und der Primat der Operationstechnik, ja das Verlangen nach bestimmten Normen einerseits, die stillschweigende Voraussetzung des Werts chirurgischer Eingriffe, ja die Hervorhebung der Rücksichten, welche die Internisten den Chirurgen schuldeten[13], andererseits, sind die Kennzeichen einer ganz bestimmten Entwicklung der Chirurgie: Man kann sie als die «radikale Zeit» bezeichnen. Sie erreichte etwa zur Zeit des Kocherschen Nobelpreises ihren Höhepunkt.

Kocher hatte indessen bald gelernt, seinen Glauben an Operationen einigen Lektionen der Physiologie anzupassen. Zwar stand auch in Bern die operative Technik im Brennpunkt des Interesses. Originelle Leistungen wie die Rückenmarkstopographie, die Versuche für die Hautschnitte und zur allgemeinen Chirurgie überhaupt dienten ja nicht wie die Hirndruckexperimente der wissenschaftlichen Begründung einer Operation, sondern ihrer wissenschaftlichen Durchführung. Aber Kochers Technik entwickelte sich aufgrund dergestalt experimentell untermauerter Prinzipien, offenbar im Gegensatz zu derjenigen an manch anderer Arbeitsstätte, sauber und sorgfältig, auf Gewebsschonung und peinliche Blutstillung abzielend.

«Die operative Arbeit ist über jeden Vergleich erhaben», schrieb Cushing 1901, «und zwar für den Patienten, nicht den Zuschauer, was wiederum in mancher anderen Klinik daheim [in den Vereinigten Staaten] und im [europäischen] Ausland nicht der Fall ist. Eine solch unerbittlich genaue Technik habe ich nur in einer einzigen anderen Chirurgischen Klinik gesehen [d.h. bei Halsted]; tatsächlich hat man das Gefühl chirurgischer Sicherheit in Bern[14].»

In diesem Klima wuchsen die Leitgedanken einer «physiologischen Chirurgie» im Sinne größtmöglicher Sorgfalt, die sich damals von Bern aus dank Halsted und Crile über die Vereinigten Staaten verbreitete; sie gehörte, zusammen mit der experimentell-klinischen Pathophysiologie, zum Besonderen an der Berner Klinik. In einem Satz drückte es der junge Franzose René Leriche (1879–1955) nach einem Besuch im Jahre 1906 aus: «Die Chirurgie schien entschieden gutartiger als anderswo[15].»

Der Anstoß zu dieser physiologisch sanft ausgerichteten Chirurgie war ihm aus England gekommen, und es ist interessant zu vermerken, daß auch das Echo darauf anscheinend in den angelsächsischen Ländern bis nach dem Zweiten Weltkrieg weitaus größer war als in Kontinentaleuropa (s. S. 41). Trotz aller dabei mitspielender Zufälligkeiten läßt sich dies anhand von Äußerlichkeiten einprägsam veranschaulichen: Einen wesentlichen Bestandteil des *Royal College of Surgeons of England* in London bildete während des ganzen 19. Jahrhunderts die Sammlung des eminenten physiologischen Chirurgen und Naturforschers John Hunter (1728–1793), zu dessen Gefolgschaft Kocher schon zeit seines Lebens in Amerika gezählt wurde (s. S. 181). Den neuen Sitz der Deutschen Gesellschaft für Chirurgie in Berlin dagegen taufte man 1892 zuerst nach Langenbeck, dann während des Ersten Weltkriegs in Langenbeck-Virchow-Haus um[16]. Und als Kocher 1903 die Ehrenmitgliedschaft der Deutschen Chirurgengesellschaft erhielt, hatten ihm die *Medical Society of London* (1890), die *American Surgical Association* (1894) sowie das englische *Royal College of Surgeons* (1900) dieselbe bereits verliehen[17].

Nun beschränkte sich sein physiologisches Denken keineswegs bloß auf die Verfeinerung der Operationsverfahren. Diese bahnte umgekehrt auch der physiologischen Forschung neue Wege. Gerade die Schilddrüsenoperationen hatten Kocher schon früh – die Chirurgie gegen Krebs und Tuberkulose etwas später – gezeigt, daß radikale Eingriffe selbst bei noch so sorgfältiger Technik nicht alle Fragen lösen konnten. Die damit in der Klinik empirisch erhaltenen Ergebnisse führten ihn immer wieder ins Laboratorium zu experimentellen Arbeiten. Prägnant konnte er das aus eigener Erfahrung in seinem Nobel-Vortrag in Stockholm ausdrücken:

«... gerade diese Möglichkeit, alle Organe direkter Beobachtung zugänglich zu machen und die Bedingungen zu ändern, unter welchen sie ihre Funktion ausüben, hat unsere Kenntnisse der *Physiologie des Körpers* ungemein erweitert. Einmal haben die Physiologen von den Chirurgen gelernt, ihre Tierexperimente unter dem Einfluß der Narkose und Asepsis so zu gestalten, daß unnötige Schmerzen... ausbleiben und daß die physiologischen Tätigkeiten der Organe in wirklich reiner Weise zu Tage gefördert werden können[18].»

Und drei Jahre nach Kochers Tod schrieb Franz Rost (1884–1935) im Vorwort zum ersten Lehrbuch der *Pathologischen Physiologie des Chirurgen* (1920), das chirurgisch-technische sei im wesentlichen ein abgeschlossenes Kapitel, so daß pathologisch-physiologische Fragen nun für die Chirurgen an Bedeutung zunähmen[19]*. Kocher betonte nach 1900 die Notwendigkeit einer vermehrten Beachtung von Indikationsstellung und funktionellen Gesichtspunkten bei Operationen. Das deutet an, daß er einen Abschluß der radikalen Richtung selbst spürte, der er ja selbst nie ausschließlich gefolgt war. Sein Beispiel weist darauf hin, daß die Entwicklung der Endokrinologie, mächtig gefördert durch die Schilddrüsenforschung, am Wandel des Chirurgen – und später auch des Gynäkologen und Geburtshelfers – zum physiologisch orientierten Mediziner wesentlich beteiligt war.

Wo stand Kocher nun mit seiner experimentell-physiologischen Chirurgie? Wie er selbst wußte, befand er sich auf solidem historischen Boden. Die experimentelle Chirurgie hatte in Frankreich um 1750 und in England zu Zeiten John Hunters recht Gewichtiges geleistet[20]. Was Hunter schon hervorgehoben, galt auch für ihn: Es war vordringlich, die Gründe und Mechanismen einer Krankheit zu erforschen, nicht bloß die Auswirkungen und deren Behebung. In diesem Sinn betrachtete Hunter Operationen als ein noch zu oft unvermeidliches Übel in der klinischen Chirurgie. 1786 setzte er seinen Studenten auseinander:

«Dieser letzte Teil der Chirurgie, nämlich die Operationen, widerspiegeln den Stand der Heilkunst. Er ist ein stillschweigendes Eingeständnis des Ungenügens der Chirurgie. Er ist wie ein bewaffneter Wilder, der versucht mit Gewalt zu erhalten, was ein zivilisierter Mensch mit Planung und Kunstgriff erreicht[21].»

Eine Amputation war für ihn daher «violence superadded to an injury[22]». So weit ging Kocher natürlich nicht mehr. Doch unterschied er etwa

---

* Darin könnte auch ein Grund liegen, weshalb Kochers *Operationslehre* nach 1907 nicht mehr neu aufgelegt wurde. Man erkannte, daß es nicht länger möglich war, eine chirurgische Technik aus einem Buch allein zu lernen. Kocher hatte sich aber gerade auf Technisches konzentriert, ohne grundlagenwissenschaftliche Betrachtungen systematisch aufzunehmen.

hundert Jahre später öfters im Gespräch sehr scharf den wahren Chirurgen von den «Leuten, die auch aseptisch zu operieren verstehen[23]». Im Jahre 1902 erinnerte er als Präsident der Deutschen Gesellschaft für Chirurgie seine Kollegen daran, daß der wahre Chirurg vor allem Naturforscher sei. Zur festeren Verankerung dieser Auffassung schlug er für die Zukunft vor, das Bibliothekswesen der Gesellschaft «noch viel großartiger zu entwickeln» und international auszubauen. Er schloß seine Eröffnungsansprache mit der pragmatischen Anregung:

> «Warum sollten wir uns nicht daran machen eine *Sammlung* zu begründen nach Analogie des *Hunter*schen Museums, wo die geschichtliche Entwicklung der Chirurgie eine Gestalt annimmt in Form von Präparaten und mannigfachen Belegen der Beobachtung und Arbeit unserer Vorgänger, damit manche Spätere der Mühe enthoben bleiben, etwas neu zu entdecken, was schon längst entdeckt war[24].»

Wundschmerz und -infektion hatten allerdings in der ersten Hälfte des 19. Jahrhunderts einer weiteren Ausbreitung der Experimentalchirurgie Grenzen gesetzt. Dann eröffneten Anästhesie und Antisepsis wohl neue Möglichkeiten, boten aber auch neue vordergründige Probleme – und Verlockungen. Die damit entstehende radikale Chirurgie zeitigte in ihrer Art höchst bemerkenswerte Leistungen. Auf Entschlußfreudigkeit und Wagemut beruhend, förderten diese wiederum einen bestimmten Typus von Chirurgen und von Literatur, bei denen technisch-operative Probleme gegenüber bakteriologischen und experimentellen Fragestellungen im Vordergrund standen. Wie ein führender Chirurg unserer Zeit weiter feststellte, kam damit «eine Art von Schule [auf], die mehr und mehr den Meister in seiner technischen Perfektion nachahmte, als wie bei Billroth, seiner wissenschaftlichen Einstellung zu folgen[25]». So beklagte dieser 1892, daß sich die Arbeit der meisten seiner jüngeren Zeitgenossen in dem vordringlichen und auch unmittelbar profitablen Bereich der operativen Chirurgie erschöpfte:

> «Unsere jüngsten Generationen gehen mir jetzt gar zu sehr in der chirurgischen Technik und in dem Überbieten, ob man nicht noch mehr riskieren könnte, auf. Ich vermisse ... oft die sinnige Betrachtung der Natur, den Drang nachzuspüren, wie dies oder jenes entsteht, die Zweifel, ob dies oder jenes, was in den Büchern steht, auch wohl so richtig ist[26].»

Gewiß, der Anteil der Kliniker an der pathophysiologischen Forschung des 19. Jahrhunderts ist bisher noch nicht insgesamt gewürdigt worden[27]. Nach dem heutigen Forschungsstand scheinen aber doch in der Chirurgie unmittelbare klinische Mißerfolge nur vereinzelt pathophysiologische Fragestellungen oder eine systematische Zusammenarbeit mit Theoretikern hervorgerufen zu haben wie bei Kocher[28]. So sind wir heute geneigt, Cushing beizupflichten, der den Berner 1903 unter die Ausnahmeerscheinungen einreihte, als er schrieb:

> «Wenige heutige Chirurgen haben sich wie Kocher, Horsley und Dr. Crile ausgiebig der Lösung klinischer Fragen mittels der Anwendung physiologischer Forschungsmethoden zugewandt[29].»

Wie die Experimente eines Hunter im 18. Jahrhundert, so brachten diejenigen eines Kocher hundert Jahre später chirurgische Indikation und Technik, der Zeit entsprechend, weiter. Beide Male wurden die Erfolge – meist einseitig – zahlenmäßig dargestellt[30]. In Amerika anerkannte man sehr klar die Rolle der Grundlagenforschung bei dieser Entwicklung. Im Jahre 1908 erklärte der Vorsitzende der *American Surgical Association* in seiner Festrede, die vielen Fortschritte, welche die gesamte medizinische Wissenschaft der Chirurgie verdanke, seien durch Chirurgen vom Typ Hunters errungen worden;

> «... und das Werk von William S. Halsted, Charles H. Mayo, George W. Crile und Harvey Cushing, aktiver Mitglieder unserer Vereinigung, zusammen mit den Arbeiten von Theodor Kocher und Victor Horsley, unserer Ehrenmitglieder, wird in diesem Zusammenhang stets anerkannt bleiben[31].»

Wie der wenig bekannte Verchère 1908 in Brüssel (s. S. 113f), so sprach der international angesehene Crile 1910 in London an einem Kongreß, dem Kocher beiwohnte, vom Höhepunkt der radikalen Chirurgie einerseits, von der zukünftigen Wichtigkeit der physiologischen Grundlagenforschung andererseits:

> «Es möchte scheinen, daß die Ära des Triumvirates von Anästhesie, Asepsis und pathologischer Anatomie ihren Zenith bald erreicht... Stehen wir nicht an der Schwelle des Zeitalters der Physiologie, der Deutung der Gesetze des Lebens schlechthin[32]?»

Rufen wir uns die direkten Beziehungen Kochers zu den aufgeführten Angelsachsen – und umgekehrt – in Erinnerung, so wird uns seine Rolle als Erneuerer der Hunterschen Chirurgie gebührend bewußt, einer Chirurgie, die bei ihm in ihrer forscherischen Grundlage wie in ihrer praktischen Anwendung in zweifachem Sinn «physiologisch» zu nennen ist.

Anmerkungen

1 Lain Entralgo 1950.
2 Stoeckel 1966, S. 133.
3 Lilienfeld 1982.
4 Gilbert et al. 1977; schon Bleuler (1921) wies in seinem noch sehr lesenswerten Buch *Das autistische Denken in der Medizin...* auf die besondere Beziehung der Chirurgen zur Statistik hin.

5   Ein Beispiel aus neuester Zeit betrifft die aufwendige Chirurgie an den Herzkranzgefäßen (s. historische Übersicht bei Tinker 1980, S. 66). Immerhin werden nun auch gut geplante Arbeiten dazu veröffentlicht, z.B. ibid., und European Coronary Surgery Study Group (1982). – Diese Bemerkung bezieht sich besonders auch auf die Verbreitung paramedizinischer Heilverfahren.
6   Die Literatur zu diesem Thema ist riesig. Ich verweise auf zwei neuere Arbeiten mit bibliographischen Angaben: Schafer 1982, Brett 1981, s.a. Gross 1979 sowie auf frühere Arbeiten von Martini (1953, S. 14–15) und Green (1954).
7   Ackerknecht 1969, Ackerknecht 1973.
8   Godlee 1917, S. 526; Absolon 1979, S. 131–134; English 1980, S. 24–25.
9   Zum Krebs s.a. Rather 1978, S. 178, sowie Ackerknecht 1957a, S. 62–63, 84–88, 101 und Ackerknecht 1961, S. 244–246.
10 Zur historischen Entwicklung der Krankheitsauffassung gibt es eine sehr umfangreiche Literatur. Neuere Bibliographien finden sich bei Rothschuh 1975, Rothschuh 1978, Doerr und Schipperges 1979.
11 K. 1915a, S. 2.
12 K. 1910c, S. 57; s.a. English, op. cit., Anm. 8, S. 32–33.
13 K. 1892a, 5. Aufl. 1907, S. III–IV.
14 «The operative work is beyond compare, for the patient and not the bystander, which again is not the case in many another clinic at home and abroad. Such rigorous technic I have known in only one other surgical clinic; one has, in fact, a feeling of surgical security in Bern» (zit. bei Cushing 1901, S. 581).
15 «La chirurgie paraissait nettement plus benigne qu'ailleurs» (zit. bei Leriche 1965, S. 169–170).
16 s. Trendelenburg 1923, S. 452–454.
17 *Verh. D. Ges. Chir.* 32, I: 8–9, 164–165 (1903); *Brit. med. J.* i: 930 (1890); Ravitch 1982, S. 161; *Royal College of Surgeons of England, Minutes of Council 1891–1901*, London 1901, S. 273–274.
18 K. 1910c, S. 2.
19 Rost 1921, S. IV.
20 Neuburger 1897, Buess 1972; für weitere Bibliographie s.a. Ackerknecht 1976, S. 231.
21 «This last part of surgery, namely operations, is a reflection of the healing art, it is a tacit acknowledgement of the insufficiency of surgery. It is like an armed savage who attempts to get that by force which a civilized man would get by stratagem» (zit. bei Hunter 1835, S. 210).
22 Hunter 1794, S. 562.
23 Quervain 1917b, S. 1218.
24 K. 1902a.
25 Fuchsig 1972, S. 195.
26 Brief an Professor Gussenbauer, Prag; zit. bei Fischer 1906, S. 550–551.
27 Einen Anfang für die Chirurgie bietet Bücherl 1972, s. einzelne Aspekte in biographischen Darstellungen, etwa bei MacCallum 1930; Fulton 1946; Tröhler 1975; Buess 1979; English, op. cit., Anm. 8.
28 «Few surgeons to-day, like Kocher, Horsley and Dr. Crile have devoted themselves extensively to the solution of clinical problems by adopting methods of physiological research» (zit. bei Cushing 1903, S. 255).
29 Fuchsig, op. cit., Anm. 25.
30 Zur Erfolgsbewertung chirurgischer Eingriffe wie Amputation und Steinschnitt von 1720 bis 1830 s. Tröhler 1978, S. 397–442.
31 «... and the work of William S. Halsted, Charles H. Mayo, George W. Crile and Harvey Cushing, active members of the Association, together with those of Theo-

dor Kocher and Victor Horsley, Honorary Fellows, will always be recognized in this connection» (zit. bei Ravitch 1982, S. 380).

32 «It would seem that this era of the great triumvirate of anesthesia, asepsis and pathological anatomy is nearing its zenith.... Are we not on the threshold of the era of physiology, the interpretation of the laws of life itself?» (zit. bei English, op. cit., Anm. 8, S. 167–168).

12
Vermächtnis

Den Forscher und Arzt Theodor Kocher beseelte ein hauptsächlicher Beweggrund, die Ausweitung der dem therapeutischen Eingreifen gesetzten Grenzen. Im frühzeitigen Ersatz rational begründeter konservativer Maßnahmen durch theoretisch einleuchtendere radikal-chirurgische Eingriffe sah er als junger Mediziner die einzige Möglichkeit, seine Überzeugung von der Ausrottbarkeit der meisten Leiden mit Aussicht auf eindeutigen Erfolg in Taten umzusetzen. Es galt also, dieser chirurgischen Behandlung neue Anwendungsgebiete zu erschließen, sie immer gefahrloser, ja schließlich physiologisch zu gestalten und damit das Vertrauen von Patienten und nichtoperierenden Ärzten, «ces médecins de vieilles allures», wie er sie einmal nannte, zu gewinnen. Aller Anfang war bescheiden. So heißt es im Bericht über die Frühjahrsversammlung der Medizinisch-Chirurgischen Gesellschaft des Kantons Bern aus dem Jahre 1874 über die Zulässigkeit der Ovariotomie: Der Vortragende Professor Kocher

> «sucht durch Vorstellung zweier Patientinnen, welche nach überstandenen sehr schwierigen Operationen jetzt der vollständigsten Gesundheit sich erfreuen, das Zutrauen der Ärzte zu der Operation zu erhöhen».

Das mag noch wenig überzeugt haben; denn die drei anderen Patientinnen der referierten Serie von fünf Ovariotomien waren an der Operation verstorben. So meinte der Präsident, nachdem er über einen eigenen, mit Bädern und Umschlägen konservativ behandelten und «dauernd» geheilten Fall von Ovarialzysten berichtet hatte, bei der Erwägung einer Operation sei als wesentlicher Punkt zu bedenken, «daß es nicht viele Spencer Wells ... gebe[1]».

Solche Bemerkungen müssen den therapeutischen Aktivisten Kocher zur Fortsetzung seiner chirurgischen Bemühungen geradezu angestachelt haben. Sollte ihm nicht gelingen, was ein anderer konnte? Tatsächlich gelang es ihm auch innerhalb ganz weniger Jahre. Doch entstanden immer wieder neue Schwierigkeiten, sowie er die einmal beschrittene «radikale» Treppe weiter emporstieg: Vier Monate nach der ersten erfolgreichen Magenresektion wegen Krebs durch Billroth führte Kocher im Juni 1881 seinen ersten derartigen Eingriff aus. Der Patient starb. Auch die zweite und dritte Operation endeten nacheinander mit dem Tod. Erst der vierte Fall wurde im Herbst 1883 geheilt[2]. Wie stand es andererseits mit den Mißerfolgen der konservativen Behandlung dieser Kranken – ja mit der Behandlung überhaupt? Hatte nicht eben der Fall eines bekannten Politikers Staub aufgewirbelt, der an Blutvergiftung gestorben war, nachdem ihm ein Barbier Blutegel angesetzt hatte? «Sollte man so etwas im Zeitalter der Antisepsis nicht endlich verbieten», fragte Kocher[3]. Diese war doch für eine geschickte Hand ein sicheres Geländer an der Treppe zum höheren Stockwerk neuer Möglichkeiten mit den Stufen besserer Anästhesie und genauerer Lokaldiagnose[4]. Statistiken wiesen denn auch nach und nach die abnehmende Gefährlichkeit der Operationen nach, ja schließlich bewiesen sie die Sicherheit des unmittelbaren Resultats. Nach vierzig Jahren energischer Bemühungen konnte Kocher 1909 seine Ansprache zu einer feierlichen Gelegenheit – der Verleihung des Nobelpreises – überlegen einleiten:

> «Die chirurgische Therapie erfuhr eine großartige Erweiterung, indem nicht nur auf den bisher von den Chirurgen gepflegten Gebieten der Heilung accidenteller Wunden die Gefahren beseitigt werden konnten, sondern bei der großen Mehrzahl sog. interner Krankheiten eine von den glänzendsten Heilerfolgen gekrönte chirurgische Behandlung ermöglicht wurde. Es ist binnen weniger als einem halben Jahrhundert möglich geworden, sämtliche Organe des Körpers, Hirn und Herz nicht ausgeschlossen, freizulegen ohne Gefahr und die nötigen chirurgischen Maßnahmen an denselben auszuführen[5].»

Ein Hauptziel schien damit erreicht. In seinen Augen mußte nun mit der alten Vorstellung von der Chirurgie als eines *ultimum,* ja sogar *ultissimum refugium* mit der Voraussicht eines üblen Ausgangs endgültig aufgeräumt werden[6]. Die Chirurgen waren, wie er dies 1913 ausdrückte, «die wahren Internen geworden», nämlich die therapeutisch aktiven,

> «weil sie auf Grund des Studiums der physiologischen Tätigkeit *innerer Organe* sich deren Therapie erobert und zugänglich gemacht haben, und im Innern des Körpers durch ihre Eingriffe... oft besser Bescheid wissen als die offiziellen Internisten[7]».

Das mochte in einem gewissen Sinn für ihn zutreffen. Indessen, die vermeintliche «bel-étage» erwies sich bei nüchterner und allgemeinerer Betrachtung doch erst als Treppenabsatz in seinem Fachgebiet selbst, und erst recht, wenn der Chirurg darüber hinaus blickte. Wie stand es dann mit dem Verhältnis zu jenen «offiziellen Internisten» mit dem erstrebten Vertrauen in die chirurgischen Maßnahmen? Welche waren überhaupt «nötig», und wer bestimmte das? Hier harzte und haperte es doch offensichtlich trotz aller die Chirurgenwelt überzeugenden Zahlen. Hatte Kocher die Grundlagenwissenschaften, zuerst normale und pathologische Anatomie sowie Physiologie und sogar Physik, später auch Bakterio-

Abb. 19
Theodor-Kocher-Institut in Bern, Nordfassade. Aquarell von F. Traffelet (1950) als Titelblatt des Institutsgästebuches

logie, medizinische Chemie und Pharmakologie bewußt in den Dienst seines Faches eingespannt, so gab es zu jenen Fragen in Bern immer noch keine nennenswerte Zusammenarbeit mit der inneren Medizin, wohl aber jene gegensätzlichen Stellungnahmen Kochers und Sahlis, die in des Chirurgen Arbeiten immer wieder durchbrachen[8]. 1898 beklagte er in London die Kranken, ihre Familien wie auch nichtoperierende Mediziner hielten immer noch an dem Anachronismus fest, jegliche innere Behandlung zu erschöpfen, bevor man einen Chirurgen überhaupt ans Krankenbett heranlasse[9]. Auch im neuen Jahrhundert wurde die Chirurgie «trotz Kocher und de Quervain» von einer ganzen Studentengruppe «als rein empirisch gesteuertes Handwerk abgelehnt», wie der Psychiater Max Müller (1894–1980) in seinen *Erinnerungen* schreibt[10]. Da es ihm schließlich um das Wohl der Patienten ging, scheute Kocher, in die Zukunft blickend, keine Anstrengung und kein Argument, diesem Übelstand abzuhelfen.

Einmal kehrte er vor seiner eigenen Tür. Seit einiger Zeit erkannte er die Gefahren der Oberflächlichkeit und Selbstgenügsamkeit, welche die «Sicherheit» des chirurgischen Eingriffs selbst für die Wahrung des erreichten wissenschaftlichen Standes der Chirurgie in sich barg. So warnte er 1897 im Vorwort zur dritten Auflage seiner *Operationslehre:*

> «Gerade weil zur Stunde Operationen selbst bei falscher Beurtheilung eines Falles ungestraft ausgeführt werden können, so weit es sich um das Leben des Kranken handelt, wird man einen strengeren Maaßstab anlegen müssen in Beurtheilung der Indicationen für bestimmte Operationsmethoden und des functionellen Erfolges derselben. Wenn die Ärzte nicht daran festhalten, so läuft die Chirurgie Gefahr, wieder auf den Standpunkt des Handwerks zur Zeit der Bruchschneider und Staarstecher herabzusinken, wofür in einzelnen Ländern schon recht bedenkliche Anzeichen vorhanden sind[11].»

Dann stichelte er in seinen Arbeiten und Vorlesungen immer wieder gegen das therapeutische Versagen der Internisten, zumal seines hochangesehenen Gegenspielers Sahli[12], die «von der Chirurgie recht gering denken, ja bei jeder Gelegenheit ihre Erfolge bemängeln[13]». Gleichzeitig umwarb er die nichtoperierenden Kollegen auch in versöhnlichem Ton, so in einem Aphorismus zum 50-Jahr-Jubiläum der *Wiener medizinischen Wochenschrift* im Jahre 1900:

> «Einen bedeutenden Fortschritt für unsere Heilbestrebungen erwarte ich von der hoffentlich mehr und mehr sich Bahn brechenden Erkenntnis der Ärzte, daß es ihre Pflicht ist, um jeden Preis unter Berathung competenter Fachmänner Frühdiagnosen zu machen, bevor irgend eine Behandlung stattfindet, und ferner, daß rechtzeitige Hilfe in der Mehrzahl der Krankheitsfälle nur gesichert wird, wenn Interne und Chirurgen gemeinsam schon im Beginn einer Krankheit die Indicationen zu therapeutischem Eingreifen feststellen[14].»

Schließlich leitete er aus seinem Selbstverständnis als Arzt, als geschickter, physiologisch denkender und nach anatomischen Grundsätzen handelnder Chirurg, doch ebensosehr als Forscher, sein eigentliches Legat für die Zukunft ab. Er tat dies im Bewußtsein an der Schwelle zu einer neuen Entwicklungsstufe von Chirurgie und Medizin, nämlich der «biologisch-physiologischen», wie Crile sie genannt hatte, zu stehen. In der Festansprache zu seinem 40-Jahr-Professorenjubiläum erinnerte er 1912 an die Leistungen seiner Zeitgenossen Pasteur, Lister und Robert Koch, als er der Universität Bern eine erhebliche Schenkung von 200 000 Franken (heute ungefähr 1 Million) machte mit der Auflage, das Geld nicht etwa für ein Spital, sondern für ein Institut zur «Erforschung der Lebensvorgänge im weitesten Sinne des Wortes» zu verwenden. Sein Vermächtnis sollte also ein Institut für biologische Grundlagenforschung sein, wie sie schon im Ausland, zum Beispiel in Berlin, New York, Paris und Petersburg bestanden. Diese Absicht verstand man wohl zu Hause nicht überall, so daß sie der Stifter folgendermaßen rechtfertigte:

«... ich schlage die Wohltat, welche eine durch wissenschaftliche Forschung erreichte Erfindung oder Entdeckung für die Menschheit im Gefolge haben kann, so außerordentlich hoch an, daß ich überzeugt bin, daß dem in den Urkunden ... vom Jahr 1834 niedergelegten ... Hauptzweck der Berner Hochschule am besten entsprochen ist, wenn aus der Stiftung eine dauernde Förderung wissenschaftlicher Forschungen hervorgeht[15].»

Diese Schenkung bedeutete die erste Stiftung großen Stils, die der Hochschule zufiel[16]. Aus ihr entstand 1950 das Theodor-Kocher-Institut der Universität Bern (s. Abb. 19).

Kocher war als Arzt sowie als klinisch-investigativer Forscher vordergründig mindestens ebenso erfolgreich gewesen wie in seinen experimentellen Grundlagenarbeiten. Auch gab es eine Methodologie der klinisch-evaluativen Forschung, deren Berechtigung er prinzipiell erkannt hatte. Trotzdem hielt er offenbar klinische Arbeiten für weniger sichere Garanten des weiteren Fortschritts und der Beibehaltung des Status der Chirurgen als Mediziner denn die Anregung zur experimentell-biologischen Forschung.

Bezeichnenderweise sprach er die Hintergründe für seine Auffassung am offensten in Briefen an seine Medizin studierenden Söhne aus. Darin findet sich auch etwas von seinem inneren Zwiespalt wieder. Nichts wäre dem Vater lieber gewesen, als daß sie sich, befreit von allen materiellen Sorgen, wie sie es im Gegensatz zu ihm waren, der reinen Forschung gewidmet hätten. Gewiß sei der Weg des Forschers mühsamer und bringe viel weniger Anerkennung, schrieb er seinem Ältesten zur Doktorpromotion, aber das Streben, der Erkenntnis neue Wege zu bahnen und Hilfe zu schaffen für viele, die man nicht kenne und niemals sehen werde, sei ein noch göttlicherer Beruf als die Hilfe für den einzelnen[17]. Und ein andermal hieß es:

> «Christus hat uns gezeigt, wie ganz man sich selbst vergessen muß, um noch nach Jahrhunderten Segen ohne Ende zu stiften. Nun, an Christus können wir nicht heranreichen; aber er gibt doch zu ernstem und treuen Streben seinen Segen, und an Gottes Segen ist alles gelegen[18].»

Neben religiöser bestätigte ihn auch medizingeschichtliche Einsicht in seiner Wertung: Die Arzneikunst von Galen bis ins 16. Jahrhundert zeige so recht schlagend, wie unfruchtbar es sei, wenn man nur das wissenschaftlich Erreichte nachbete und auf Autorität hin alles annehme statt durch eigene Untersuchungen nach neuer Methode auf den Erfahrungen der Vorgänger weiter zu bauen, bemerkte er schon als junger Arzt[19]. Auf der Höhe seines Ruhms rief er 1912 an der Feier zu seiner vierzigjährigen Lehrtätigkeit das «Alles umfassende Genie» Albrecht von Hallers in Erinnerung, der,

> «... weil er sich bis an sein Lebensende selbsttätig der Erforschung von Tatsachen widmete, zu einem Reformator geworden ist auf allen Gebieten seiner Tätigkeit, und welcher die der modernen Naturforschung zugrunde liegende Methode experimenteller Forschung gegenüber bloß philosophisch-scholastischer Betrachtung der Naturerscheinungen gegründet hat[20].»

Dieses ideale, ehrgeizige und vor allem ehrliche Forscherethos hat bis ans Lebensende des hingebungsvollen Arztes an Bedeutung ständig zugenommen. Als siebzigjähriger Meister fühlte sich Theodor Kocher für die Zukunft seines Fachs in der Medizin überhaupt verantwortlich. Aus studierter und erlebter Geschichte war er von der Erkenntnis des Stellenwerts der reinen Forschung durchdrungen. Diese Einsicht wollte er schon zu Lebzeiten für die Zukunft lebendig erhalten. Durch seine Stiftung wurde sie in der Tat zu seinem geistigen Vermächtnis. Für uns hat dieses Erbe volle Gültigkeit bewahrt. Es muß stets von neuem in die Tat umgesetzt werden, soll die Chirurgie, ja die gesamte Heilkunde nicht auf die Stufe des Empirismus, des Handwerks oder des blinden Autoritätsglaubens zurückfallen.

Anmerkungen

1. K. 1875a.
2. K. 1883c.
3. K. 1880i.
4. Neben der Dermatom-Forschung und der kranio-zerebralen Topographie s. a. die interessante Methode zur Lokalisation eines metallenen Fremdkörpers mittels

eines Riesengalvanometers in Zusammenarbeit mit dem Berner Physiker Forster, K. 1884.
5 K. 1910c, S. 2.
6 K. 1906b, S. 57; K. 1901a, S. 430–431.
7 K. 1913b, S. 1602.
8 s. z.B. K. 1893c; K. 1892a, 5. Aufl. 1907, S. III–IV, VI–VII, 251; K. 1906b, S. 61–62; K. 1910c, S. 41; K. 1912a; K. 1913b.
9 K. 1898f.
10 Müller 1982, S. 4.
11 K. 1892a, 3. Aufl. 1897, S. VIII.
12 s. z.B. Fanconi 1970, S. 262.
13 K. 1892a, 5. Aufl. 1907, S. III.
14 K. 1900b.
15 K. 1912d, S. 5.
16 Feller 1935, S. 521.
17 Bonjour 1981, S. 91.
18 zit. ibid.
19 ibid., S. 29.
20 K. 1912d, S. 4.

Anhang I

Transkription des Briefes von Theodor Kocher an Professor Otto Haab (1850–1931), Zürich; datiert Bern 19. XII. 1896 (KM. 1896)

Lieber Herr College!
Endlich komme ich dazu, Ihnen über Fräul. [...] zu berichten. Es wird Sie sehr interessieren, zu erfahren, daß Ihre Diagnose sich als völlig richtig erwiesen hat, nämlich daß ein *Tumor cerebri* vorlag. Leider war es auch mir nicht gelungen, richtig zu lokalisieren. Dr. Lanz [Kochers Oberarzt] hatte 3 Anfälle beobachtet und beobachten lassen, aus denen hervorging, daß ein epileptischer Anfall stets im linken Facialis [und] in den Fingern der linken Hand seinen Ursprung nahm. Da nun eine ganz deutliche Parese des l[inken] Facialis & der linksseitigen Extremität vorlag, so schien uns der Eingriff über den *rechtsseitigen Centralwindungen* gerechtfertigt. Es fand sich aber nach Duraspaltung keine Veränderung, außer einem ganz hochgradig gesteigerten Hirndruck, so daß das Gehirn gewaltsam hervorquoll und das Wiedereinsetzen der Knochenplatte (die osteoplastisch aufgeklappt war) unmöglich machte. Sie wurde deshalb entfernt. Die ersten Tage ging alles gut. Dann trat ganz unerwartet ein einmaliger äußerst heftiger Krampfanfall ein (der sich nicht mehr wiederholt hat) der aber mit solcher Heftigkeit den Kopf auf die Kissen schlug, daß die Wunde platzte & das gewaltsam gequetschte Gehirn hervorgepreßt wurde. Diese Contusio ist wohl die unmittelbare Todesursache gewesen, die unter dem Symptom zunehmenden Hirndrucks erfolgt ist ohne Fallen und ohne sonstiges Stürzen.
Die Autopsie zeigte einen walnußgroßen Tumor cerebelli, das Pons [?] ca. ad frontem durchbrechend, Gliom od. Sarcom, auf der linken Seite. Der Facialis & Acusticus (Pat. hatte links aufgehobenes Hörvermögen) durch Druck abgeplattet und stark verändert. Das Kleinhirn retrahiert. Ggs abgeplattet.
Darf ich um baldige Rücksendung der [?] Zeichnung bitten?

Mit ergebenem Gruß!
Ihr Th. Kocher.

Anhang II

Autobiographische Skizze Theodor Kochers aus der Nobelfestschrift des Jahres 1909 (K. 1910g)
(Laut der Bibliotheksleitung des Karolinska Instituts, Stockholm, schreiben die Nobel-Preisträger ihre zur Veröffentlichung mit den Nobel-Vorlesungen bestimmten Kurzbiographien selbst. Ausnahmen von dieser Regel seien sehr selten. So habe auch Theodor Kocher mit größter Wahrscheinlichkeit seine Biographie selbst verfaßt*. Neben dieser Praktik lassen auch die Kenntnis inhaltlicher Details im persönlichen Bereich und bezüglich einzelner Publikationen – etwa den *torticollis spasticus* und die *Operationslehre* betreffend – die Zitierweise sowie Stilmerkmale mit Sicherheit auf Kocher als Verfasser schließen).

Theodor Kocher,

wurde als Sohn des Oberingenieurs Kocher am 25. August 1841 in Bern geboren. Von dem arbeitsfreudigen Vater zu steter Arbeit angehalten und durch die Pflege einer treuen Mutter und später die liebevolle Sorge einer aufopferungsfähigen Frau zu den Strapazen anhaltenden Schaffens tüchtig gemacht konnte er sämtliche Schulen, Gymnasium und Hochschule ohne Unterbrechung durchmachen und doktorierte im Jahre 1865 mit der Note: Summa cum laude unanimiter. Seine Lehrer in Chirurgie waren Demme, Lücke, Billroth, Langenbeck. Auf die warme Empfehlung beider letzteren wurde er als Nachfolger Lücke's (der nach Straßburg berufen war) zum ordentlichen Professor der Chirurgie und Direktor der chirurgischen Universitätsklinik in Bern 16. März 1872 gewählt und ist seither dieser Stelle treu geblieben trotz mehrfacher Berufungsanfragen auf auswärtige Universitäten.

Schon als Assistent Lückes und als Privatdozent (seit 1866) hat Kocher eine experimentelle Arbeit *über die feineren Vorgänge bei der Blutstillung* (durch Torsion der Arterien) veröffentlicht (Langenbecks Archiv Bd. XI), welche Billroths besonderes Wohlgefallen fand, und durch anatomische und pathologisch-anatomische Untersuchungen hat er eine *Neue Reduktionsmethode für Schulterluxationen* gefunden, welche als einfachste und

---

* Persönliche Mitteilung des Direktors, Erkki Hakulinen, vom 6. Mai 1984.

sicherste Methode der Einrenkung nicht bloß frischer, sondern auch veralteter Verrenkungen im Schultergelenk bald allgemeine Anerkennung fand und zur Stunde für die gewöhnlichste Form, die Luxatio subcoracoidea als Rotations-Elevationsmethode die allgemein übliche geworden ist.

Als Kocher seine chirurgische Tätigkeit begann, hatte sich gerade der Übergang von der septischen zur antiseptischen Wundbehandlung vollzogen und Kocher hat mit aller Energie an der Ausbildung der letzteren und ihrer Vervollkommnung gearbeitet, da er ihre große Bedeutung bald erkannte. So entstanden eine Reihe von Arbeiten «Eine einfache Methode zur Erzielung sicherer Antisepsis (1888)»; «Die antiseptische Wundbehandlung mit schwachen Chlorzinklösungen»; die «Listersche Behandlung bei der Ovariotomie», ca. 1875; «Zubereitung antiseptischen Catguts»; «Über die einfachsten Mittel zur Erzielung einer Wundheilung ohne Drainröhren»; «On some conditions of healing by first intention» American med. Association Apr. 1880; «Der Wundverband von Lister». Die chirurgische Klinik in Bern bildete eine Zeit lang einen Anziehungspunkt für Ärzte, die sich in der antiseptischen Wundbehandlung orientieren und ausbilden wollten. Später ist Kocher als einer der frühesten zur reinen Asepsis übergegangen, da er durch seine vereinten Arbeiten mit Tavel, welchen er bei seinen bakteriologischen Studien zu fördern suchte, über die Infektionsvorgänge sich zu orientieren die beste Gelegenheit hatte. Aus dieser genannten Arbeit sind die in neuster Zeit in 2:ter Auflage erschienenen *Vorlesungen über chirurgische Infektionskrankheiten* von Kocher und Tavel (Basel 1892 und Jena 1909) hervorgegangen.

Da Kocher auch Kurse für Militärärzte zu leiten hatte, so mußte die Lehre von den Schußverletzungen experimentell bearbeitet werden. Die daherigen Untersuchungen haben wesentliche *Beiträge zur Lehre von den Sprengwirkungen der Geschosse* geliefert und Kocher hat mit v. Schjering die ausgedehntesten Versuche und Stützen für die moderne Auffassung der Wirkungsweise der Kleinkalibergeschosse mit hochgradiger Anfangsgeschwindigkeit geliefert und letztre auf hydrodynamische Wirkung zurückgeführt. Diesen Untersuchungen sind zahlreiche kleine Veröffentlichungen im Correspondenzblatt für Schweizer Ärzte und ein Vortrag in den allgemeinen Sitzungen des internationalen medizinischen Congresses in Rom (Apr. 1874) «Die Verbesserung der Geschosse vom Standpunkt der Humanität», sowie 2 größere Arbeiten entsprungen: *Über Schußwunden* bei F. C. W. Vogel Leipzig 1880 und *Die Lehre von den Schußwunden durch Kleinkalibergeschosse* bei Fischer, Cassel 1895, (Bibliotheca medica).

Von wichtigeren Arbeiten Kochers sind im Weiteren folgende zu erwähnen: Über *Die acute Osteomyelitis* Deutsche Zeitschr. f. Chirurgie 1878. In dieser Abhandlung ist die Lehre der Osteomyelitis als einer Staphylomykose und damit das ganze Bild der Staphylomykosis chronica et acuta bis zu den «pyämischen» Formen eingehend dargestellt. – *Die Lehre von der Brucheinklemmung,* eine experimentell-klinische Studie, Deutsche Zeitschr. f. Chir. Band 8 1877. In dieser Studie wird auf Grund einer großen Anzahl von Experimenten eine neue Theorie der Brucheinklemmung begründet, die *Dehnungstheorie,* welche auch eine große Bedeutung für den Ileus erhalten hat. Zu dem Kapitel der Brüche sind eine Reihe kleiner Aufsätze erschienen und Kocher hat in seiner Operationslehre eine *eigene Methode zur Radikaloperation der Hernien* vorgeschlagen, welche sich für einfache und nicht zu große Brüche sehr bewährt hat und in Bezug auf radikale Heilung bessere Resultate ergibt, als die Mehrzahl der sonst üblichen Methoden. Eine größere Arbeit ist *Die Hernien im Kindesalter* in Gerhardt's Handbuch, Tübingen 1880.

Abgesehen von den Hernien hat sich Kocher sehr eingehend mit der *Chirurgie der Abdominalorgane* beschäftigt. Zur *Magenresektion* wurde ein neues Verfahren beschrieben, die Pyelorectomie mit folgender Gastro-Duodenostomie, welche nach Kocher's Statistik (die eine der größten ist, die publiziert sind) zur Stunde die besten operativen Heilerfolge und Endresultate erzielt hat. Zur *Excisio recti* wurde die vorgängige Excision des Steißbeins eingeführt, welche Kraske veranlaßt hat, noch einen Schritt weiter zu gehen und auch ein Stück Sacrum zu entfernen als Voroperation (Centralbl. f. Chir. 1874); *Zur Radikalheilung des Krebses,* Deutsche Zeitschr. f. Chir. Bd. 13. – *Die chirurgische Therapie bei Magenleiden,* Mitteilungen aus den Grenzgebieten, Jena 1909; – Mit der *Choledocho-Duodenostomia interna* (Corr. bl. f. Schweizer Ärzte) wurde ein neues Verfahren zur Excision von Gallensteinen aus dem untersten Teil des Choledochus begründet und in der *Mobilisierung des Duodenum,* Centralbl. f. Chir. 1902, eine wichtige Förderung für alle das Duodenum mitbetreffenden Operationen geschaffen. – Eine gemeinsam mit Dr. Matti herausgegebene Arbeit über *Hundert Operationen an den Gallenwegen* (Archiv f. klin. Chir. v. Langenbeck Bd. 81) fordert frühes chirurgisches Eingreifen bei Gallensteinen, aber zugleich Vereinfachung desselben in Form der idealen Cholecystotomie. Die Mitteilung über ein «Mannskopfgroßes Empyem der Gallenblase» etc., Corr. bl. f. Schweizer Ärzte, gab einen der ersten Anstöße zur operativen Behandlung von Erkrankungen der Gallenwege. Eine größere Abhandlung über *Ileus* (Mitteilungen aus den Grenzgebieten, Bd. 4. 1898) kämpft für rechtzeitige chirurgische Behandlung jedes mechanischen Ileus entgegen der üblichen Praxis der Ärzte und Internen und gibt die nötigen Belege für diese Forderung.

Ein größeres Werk stellt die Bearbeitung der *Krankheiten der männlichen Geschlechtsorgane* dar für das Handbuch der speziellen Chirurgie von Pitha & Billroth, Stuttgart 1875, und für die Deutsche Chirurgie von Billroth und Lücke, Stuttgart 1887. Zu dessen Ausarbeitung hat Kocher eine große Zahl der pathologisch-anatomischen Sammlungen Deutschlands besucht; ein Teil der path.-anatomischen Kapitel ist darin von Langhans bearbeitet.

An ferneren größeren Arbeiten sind erschienen: *Die Verletzungen der Wirbelsäule zugleich als Beitrag zur Physiologie des menschlichen Rückenmarks*

(Grenzgebiete Jena 1896). Hier ist in ausführlichster Weise unter Aufstellung neuer Einteilungen die Lehre von den Verletzungen der Wirbelsäule geschildert und im Anschluß daran zum ersten Mal in einem chirurgischen Werk die Lokalisationslehre an Hand chirurgischer Erfahrungen geprüft und durch zahlreiche Abbildungen erläutert. Die Abbildungen und Schemata sind in viele neuere Werke übergegangen. Die *Beiträge zur Kenntnis praktisch wichtiger Fracturformen* Basel 1896 geben unter Zugrundelage sehr zahlreicher und genauer Beobachtungen neue Untersuchungsmerkmale für verschiedene Formen von Fracturen sowie eine Einteilung vom ätiologischen Gesichtspunkte aus.

Die Arbeiten *Zur Kenntnis der traumatischen Epilepsie* (Deutsche Zeitschr. f. Chir. Bd. 36) und «Über einige *Bedingungen zur operativen Heilung der Epilepsie* (Langenbeck's Arch. Bd. 59) begründeten und empfahlen die Vorteile der Decompression bei erhöhtem Hirndruck und bei Epilepsie (Ventilbildung). Ebenso wurde in dem Aufsatz *Zur Lehre der Gehirnverletzungen durch stumpfe Gewalt* (Deutsche Zeitschr. f. Chir. Bd. 35) die Notwendigkeit chirurgischen Eingreifens zur Prophylaxis der Epilepsie hervorgehoben. Eine große hirnchirurgische Arbeit erschien in Notnagel's Handbuch der Pathologie und Therapie Wien 1901: *Hirnerschütterung, Hirndruck und Trepanation.* Hier konnten dank der Mitarbeitung von Cushing in Baltimore die Symptome des Hirndrucks auf eine von einer genau meßbaren Höhe abhängige erst venöse, dann capillararterielle Circulationsstörung zurückgeführt und die Art derselben durch Abbildungen und Kurven deutlich gemacht werden. Daran anschließend wurde die Auffassung der Hirnerschütterung als von einer durch hydrodynamische Wirkung zu Stande gebrachten akuten Hirnpressung begründet.

Zur Heilung des *Torticollis spasticus* wurde ein neues Verfahren, nämlich bloße aber gründliche Trennung sämtlicher von Krampf befallener Muskeln ohne Schädigung der Nerven empfohlen und der Erfolg dieser Operation an einer Reihe von Beobachtungen dargetan, Myotomie an Stelle der sonst geübten Nervendurchschneidung (vergl. Semaine médicale 1896 von Dr. de Quervain).

Eine große Arbeit über *Pes varus* und seine Behandlung mit dem Nachweis, daß nicht bloß der Talus, wie man früher gezeigt hatte, sondern sämtliche Knochen der Fußwurzel bestimmte Deformitäten erleiden, erschien in der Deutschen Zeitschr. f. Chir. Bd. 9, 1877.

Das häufige *Vorkommen von Phosphornekrose* wegen der früher in der Schweiz ausgedehnt betriebenen Fabrikation von Phosphorzündhölzern gab Anlaß zu einer größeren illustrierten Arbeit über dieses Leiden, seine Verhütung und Therapie, welche als Bericht an das eidgenössische Departement des Inneren im Druck erschienen ist. (Biel 1893.)

Zur *Coxa vara*, welche unter diesem Namen wohl zuerst in der Berner Klinik einer eingehenden klinischen Besprechung unterzogen worden ist, wurden in der Deutschen Zeitschr. f. Chir. Bd. 40 die Ätiologie und die Besonderheiten der typischen von Kocher aufgestellten Form verfochten.

Außer den angeführten größeren Arbeiten ist eine große Anzahl kleinerer Veröffentlichungen in den Sammlungen klin. Vorträge von A. Volkmann, im Centralblatt für Chirurgie, im Correspondenzblatt für Schweizer Ärzte (hier allein 30 Arbeiten) und in anderen Zeitschriften erschienen. Eine Hauptaufgabe aber machte sich Kocher daraus, die operative Chirurgie zum Gemeingut der Ärzte zu machen und hat sich der Anerkennung seines Bestrebens in dem Maße erfreut, daß bereits 5 Auflagen seiner *Chirurgischen Operationslehre* (bei Fischer in Jena) erschienen sind und die 6:te in Aussicht genommen ist, und daß das Werk in die meisten modernen Sprachen, die englische, französische, spanische, russische und japanische übersetzt worden ist. In diesem Werk sind eine große Anzahl neuer Operationsmethoden beschrieben, speziell in der Abdominalchirurgie und der Chirurgie der Gelenke, überall dem Grundsatz folgend, bei Operationen das Minimum von Verletzungen zu schaffen. Ähnlich ist die Lehre von der besten Schnittführung begründet, welche hier zum ersten Mal eine anatomisch-physiologische Begründung und Gestaltung erfahren hat.

Das Gebiet endlich, dessen Studium und Förderung sich Kocher ganz besonders zu einer Lebensarbeit gemacht hat, ist dasjenige der *Erkrankungen der Schilddrüse* und zwar einem Rate folgend, den ihm der berühmte Pirogoff bei einem Besuche als jungem Dozenten mit auf den Weg gab, unter Berücksichtigung der Physiologie und Anatomie sowohl als der in der Richtung klinischen Seite, der Ätiologie, Symptomatologie und Therapie der Kropfkrankheiten.

Auf diesem Gebiet liegt Kocher's folgenreichste Entdeckung, diejenige der *Cachexia strumipriva*. Dieselbe hat den Anstoß gegeben zu ungezählten Arbeiten experimenteller und klinischer Natur auf dem Gebiete der Physiologie und Pathologie der Schilddrüse. Es ist zwar, wie gewöhnlich bei neuen Entdeckungen hinterdrein in wenig gewissenhafter Weise ihm diese Entdeckung streitig zu machen versucht worden, aber Dr. Lardy hat klar nachgewiesen, daß diese Ansprüche, so geschickt sie vorgebracht waren, absolut unbegründet sind und Ewald hat in seiner ausgezeichneten Monographie (Die Krankheiten der Schilddrüse) ebenfalls die Unbegründetheit der Reklamationen klar gestellt. Kocher machte seine Mitteilung dem Congress der deutschen Gesellschaft für Chirurgie im April 1883, s. Ueber Kropfexcision und ihre Folgen Bd. 29. Kocher hat zur Stunde 4250 Kropfexcisionen ausgeführt, darunter 376 Basedowfälle. Die Mortalität ist auf 3 per Tausend für gewöhnlichen Kropf gesunken. Größere Arbeiten auf demselben Gebiete sind folgende: *Zur Verhütung des Cretinismus und cretinoider Zustände* (Deutsche Zeitschr. f. Chir. Bd. 34.) – *Untersuchungen über das Vorkommen und die Verbreitung des Kropfes im Kanton Bern* (Mitteilungen der naturforschenden Gesellschaft des Kant. Bern 1889). Dieselben beziehen sich auf Untersuchungen von 76 000 Schulkindern. – Die *Schilddrüsenfunktion im Lichte neuerer Behandlungsmethoden* Corr. bl. f. Schweizer Ärzte 1895. – *Zur Pathologie und Therapie des Kropfes* (Deutsche

Zeitschr. f. Chir. 1878). – *Die Therapie des Kropfes* (Deutsche Klinik am Eingang des 20. Jahrhunderts von Leyden und Klemperer 1904). – *Die Pathologie der Schilddrüse* (Verhandlungen des Congresses für innere Medizin München 1906). – *The pathology of the thyroid gland* (British med. Journal Juni 1906). – *Blutuntersuchungen bei morbus Basedowii* (Arch. f. klin. Chir. 1908). – Ueber *Jodbasedow* (Congress d. deutsch. Ges. f. Chir. März 1910).

Außerdem sind sehr zahlreiche Arbeiten seiner Schüler erschienen, zum guten Teil auf dem Material der chirurgischen Klinik in Bern fußend und unter Kocher's Anregung ausgeführt. Es seien bloß die größten und wichtigsten Arbeiten erwähnt von A. Kocher über Basedow (Grenzgebiete der Medizin...) und über Schilddrüsenkrankheiten in Keen's *Surgery* von Lanz' zur Schilddrüsenfrage, Lanz & Flach über Sterilität der Wunden, von Tavel über Strumitis und über Infektionskrankheiten von de Quervain's über Thyreoiditis und chirurgische Diagnostik, Lanz & de Quervain chirurgische Klinik in Bern, von Arnd, Lardy, Beresowsky über Schädelverletzungen, von Ito über Epilepsie, von Cushing über Hirndruck.

Eine große Anzahl von berühmten Akademien und Ärztegesellschaften haben Kocher die Ehre erwiesen, ihn zum Ehrenmitglied zu ernennen. Er ist Ehrenmitglied der Deutschen Gesellschaft für Chirurgie, Hon. Fellow des Royal College of Surgeons of England und L. L. D. der Edinburger Universität. Ehrenmitglied der kgl. Akademie der Wissenschaften von Schweden in Stockholm, ord. Mitglied der kgl. Gesellschaft der Wissenschaften in Uppsala, Ehrenmitglied der American Surgical Society und der Ney York Academy of Medicine, des College of Physicians in Philadelphia, der Académie impériale militaire de medicine de St. Petersburg, der kgl. Academie der Medizin in Turin, der Société Impériale de Medecine in Constantinopel, der K. K. Gesellschaft der Ärzte in Wien, der Royal medico-chirurgical Society in London, der chimical [clinical] Society in London, der medical Society in London, der Gesellschaft der Ärzte Finnlands, der Gesellschaft für Natur- und Heilkunde in Dresden, des Vereins deutscher Ärzte in Milwaukee, der medizinischen Gesellschaft zu Leipzig, des ärztlichen Vereins zu München, der Physikalisch-medizinischen Societät zu Erlangen.

Er ist correspondierendes Mitglied der Société de Chirurgie de Paris, der Société royale des sciences médicales et naturelles de Bruxelles, der Académie de Medecine de Belgique, der Gesellschaft deutscher Nervenärzte, der Hufelandschen Gesellschaft in Berlin. Er ist Dr. med. honoris causa der Université libre de Bruxelles. Im Jahre 1902 war er Vorsitzender der deutschen Gesellschaft für Chirurgie in Berlin und für den ersten internationalen Chirurgencongreß, der 1905 in Brüssel sich versammelte, wurde er zum Präsidenten erwählt.

Anhang III

Transkription des Briefes von Theodor Kocher an Alexis Carrel (1873–1944), New York; datiert Bern, 28. 4. 1914 (KM. 1914)

Dear Sir,

Excuse my troubling you. As I had not the privilege, to be able to come to the international Surgical Congress at New York, would you be kind enough to have sent to my adress the reports of Carrel, Ceci, Morestin, Payr, Ranzi, Villard + and the résumé of all reports in 4 languages. [+] which have not been sent to the members who could not go over.

Especially your report on transplantation would be of the greatest value to me as it is on your success in transplanting tissues that I am basing my hopefulness that we may be able to transplant tissue of thyroid gland from on individual to another – by what Germans call homoiotransplantation.

I have without any doubt seen results by this form of transplantation from one individual to another in men, but the majority of surgeons are absolutely unwilling to accept this fact, notwithstanding the sure results of Cristiani, Kumer and others in Geneva.

Hoping not to trouble you too much bey my demand
I am most respectfully yours

T. Kocher

+ ... [+] im Original am Rand eingefügt.

Bibliographie

I Chronologisches Verzeichnis der Veröffentlichungen sowie der zitierten Manuskripte Theodor Kochers

a) **Einzelpublikationen**

1866 *Die Behandlung der croupösen Pneumonie mit Veratrum-Präparaten,* Diss. med. Bern. Würzburg, Stahel.
1868a «Mittheilungen aus der chirurgischen Klinik des Herrn Professor Lücke in Bern.
   1. Ein Fall von Trigeminuslähmung
   2. Aphasia traumatica
   3. Atresia vaginae, Operation, Tod
   4. Melanotisches Carcinom der Wange, in die Vene hineingewuchert. Exstirpation, Heilung»,
   Berl. klin. Wschr. 5: 105–106, 117–119, 216–217, 301–302, 341–342.
1868b «Zur Statistik der Ovariotomie», *Zentbl. med. Wiss.* 6: 163.
1869a «Über die feineren Vorgänge bei der Blutstillung durch Acupressur, Ligatur und Torsion», *Arch. klin. Chir.* 11: 660–721.
1869b «Beitrag zur Unterbindung der Arteria femoralis communis», *Arch. klin. Chir.* 11: 527–549.
1870 «Eine neue Reductionsmethode für Schulterverrenkung», *Berl. klin. Wschr.* 7: 101–105.
1871a «Der Wundverband nach Lister», *Correspbl. Schweiz. Ärzte* 1: 115–118.
1871b «Über Verletzung und Aneurysma der Arteria vertebralis», *Arch. klin. Chir.* 12: 867–884.
1872a «Haematocele intravaginalis», *Correspbl. Schweiz. Ärzte* 2: 143–144.
1872b «Klinische Demonstrationen, med.-pharm. Bezirksverein d. bern. Mittellandes», *Correspbl. Schweiz. Ärzte* 2: 514.
1873a «Klinische Demonstrationen, med.-pharm. Bezirksverein d. bern. Mittellandes am 5. Nov. 1872», *Correspbl. Schweiz. Ärzte* 3: 14–15.
1873b «Aetiologie des Klumpfußes», *Correspbl. Schweiz. Ärzte* 3: 379–380.
1874a «Zur Pathologie und Therapie des Kropfes, 1. u. 2. Teil», *D. Z. Chir.* 4: 417–440.
1874b «Die Exstirpatio recti nach vorheriger Excision des Steißbeins», *Zentbl. Chir.* 1: 145–147.
1874c «Fortschritte in der Gelenkschirurgie, ordentl. Versamml. d. med. chir. Ges. d. Kantons Bern vom 26. Juli 1873», *Correspbl. Schweiz. Ärzte* 4: 186–187.
1874d «Die Analogien von Schulter- und Hüftgelenk-Luxationen und ihrer Repositionsmethoden», Leipzig, Breitkopf und Härtel (R. Volkmann's Sammlung klin. Vortr., Nr. 83, Chir. Nr. 27).
1874e Die Krankheiten des Hodens und seiner Hüllen, des Nebenhodens, Samen-

strangs und der Samenblasen. In: Pitha, F. v., und Billroth, T. (Hrsg.), *Handbuch der allgemeinen und speciellen Chirurgie*, Bd. 3, Abt. 2, S. 1–469.

1874f «Klinische Demonstrationen, med.-pharm. Bezirksverein d. bern. Mittellandes am 11. März 1873», *Correspbl. Schweiz. Ärzte* 4: 160.

1875a «Bericht und Vorstellung von Fällen, sowie Diskussion über Ovariotomie, Ordentl. Versamml. d. med. chir. Ges. d. Kantons Bern vom 28. Feb. 1874», *Correspbl. Schweiz. Ärzte* 5: 102–103.

1875b *Über die Sprengwirkung der modernen Kleingewehrgeschosse,* Basel, Schwabe.

1875c «Die Lister'sche Behandlung bei der Ovariotomie», *Correspbl. Schweiz. Ärzte* 5: 393–395.

1875d «Zur Lehre von der Brucheinklemmung», *Zentbl. Chir.* 2: 1–5.

1876a «Demonstration eines Falles von Wegnahme der Arme mit Schulterblatt und äußere Hälfte des Schlüsselbeines», *Correspbl. Schweiz. Ärzte* 6: 562.

1876b «Über Tetanus ‹rheumaticus› und seine Behandlung», *Correspbl. Schweiz. Ärzte* 6: 505–510.

1876c «Heilung eines Zottenkrebses der Blase beim Manne», *Zentbl. Chir.* 3: 193–195.

1876d «Zur Prophylaxis der fungösen Gelenkentzündung mit besonderer Berücksichtigung der chronischen Osteomyelitis und ihrer Behandlung mittelst Ignipunktur», Leipzig, Breitkopf und Härtel (R. Volkmann's Sammlung klin. Vortr., Nr. 102, Chir. Nr. 33).

1877a «Die Lehre von der Brucheinklemmung. Eine experimentell-klinische Studie», *D. Z. Chir.* 8: 331–450.

1877b «Bericht über eine dritte Serie von fünf Ovariotomien», *Correspbl. Schweiz. Ärzte* 7: 6–10.

1877c «Hysterotomie wegen Fibrokystoma uteri mit glücklichem Ausgang», *Correspbl. Schweiz. Ärzte* 7: 693–698.

1877d «Über die Behandlung weicher Sarcome und Carcinome der Schilddrüse mittelst Evidement», *Zentbl. Chir.* 4: 713–716.

1877e «Mechanismus und Therapie der Brucheinklemmung», *Correspbl. Schweiz. Ärzte* 7: 394–397.

1877f «Demonstration eines Falls von Blasenspalte bei einem $6\frac{1}{2}$ Jahre alten Knaben», *Correspbl. Schweiz. Ärzte* 7: 580–581.

1878a «Zur Aetiologie der akuten Entzündungen», *Verh. D. Ges. Chir.* 7, II: 1–16; ebenfalls in: *Arch. klin. Chir.* 23: 101–116.

1878b «Zur Pathologie und Therapie des Kropfes, 3. Teil», *D. Z. Chir.* 10: 191–229.

1878c «Eine vierte Serie von fünf Ovariotomien etc», *Correspbl. Schweiz. Ärzte* 8: 72–76.

1878d «Mannskopfgroßes Empyem der Gallenblase», *Correspbl. Schweiz. Ärzte* 8: 577–583.

1878e «Exstirpation einer Struma retrooesophagea», *Correspbl. Schweiz. Ärzte* 8: 702–705.

1878f «Excision des brandigen Darms bei eingeklemmtem Schenkelbruch und Heilung durch Darmnaht», *Correspbl. Schweiz. Ärzte* 8: 133–136.

1878g *Inselspital, Hochschule und Publikum,* Rektoratsrede, Bern, Haller.

1878h «Eine Nephrotomie wegen Nierensarcom, zugleich ein Beitrag ‹zur Histologie des Nierenkrebses› von Th. Langhans», *D. Z. Chir.* 9: 312–328.

1878i «Zur Aetiologie und Therapie des Pes varus congenitus», *D. Z. Chir.* 9: 329–347.

1878j «‹Primäres› Achseldrüsencarcinom nach chronischer (carcinomatöser) Mastitis», *Virchows Arch. path. Anat. Physiol.* 73 (7. Folge, 3): 452–458.

1878k Diskussionsbeitrag «Zur Resection des Kniegelenkes», *Verh. D. Ges. Chir.* 7, I: 37–38.

1878l Diskussionsbeitrag über «Die giftigen Eigenschaften der Carbolsäure bei chirurgischer Anwendung», *Verh. D. Ges. Chir.* 7, I: 66–67.

1878m «Hydrocele bilocularis abdominalis bei Kindern», *Zentbl. Chir.* 5: 1–4.
1878n «Klinische Demonstrationen, med.-pharm. Bezirksverein d. bern. Mittellandes», *Correspbl. Schweiz. Ärzte* 8: 625–626.
1878o Diskussionsbeitrag über «Die Behandlung der Fußkrümmungen und das Genu valgum mit elastischen Zügen», *Verh. D. Ges. Chir.* 7, I: 98.
1878p Diskussionsbeitrag über «Einen Fall von Dickdarmresection», *Verh. D. Ges. Chir.* 7, I: 129–130.
1879a «Neue Beiträge zur Kenntnis der Wirkungsweise der modernen Kleingewehrgeschosse», *Correspbl. Schweiz. Ärzte* 9: 65–71, 104–109, 133–137.
1879b «Die acute Osteomyelitis mit besonderer Rücksicht auf ihre Ursachen», *D. Z. Chir.* 11: 87–160.
1879c «Über Nervendehnung bei Trigeminus-Neuralgie», *Correspbl!. Schweiz. Ärzte* 9: 324–326.
1880a «Bericht über 25 ‹antiseptische› Ovariotomien etc», *Correspbl. Schweiz. Ärzte* 10: 69–75, 104–111.
1880b «Über Radicalheilung des Krebses», *D. Z. Chir.* 13: 134–166; Zfs. in: *Correspbl. Schweiz. Ärzte* 10: 383–390.
1880c *Über Schußwunden,* Leipzig, Vogel.
1880d «Zur Behandlung der Patellafractur», *Zentbl. Chir.* 7: 321–326.
1880e Die Hernien im Kindesalter. In: Gerhardt, C. (Hrsg.), *Handbuch der Kinderkrankheiten,* Bd. 6, Abt. 2, S. 699–783.
1880f «Laparoherniotomie. Gangrene intest. Résect. de 42 cm d'intestin. Guérison sans anus artificiel», *Bull. Soc. méd. Suisse rom.* 16: 124–127.
1880g «Zur Methode der Darm-Resektion bei eingeklemmter gangränöser Hernie», *Zentbl. Chir.* 7: 465–469.
1880h «Dr. J. R. Schneider in Bern†», *Correspbl. Schweiz. Ärzte* 10: 65–69.
1880i «Acute Sepsis nach Blutegelstich», *Correspbl. Schweiz. Ärzte* 10: 505–506.
1881a «Results of fifty-two cases of excision of the knee-joints for strumous diesease». In: *Transact. 7th International Medical Congress,* Bd. II, London 1881, S. 334–336.
1881b «Die Reduktion veralteter Humerusluxationen». In: *Transact. 7th International Medical Congress,* Bd. II, London 1881, S. 416–418.
1881c «Die antiseptische Wundbehandlung mit schwachen Chlorzinklösungen in der Berner Klinik», Leipzig, Breitkopf und Härtel (R. Volkmann's Sammlung klin. Vortr., Nr. 203–204, Chir. Nr. 64).
1881d «L'excision totale de la matrice et la question du drainage abdominal», *Rev. méd. Suisse rom.* 1: 653–668.
1881e «Zubereitung von antiseptischem Katgut», *Zentbl. Chir.* 8: 353–358.
1881f «Über isolirte Erkrankung der Bandscheiben im Kniegelenk und die Chondrektomie», *Zentbl. Chir.* 8: 689–693, 708–712.
1882a «Die Indikation zur Kropfexstirpation beim gegenwärtigen Stande der Antisepsis», *Correspbl. Schweiz. Ärzte* 12: 225–236, 260–267.
1882b «Über die einfachsten Mittel zur Erzielung einer Wundheilung durch Verklebung ohne Drainröhren», Leipzig, Breitkopf und Härtel (R. Volkmann's Sammlung klin. Vortr., Nr. 224, Chir. Nr. 72).
1882c «Jodoformvergiftung und die Bedeutung des Jodoform für die Wundbehandlung», *Zentbl. Chir.* 9: 217–222, 233–239.
1883a «Über Kropfexstirpation und ihre Folgen», *Arch. klin. Chir.* 29: 254–337; ebenfalls in: *Verh. D. Ges. Chir.* 12, II: 1–84.
1883b «Über die Behandlung der Kompressionsstenosen der Trachea nach Kropfexcision», *Zentbl. Chir.* 10: 649–651.
1883c «Beiträge zur Chirurgie des Magens», *Correspbl. Schweiz. Ärzte* 13: 565–573, 598–611.

1883d «Zur Methodik der Magen- und Darmnaht», *Zentbl. Chir.* 10: 713–718.
1883e Diskussionsbeitrag über «Exstirpation des Kropfes», *Verh. D. Ges. Chir.* 12, I: 37–38.
1884 «Nachweis einer Nadel durch das Galvanometer», *Correspbl. Schweiz. Ärzte* 14: 208–211.
1886a «Brief an den Deutschen Kongreß für Chirurgie», *Verh. D. Ges. Chir.* 15, I: 25.
1886b «Resection von 1 m 60 cm gangränösen Darms mit Darmnaht», *Correspbl. Schweiz. Ärzte* 16: 105–116.
1887a *Die Krankheiten der männlichen Geschlechtsorgane,* Stuttgart, Enke (Deutsche Chirurgie, Lfg. 50b).
1887b «Behandlung der Retraktion der Palmaraponeurose», *Zentbl. Chir.* 14: 481–487, 497–502.
1887c «Über die Schenk'sche Schulbank. Eine klinische Vorlesung über Skoliose», *Correspbl. Schweiz. Ärzte* 17: 321–328.
1887d Diskussionsbeitrag «Zur Resectio pylori», *Verh. D. Ges. Chir.* 16, I: 43–44.
1887e «Cachexia Strumipriva and Myxoedema», Zsf. u. Disk. in *Lancet* ii: 317.
1888a «Über die Behandlung der veralteten Luxationen im Schultergelenk», *D. Z. Chir.* 30: 423–460.
1888b «Eine einfache Methode zur Erzielung sicherer Asepsis», *Correspbl. Schweiz. Ärzte* 18: 3–20.
1888c «Mittheilungen aus der chirurgischen Klinik in Bern, 1. Methoden der Arthrotomie», *Arch. klin. Chir.* 37: 777–812.
1888d «Ein Fall von glücklicher Milzexstirpation», *Correspbl. Schweiz. Ärzte* 18: 649–660.
1889a «Vorkommen und Vertheilung des Kropfes im Kanton Bern», *Mitt. naturf. Ges. Bern, 1888,* Bern, Graf, S. 141–157; Zsf. in *Wien. med. Wschr.* 41: 1373–1375.
1889b «Bericht über weitere 250 Kropfexstirpationen», *Correspbl. Schweiz. Ärzte* 19: 1–14, 33–44.
1889c *Über sanitarische Übelstände in den Schulen Berns,* Bern, Stämpfli.
1890a «Cholelithothripsie bei Choledochusverschluß mit völliger Genesung», *Correspbl. Schweiz. Ärzte* 20: 97–106.
1890b «Extraction eines Fremdkörpers aus der Lunge», *Wien. klin. Wschr.* 3: 121–122, 148–153, 170–172.
1890c «Zur intraperitonealen Stielbehandlung bei Hystero-Myomektomie», *Correspbl. Schweiz. Ärzte* 20: 401–415.
1890d «Eine dreifache Darmresection», *Correspbl. Schweiz. Ärzte* 20: 201–208.
1890e «Über combinierte Chloroform-Aethernarkose», *Correspbl. Schweiz. Ärzte* 20: 577–591.
1892a *Chirurgische Operationslehre,* 1. Aufl., Jena, Fischer; 2. Aufl. 1894, 3. Aufl. 1897, 4. Aufl. 1902, 5. Aufl. 1907.
1892b «Zur Radicalcur der Hernien», *Correspbl. Schweiz. Ärzte* 22: 561–576.
1892c «Zur Verhütung des Kretinismus und kretinoider Zustände nach neuen Forschungen», *D. Z. Chir.* 34: 556–626; Zsf. in *Münch. med. Wschr.* 39: 674–676.
1892d «Das Oesophagusdivertikel und dessen Behandlung», *Correspbl. Schweiz. Ärzte* 22: 233–244.
1892e «Professor Demme†», *Correspbl. Schweiz. Ärzte* 22: 459–461.
1893a *Zur Kenntnis der Phosphornekrose,* Biel, Schüler.
1893b «Chirurgische Beiträge zur Physiologie des Gehirns und Rückenmarks – I. Zur Lehre der Gehirnverletzungen durch stumpfe Gewalt», *D. Z. Chir.* 35: 433–494.
1893c «Chirurgische Beiträge zur Physiologie des Gehirns und Rückenmarks – II. Zur Kenntnis der traumatischen Epilepsie», *D. Z. Chir.* 36: 1–39.
1893d «Gesuch an die schweizerischen Herren Collegen», *Correspbl. Schweiz. Ärzte* 23: 804–805.

1893e «Chirurgische Klinik, am V. Allg. Schweiz. Ärztetag», *Correspbl. Schweiz. Ärzte* 23: 525–532, 602–603.
1893f «Über Carlsbadercuren. Ein Brief», *Correspbl. Schweiz. Ärzte* 23: 702–704.
1893g «Zur Technik und zu den Erfolgen der Magenresection», *Correspbl. Schweiz. Ärzte* 23: 682–694, 713–724.
1893h «Die Perityphlitisdebatte, XLIV. Versamml. d. ärztl. Centralverein in Olten am 29. Oct. 1892», *Correspbl. Schweiz. Ärzte* 23: 63–64.
1893i «Chirurgische Klinik, am Klin. Ärztetag am 23. Nov. 1892», *Correspbl. Schweiz. Ärzte* 23: 153–155.
1894a «Die Verbesserung der Geschosse vom Standpunkte der Humanität», In: *Atti dell'XI Congresso Medico Internazionale, Roma, 1894,* Bd. I, parte generale, S. 320–325.
1894b «Über coxa vara», *D. Z. Chir.* 38: 521–548.
1894c «Chirurgische Klinik, am Klin. Ärztetag in Bern vom 26. Juni 1894», *Correspbl. Schweiz. Ärzte* 24: 699–700.
1894d «Demonstration eines Präparates von doppelter Littré'scher Hernie», *Correspbl. Schweiz. Ärzte* 24: 792.
1895a «Zur coxa vara», *D. Z. Chir.* 40: 410–425.
1895b *Zur Lehre von den Schußwunden durch Kleinkalibergeschosse,* Kassel, Fischer.
1895c «Bericht über 1000 Kropfexcisionen», *Verh. D. Ges. Chir.* 24, I: 29–31.
1895d «Über die Erfolge der Radicaloperation freier Hernien...», *Arch. klin. Chir.* 50: 370–376.
1895e «Methode und Erfolge der Magenresection wegen Carcinom», *D. med. Wschr.* 21: 249–251, 269–272, 287–291.
1895f «Die Schilddrüsenfunction im Lichte neuerer Behandlungsmethoden verschiedener Kropfformen», *Correspbl. Schweiz. Ärzte* 25: 3–20.
1895g «Bitte an Collegen», *Correspbl. Schweiz. Ärzte* 25: 48–49 (= Nachtrag zu 1895f).
1895h «Ein Fall von Choledocho-Duodenostomia interna wegen Gallenstein», *Correspbl. Schweiz. Ärzte* 25: 193–197.
1895i «Die chirurgische Klinik, am Klin. Ärztetag am 26. Juni 1895», *Correspbl. Schweiz. Ärzte* 25: 661–662.
1895j Diskussionsbeitrag zur «Behandlung der Darm-Invaginationen», *Verh. D. Ges. Chir.* 24, I: 62–64.
1895k Diskussionsbeitrag zu «Heilversuche mit Bacteriengiften bei inoperablen bösartigen Neubildungen», *Verh. D. Ges. Chir.* 24, I: 94–95.
1895l Diskussionsbeitrag «Zur Frage der Catguteiterung», *Verh. D. Ges. Chir.* 24, I: 140–142.
1896a *Beiträge zur Kenntnis einiger praktisch wichtiger Frakturformen,* Basel und Leipzig, Sallmann
1896b «I. Die Verletzungen der Wirbelsäule, zugleich als Beitrag zur Physiologie des menschlichen Rückenmarks, II. Die Läsionen des Rückenmarks bei Verletzungen der Wirbelsäule», *Mitt. Grenz. Geb. Med. Chir.* 1: 415–660.
1896c «Traitement chirurgical de la constriction spasmodique des mâchoires». In: *10ᵉ Congrès Français de Chirurgie,* Paris, Alcan, S. 430–431; ebenfalls in: *Sem. méd.* 16: 493–494.
1896d «Contribution à la discussion» (10ᵉ Congrès Français de Chirurgie), *Sem. méd.* 16: 423.
1896e «Die chirurgische Klinik, am Klin. Ärztetag am 20. Nov. 1895», *Correspbl. Schweiz. Ärzte* 26: 86–87.
1897a «Resultate der Hernien-Radikaloperation», *Zentbl. Chir.* 24: 529–533.
1897b «Demonstration eines Hirntumors», *Correspbl. Schweiz. Ärzte* 27: 397–398.
1898a «Über Hernien-Disposition», *Correspbl. Schweiz. Ärzte* 28: 354–361.

1898b «Eine neue Serie von 600 Kropfoperationen», *Correspbl. Schweiz. Ärzte* 28: 545–553.
1898c «Zur Magenchirurgie bei Carcinom und bei Ulcus simplex», *Correspbl. Schweiz. Ärzte* 28: 610–623.
1898d «Chirurgische Klinik, am Klin. Ärztetag am 27. Nov. 1897», *Correspbl. Schweiz. Ärzte* 28: 143–145.
1898e «Chirurgische Klinik, am VII. allg. schweiz. Ärztetag am 17.–19. Juni 1898», *Correspbl. Schweiz. Ärzte* 28: 534–538.
1898f «Intestinal Obstruction», *Brit. med. J.* ii: 1298–1300.
1898g Diskussionsbeitrag zu «Thyroidectomy in exophthalmic goitre», *Brit. med. J.* ii: 1298.
1898h Diskussionsbeitrag zu «Septic infection of the urinary tract», *Brit. med. J.* ii: 1314.
1898i Diskussionsbeitrag zu «Spasmodic Torticollis», *Brit. med. J.* ii: 1404.
1899a «On some conditions of healing by first intention, with special reference to disinfection of hands», *Trans. Am. Surg. Ass.* 17: 116–142.
1899b «Über einige Bedingungen operativer Heilung der Epilepsie», *Arch. klin. Chir.* 59: 57–66; ebenfalls in: *Verh. D. Ges. Chir.* 28, II: 9–18.
1899c «Erfahrungen über die chirurgische Behandlung der Basedow'schen Krankheit». In: *Congrès international de médecine, Comptes-rendus du 12ᵉ congrès ... Moscou ... Août 1897, Bd. 5,* Moscou, Yakovlev, S. 497–498.
1899d «Über Ileus», *Mitt. Grenz. Geb. Med. Chir.* 4: 195–230.
1899e «Totalexcision des Magens mit Darmresection combinirt», *D. med. Wschr.* 25: 606–610.
1899f «Über eine neue Trepanationsmethode», *Correspbl. Schweiz. Ärzte* 29: 367–368.
1899g «Zur Taxation eines Unfallbruches», *Correspbl. Schweiz. Ärzte* 29: 526–527.
1899h «Chirurgische Klinik, am Klin. Ärztetag am 27. Mai 1899», *Correspbl. Schweiz. Ärzte* 29: 622–623.
1899i Diskussionsbeitrag zu «Die habituelle Luxation der Patella und ihre Behandlung», *Verh. D. Ges. Chir.* 28, I: 65–66.
1900a Diskussionsbeitrag «Zur Anwendung der Gummihandschuhe», *Correspbl. Schweiz. Ärzte* 30: 19.
1900b Beitrag in «Aphorismen», *Wien. med. Wschr.* 50, Beilage: 17; ebenfalls in: *Correspbl. Schweiz. Ärzte* 31: 133–134.
1901a *Hirnerschütterung, Hirndruck und chirurgische Eingriffe bei Hirnkrankheiten,* Wien, Hölder (Nothnagel's spezielle Pathologie und Therapie, Bd. 9).
1901b «Bericht über ein zweites Tausend Kropfoperationen», *Arch. klin. Chir.* 64: 454–469; ebenfalls in: *Verh. D. Ges. Chir.* 30, II: 344–359.
1901c Diskussionsbeitrag «Zur Behandlung der Gelenktuberkulose», *Correspbl. Schweiz. Ärzte* 31: 49–50.
1901d Diskussionsbeitrag «Über Kropfbehandlung nebst einem Bericht über die in der Freiburger Klinik ausgeführten Kropfoperationen», *Verh. D. Ges. Chir.* 30, I: 32–33.
1901e Diskussionsbeitrag zu «Die Arthrolyse und zur Resection des Ellenbogengelenkes», *Verh. D. Ges. Chir.* 30, I: 162–163.
1902a «Eröffnungsansprache» als Präsident der Deutschen Gesellschaft für Chirurgie, *Verh. D. Ges. Chir.* 31, I: 2–3.
1902b «Chirurgische Klinik, am Klin. Ärztetag am 14. Dez. 1901», *Correspbl. Schweiz. Ärzte* 32: 275–279.
1902c «Chirurgische Klinik, auf der 63. Versamml. d. ärztl. Centralverein am 31. Mai 1902», *Correspbl. Schweiz. Ärzte* 32: 443–446, 534–535.
1902d Diskussionsbeitrag zu «Resultate der primären Knochennaht bei Fracturen», *Verh. D. Ges. Chir.* 31, I: 49–50.

1902e «Demonstration einer knöchern geheilten Fractura colli femoris subcapitalis», *Verh. D. Ges. Chir.* 31, I: 51–53.

1902f «Demonstration eines Ulcus pepticum jejuni nach Gastrojejunostomie», *Verh. D. Ges. Chir.* 31, I: 103–105, 116.

1902g Diskussionsbeitrag zu «Die Verödung der Hämorrhoidalvenen durch ringförmige Umstechung», *Verh. D. Ges. Chir.* 31, I: 172.

1902h Diskussionsbeitrag «Über Darmverschluß und Enterostomie bei Peritonitis», *Verh. D. Ges. Chir.* 31, I: 177.

1903a «Mobilisation des Duodenum bei Gastroduodenostomie», *Zentbl. Chir.* 30: 33–40.

1903b «Behandlung des Kropfes», *Correspbl. Schweiz. Ärzte* 33: 593.

1903c «Bericht über die Centenarfeier der Erneuerung der Universität Heidelberg», *Correspbl. Schweiz. Ärzte* 33: 603–604.

1904a Die Therapie des Kropfes. In: Leyden, E. v., und Klemperer, F. (Hrsg.), *Die deutsche Klinik am Eingang ins zwanzigste Jahrhundert,* Berlin, Urban und Schwarzenberg, S. 1115–1184.

1904b *Les fractures de l'humerus et du fémur,* Genève, Kündig et Paris, Alcan.

1904c «Chirurgische Klinik, auf d. ordentl. Winterversamml. d. med.-chir. Ges. Bern am 12. Dez. 1903», *Correspbl. Schweiz. Ärzte* 34: 366–369.

1905a «Chirurgische Klinik, am Bernisch-kantonalen Ärztetag am 17. Dez. 1904», *Correspbl. Schweiz. Ärzte* 35: 150–152.

1905b Diskussionsbeitrag zu «Ein Fall von örtlicher Anwendung des Tetanusantitoxins», *Verh. D. Ges. Chir.* 34, I: 17–18.

1905c Diskussionsbeitrag «Zur Frage der experimentellen Erzeugung der Nierentuberkulose», *Verh. D. Ges. Chir.* 34, I: 77.

1905d Diskussionsbeitrag «Über die Untersuchung der Trachea im Röntgenbilde, besonders bei Struma», *Verh. D. Ges. Chir.* 34, I: 108.

1905e Diskussionsbeitrag «Über Dauererfolge des operativ behandelten Morbus Basedowii», *Verh. D. Ges. Chir.* 34, I: 136.

1905f Diskussionsbeitrag «Über die Größe der Unfallsfolgen bei unblutiger und blutiger Behandlung der subcutanen Querfractur der Patella», *Verh. D. Ges. Chir.* 34, I: 182–183.

1906a «A contribution to the pathology of the thyroid gland», *Brit. med. J.* i: 1261–1266.

1906b «Discours inaugural». In: *1er Congrès de la Société Internationale de Chirurgie, Bruxelles, 1905,* Bruxelles, Hayez, S. 55–62.

1906c «Über ein drittes Tausend Kropfexstirpationen», *Verh. D. Ges. Chir.* 35, II: 24–29; ebenfalls in: *Arch. klin. Chir.* 79: 786–791.

1906d «Die Pathologie der Schilddrüse», *Verh. Kongr. inn. Med.* 23: 59–98.

1906e Diskussionsbeitrag «Zur Chirurgie des Magengeschwüres», *Verh. D. Ges. Chir.* 35, I: 79–82.

1906f Diskussionsbeitrag «Über die weitere Entwicklung der Operation hochsitzender Mastdarmkrebse», *Verh. D. Ges. Chir.* 35, I: 132–133.

1906g Diskussionsbeitrag zur «Transplantation von Schilddrüsengewebe in die Milz», *Verh. D. Ges. Chir.* 35, I: 155.

1906h Diskussionsbeitrag «Zur Tetanusfrage», *Verh. D. Ges. Chir.* 35, I: 278.

1907a «Chirurgische Klinik, am Klin. Ärztetag am 8. Dez. 1906», *Correspbl. Schweiz. Ärzte* 37: 379–382.

1907b «Zur klinischen Beurteilung der bösartigen Geschwülste der Schilddrüse», *D. Z. Chir.* 91: 197–307.

1907c «Über die Heilbarkeit des Magenkrebses auf operativem Wege», *Correspbl. Schweiz. Ärzte* 37: 265–272.

1908a «Blutuntersuchungen bei Morbus Basedowii mit Beiträgen zur Frühdiagnose und Theorie der Krankheit», *Verh. D. Ges. Chir.* 37, II: 285–311; ebenfalls in: *Arch. klin. Chir.* 87: 131–157.

1908b «Über Schilddrüsentransplantation», *Arch. klin. Chir.* 87: 1–7; ebenfalls in: *Verh. D. Ges. Chir.* 37, II: 231–237.

1908c «Appendicitis gangränosa und Frühoperation», *Correspbl. Schweiz. Ärzte* 38: 409–425, 454–463.

1908d Diskussionsbeitrag «Über Krönlein'sche Schädelschüsse», *Verh. D. Ges. Chir.* 37, I: 195–196.

1909a «Ein Fall von Hypophysis-Tumor mit operativer Heilung», *D. Z. Chir.* 100: 13–27.

1909b «Die Chirurgische Therapie bei Magenleiden», *Mitt. Grenz. Geb. Med. Chir.* 20: 860–897.

1909c «Chirurgische Klinik, am Schweiz. Ärztetag vom 11.–13. Juni 1909», *Correspbl. Schweiz. Ärzte* 39: 673–682.

1909d «Indikationen und Art chirurgischer Hilfe bei Magenleiden», *Correspbl. Schweiz. Ärzte* 39: 744–746.

1910a «The surgical treatment of Graves's disease», *Brit. med. J.* ii: 931–934.

1910b «Zur Frühdiagnose der Basedow'schen Krankheit», *Correspbl. Schweiz. Ärzte* 40: 177–184.

1910c «Über Krankheitserscheinungen bei Schilddrüsenerkrankungen geringen Grades», Nobel-Konferenz gehalten am 11. Dezember 1909. In: *Les prix Nobel en 1909,* Stockholm, Imprimerie Royale, S. 1–59.

1910d «Über Jodbasedow», *Arch. klin. Chir.* 92: 1166–1193; ebenfalls in: *Verh. D. Ges. Chir.* 39, II: 396–423.

1910e Diskussionsbeitrag zu «Traitement chirurgical du goitre exophthalmique». In: *23ᵉ Congrès français de chirurgie,* Paris, Alcan, S. 199–204.

1910f «Diskussionsbemerkung» in einer Arbeit von K. Kottmann (Kottmann 1910a, S. 556).

1910g «Theodor Kocher». In: *Les Prix Nobel en 1909,* Stockholm, Imprimerie Royale, S. 65–71.

1910h Diskussionsbeitrag zur «Behandlung der Epilepsie», *Verh. D. Ges. Chir.* 39, I: 16–17.

1910i «Demonstration zur acuten Appendicitis», *Verh. D. Ges. Chir.* 39, I: 107–110.

1911a «Über Basedow», *Arch. klin. Chir.* 96: 403–448; ebenfalls in: *Verh. D. Ges. Chir.* 40, I: 59–60; II: 617–662.

1911b «Die funktionelle Diagnostik bei Schilddrüsenerkrankungen», *Ergebn. Chir. Orthopäd.* 3: 1–23.

1911c Diskussionsbeitrag zur «Desinfection und Wundbehandlung», *Verh. D. Ges. Chir.* 40, I: 24–25.

1911d Diskussionsbeitrag zur «Reposition veralteter traumatischer Hüftgelenksverrenkungen», *Verh. D. Ges. Chir.* 40, I: 276–277.

1912a «Blutbild bei Cachexia thyreopriva», *Arch. klin. Chir.* 99: 280–303; ebenfalls in: *Verh. D. Ges. Chir.* 42, II: 384–407.

1912b «Basedow's disease», *Ann. Surg.* 55: 142.

1912c «Über Kropf und Kropfbehandlung. Vortrag f. prakt. Ärzte an der Düsseldorfer Akademie», *D. med. Wschr.* 38: 1265–1270, 1313–1316; ebenfalls in: Witzel, O. (Hrsg.), *Die wichtigsten Fragen der praktischen Chirurgie,* Düsseldorf, Schmitz & Olbertz.

1912d «Festansprache» (am Jubiläum zur 40jährigen Professur), *Der Bund* (Bern) 63, Nr. 289: 4–5.

1912e «Nachträgliche Bemerkungen zur Thoraxchirurgie bei Lungentuberkulose», *Correspbl. Schweiz. Ärzte* 42: 242–246.

1912f «Chirurgische Klinik, auf d. ordentl. Winterversamml. d. Ärzteverein d. Kantons Bern am 9. Dez. 1911», *Correspbl. Schweiz. Ärzte* 42: 411–424.

1912g «Erfolge einer neueren Behandlungsmethode bei Tetanus», *Correspbl. Schweiz. Ärzte* 42: 969–984, 1370–1371.

1912h Diskussionsbeitrag zu «Freie Muskelplastiken bei Herz- und Lebernähten», *Verh. D. Ges. Chir.* 41, I: 50–51.

1912i Diskussionsbeitrag «Über Ulcus ventriculi und Gastroenterostomie», *Verh. D. Ges. Chir.* 41, I: 167–168.

1912j Diskussionsbeitrag zu «Die Ursachen der Recidive nach der Bassini'schen Radicaloperation der Leistenbrüche», *Verh. D. Ges. Chir.* 41, I: 311.

1912k Diskussionsbeitrag «Über den Schutz des Recurrens und der Epithelkörperchen bei der Kropfoperation», *Verh. D. Ges. Chir.* 41, I: 323–324.

1913a «Über 1513 Fälle von Appendicitis», *Correspbl. Schweiz. Ärzte* 43: 1630–1644.

1913b «Eröffnungsansprache an der constituierenden Sitzung der Schweizerischen Gesellschaft für Chirurgie», *Correspbl. Schweiz. Ärzte* 43: 1601–1603.

1913c «Weitere Beobachtungen über die Heilung des Tetanus mit Magnesiumsulfat», *Correspbl. Schweiz. Ärzte* 43: 97–105.

1913d «Zur operativen Behandlung der Wanderniere», *Correspbl. Schweiz. Ärzte* 43: 545–551.

1913e «Vorstellung chirurgischer Fälle, auf d. Wintersitzung d. med.-pharm. Bezirksverein Bern am 10. Dez. 1912», *Correspbl. Schweiz. Ärzte* 43: 214–215.

1914a «Resultate der chirurgischen Behandlung der Knochen- und Gelenktuberkulose», *Correspbl. Schweiz. Ärzte* 44: 1616–1628.

1914b «Über die Bedingungen erfolgreicher Schilddrüsentransplantation beim Menschen», *Arch. klin. Chir.* 105: 832–914; ebenfalls in: *Verh. D. Ges. Chir.* 43, II: 484–566.

1914c «Ein Fall von Magenvolvulus», *D. Z. Chir.* 127: 591–635.

1914d «Behandlung schwerer Tetanusfälle», *D. med. Wschr.* 40: 1953–1956, 1981–1983.

1914e «Magenvolvulus ...», auf d. III. Wintersitzung d. med.-pharm. Bezirksverein Bern», *Correspbl. Schweiz. Ärzte* 44: 442–445.

1914f Diskussionsbeitrag zu «Balkenstich, speziell bei Epilepsie, Idiotie und verwandten Zuständen», *Verh. D. Ges. Chir.* 43, I: 165.

1914g Diskussionsbeitrag zu «Eine neue Methode zur Stillung parenchymatöser Blutungen», *Verh. D. Ges. Chir.* 43, I: 212–214.

1914h Diskussionsbeitrag zu «Neue Experimente zur Vermeidung peritonealer Adhäsionen», *Verh. D. Ges. Chir.* 43, I: 242–243.

1915a «Vergleich älterer und neuerer Behandlungsmethoden von Knochen- und Gelenkstuberkulose», *D. Z. Chir.* 134: 1–53.

1915b «Über körperliche und geistige Entwicklungsstörungen bei den Kindern, und ihre Behandlung. Vortrag an der Versammlung des bern. Hochschulvereins am 7. Juni 1914, Thun», *Jahresschr. bern. Hochschulvereins,* 1–18.

1915c «Eindrücke aus deutschen Kriegslazaretten», *Correspbl. Schweiz. Ärzte* 45: 449–479.

1915d «Zur Tetanus-Behandlung», *Correspbl. Schweiz. Ärzte* 45: 1249–1264.

1916a «2 Fälle glücklich operirter großer Hirntumoren nebst Beiträgen zur Beurteilung organisch bedingter Epilepsie», *Correspbl. Schweiz. Ärzte* 46: 161–169, 201–208.

1916b «Vereinfachung der operativen Behandlung der Varicen», *D. Z. Chir.* 138: 113–151.

1916c «Klinische Demonstrationen, auf d. II. Wintersitzung d. med.-pharm. Bezirksverein Bern am 18. Nov. 1915», *Correspbl. Schweiz. Ärzte* 46: 210–211.

1917a «Über Kropfoperation bei gewöhnlichen Kröpfen, nebst Bemerkungen zur Kropfprophylaxis», *Correspbl. Schweiz. Ärzte* 47: 1633–1655.
1917b «Demonstrationen, auf dem Klin. Ärztetag am 16. Juni 1917», *Correspbl. Schweiz. Ärzte* 47: 1765–1766.

b) Gemeinschaftliche Publikationen

1895/ Kocher, T., und Tavel, E., *Vorlesungen über chirurgische Infektionskrankheiten,* I:
1909   Basel, Sallmann, II: Jena, Fischer.
1901/ Kocher, T., und de Quervain, F. (Hrsg.), *Encyclopädie der gesamten Chirurgie,* Leip-
1903   zig, Vogel.
1906   Matti, H., und Kocher, T., «Über 100 Operationen an den Gallenwegen mit Berücksichtigung der Dauererfolge», *Arch. klin. Chir.* 81: 655–734.

c) Manuskripte
   Standorte
BB   Burgerbibliothek Bern.
FAK Familienarchiv Kocher c/o Professor und Frau Edgar Bonjour-Kocher, Basel.
FAQ Familienarchiv de Quervain c/o Frau Dr. F. Pedotti-de Quervain, Massagno-Lugano.
GUL Special Collections Division, Georgetown University Library, Washington, D.C., USA.
MHIB Medizinhistorisches Institut der Universität, Bern.
MHIZ Medizinhistorisches Institut der Universität, Zürich.
StAB Staatsarchiv des Kantons Bern, Bern.
WML The Alan Mason Chesney Medical Archives, Welch Medical Library, Johns Hopkins University Baltimore, Md., USA.

1860a Vorlesungsaufzeichnungen des Theodor Kocher stud. med. in Bern [über Allg. und Specielle Anatomie gehalten von G.G. Valentin]; BB, Mss. HH XXVIII 87.
1860b Vorlesungsaufzeichnungen des Theodor Kocher, stud. med., Bollwerk 268, Bern [über Physiologie gehalten von G.G. Valentin]; BB, Mss. HH XXVIII 88.
1866 Brief Kocher an [seine] Mutter, London 25. Mai [18] 66; FAK.
[1866]/Notizbuch «Reise nach England», enthaltend Aufzeichnungen über zwei Rei-
1875   sen, die zweite datiert; FAK.
1872a Brief Kocher an Herrn Erziehungsdirektor ad int. Hartmann Bern, 26. März 1872; StAB, BB III b, 2404, Mappe I.
1872b Brief Kocher an die Tit. Erziehungsdirection des Kanton Bern; Bern, 8. Dec. 1872; StAB, ibid.
1873– Klinische Vorträge, Heft II begonnen am 12. Februar 1873, Heft III begonnen
74   am 6. Dec. 1873, Heft IV begonnen Ende Sommersemester 1874, Chir. Klinik Bern; MHIB, Mscrpt. 551/872 II–IV.
1875 Brief Kocher an Herrn [Erziehungsdirektor Ritschard], Bern; Bern, 4. September 1875; StAB, BB III b, 2404, Mappe I.
1880a Chirurgische Klinik in Bern, Prof. Dr. Kocher, Gelenkkrankheiten. Begonnen Januar 1880 [Total 65 Patienten bis 22. September 1881]; MHIB, Mscrpt. 551/880.
1880b Notizen zur Zeit meines *Präsidiums* der Kantonalen medizinisch-chirurgischen Gesellschaft (in den Jahren 1880–84); MHIB, Mscrpt. 551/880.
1881 Brief Kocher an [seine Söhne] Albert, Otto und Theodor Kocher, Conished Priory, August 1881; FAK.

1889   Brief Kocher an Herrn Erziehungsdirektor Dr. Gobat, Bern; Bern, 15. Dezember 1889; StAB, BB III b, 24105.
1896   Brief Kocher an Professor Otto Haab, Zürich; Bern, 19. Dezember 1896; MHIZ.
1909   Billet Kocher an Dr. Krebs [Landpraktiker]; Bern, 4. März 1909; ibid.
1909–   Privates Gästebuch Kochers aus den Jahren 1909 bis 1911; FAK.
1911   Brief Kocher an Herrn Regierungsrat [Lohner], Bern, 27. Dezember 1911; StAB, BB III b, 24105.
1914   Brief Kocher an Professor Alexis Carrel, [New York]; La Villette Bern, 28.4.1914; GUL, Folder 35 (Correspondence 1914 H–M), Box 46, The Alexis Carrel Papers.
1916   Brief Kocher an Professor William S. Halsted, Baltimore; La Villette Bern, July 24, 1916; WML, Halsted Papers, Item No. 5117.
1917   Brief Kocher an Herrn Unterrichtsdirektor Dr. Lohner, Bern, 3. April 1917; StAB, BB III b, 24106.
n. dat.   Brief Kocher an Professor de Quervain (wahrscheinlich um 1908); FAQ.

II   Chronologisches Verzeichnis der unter Theodor Kochers Leitung ausgearbeiteten Dissertationen*

1873   Marthe, F., Quelques recherches sur le développement du goître au point de vue statistique et étiologique – spécialement dans le canton de Berne.
1873   Monnier, H., Etude expérimentale et critique sur les luxations métacarpo-phalangiennes dorsales du pouce.
1875   Wyss, V., Über das Vorkommen carcinomatöser Erkrankungen im bernischen Amtsbezirk Laufen.
1876   Dubelt, P., Über die Entstehung des Blasenkatharrhs.
1876   Frey, A., Vertheilung des Kropfs auf die verschiedenen Landesgegenden des Kantons Aargau.
1878   Cuvier, R., Des lésions anatomiques dans l'entorse.
1878   Bircher, H., Beitrag zur operativen Behandlung der Ohreneiterungen.
1879   Karli, C., Verhältnis von Weite der Arteriae thyreoideae zu Volumen und Gewicht der vergrößerten Schilddrüse.
1880   Ausderau, C., Die moderne Hernien Radicaloperation unter antiseptischen Cautelen.
1880   Oertel, M., Beitrag zur Ätiologie der fungösen Gelenkentzündung.
1881   Amuat, E., Über die antiseptischen Eigenschaften schwacher Chlorzink-Lösungen.
1882   Meuli, J., Die Veränderungen von Puls und Temperatur bei elevierten Gliedern.
1882   Zehnder, H., Beitrag zur Coxitisbehandlung.
1883   Garré, C., Über Drüsentuberkulose und die Wichtigkeit frühzeitiger Operation.
1884   Begoune, A., Über Gefäßversorgung der Kröpfe mit besonderer Berücksichtigung der Struma cystica.
1884   Oberholzer, J., Über die neueste Behandlungsmethode bei querem Bruch der Kniescheibe.

---

*   Zusammengestellt aus der im Medizinhistorischen Institut der Universität Bern deponierten Sammlung der Medizinischen Fakultät Bern, nach Möglichkeit ergänzt aus den Katalogen der Universitätsbibliothek Basel und der Schweizerischen Landesbibliothek Bern.

1884	Bott, M., Beiträge zur Sublimat-Wundbehandlung.
1885	Reynier, E. de, Einige Bemerkungen über siebzehn Fälle von Wirbelfrakturen.
1885	Herrmann, A., Beiträge zur Kenntniss der malignen Lymphdrüsengeschwülste.
1885	Schuler, C., Über die antiseptischen Eigenschaften des Bismuthum subnitricum und einiger anderer Körper.
1885	Keller, O., Schenkelhernie mit Magen als Inhalt.
1886	Born, F., Zur Kritik über den gegenwärtigen Stand der Frage von den Blasenfunctionen.
1886	Collon, J., Résultats obtenus par différents antiseptiques dans différents genres de résection.
1886	Lardy, E., Contribution à l'étude des fractures du col de fémur étudiées expérimentalement sur le cadavre.
1888	Boddy, C., Analysis of some cases treated by the operations of nerve section and nerve stretching.
1888	Erni, J., Beitrag zur Kenntniss der Blasentuberkulose.
1888	Niehans, P., Über traumatische Luxationen beider Hüftgelenke.
1888	Schidel, H., Über Ischias scoliotica.
1888	Streit, B., Beiträge zur Kenntniss der resectio pylori.
1888	Tchépourine, Th., Sur le traitement de l'hydrocèle simple.
1889	Decurtins, H., Beitrag zur Kenntniss der malignen Kiefergeschwülste.
1889	Mayor, E., Beitrag zur Kenntniss der Radicaloperation der nicht eingeklemmten Hernien.
1889	Viquerat, A., Vergleichendes Studium über den antiseptischen Werth der Doppeltiodquecksilber-, Doppeltchlorquecksilber- und kieselsaurer Fluornatriumlösungen.
1890	Favre, A., 52 Osteotomien und 24 forcirte Aufrichtungen. Ein Beitrag zur Therapie der Pedes equino-vari.
1891	Arnd, C., Beitrag zur Statistik der Rectumcarcinome.
1891	Guinand, P., Beitrag zur Coxitisbehandlung.
1891	Lanz, O., Über die Larynxextirpationen der chirurgischen Klinik zu Bern.
1892	Deucher, P., Experimentelles zur Lehre vom Gehirndruck.
1892	Flach, A., Beitrag zur operativen Behandlung der Trigeminus-Neuralgie.
1893	Quervain, F. de, Über die Veränderungen des Centralnervensystems bei experimenteller Kachexia thyreopriva der Thiere.
1893	Herzen, W., Über Behandlung der Kniescheibenfrakturen.
1893	Leuw, C., Die Radicaloperation der nicht eingeklemmten Hernien in der Berner Klinik.
1894	Beaurain, Ch., Die Resultate der Arthrectomie bei der tuberkulösen Gonitis.
1894	Fischer, J., Über Resektion des Ellenbogengelenkes.
1894	Gomberg, S., Über die Belebungsversuche beim Chloroformtode.
1895	Goschanski, N., Beitrag zur Behandlung der Handgelenk Tuberkulose.
1895	Woronzowa, L., Beitrag zu den Fragen von der Anwendung der Gastrostomie beim Carcinom der Speiseröhre.
1896	Rosenberg, N., Zur Frage der Fußtuberkulose mit besonderer Berücksichtigung der Endresultate der Behandlung.
1896	Spengler, E., Über Fuß-Gelenk- und Fußwurzel Tuberculose.
1897	Egis, W., Über Spondylitis tuberculosa des untern Abschnittes der Wirbelsäule, Verlauf und Endresultate.
1897	Sigal, M., Über Spondylitis tuberculosa des Obern Abschnitts der Wirbelsäule.
1897	Wormser, E., Experimentelle Beiträge zur Schilddrüsenfrage.
1898	Hiltbrunner, E., Die Ischias und ihre Behandlung.
1898	Iljinska, B., Zur Frage der konservativen Behandlung der tuberkulösen Gonitis.

1898 Koenig, R., Beitrag zum Studium der Hodentuberculose.
1898 Lebensohn, S., Radikaloperation der Hernien.
1898 Steinmann, F., Prüfung zweier neuer Quecksilbersalze auf ihren Werth als Antiseptica im Vergleich zum Sublimat.
1898 Heller, M., Experimenteller Beitrag zur Ätiologie des angeborenen musculären Schiefhalses.
1899 Rutsch, F., Die Kocher'schen Radicaloperationen des Larynxcarcinoms seit 1890.
1899 Schär, O., Beiträge zur Hirnchirurgie.
1900 Broquet, Ch., Contribution à l'étude du cancer de l'estomac. Résultats de 52 opérations (pylorectomie).
1900 Höflinger, F., Die operative Behandlung irreponibler traumatischer Hüftgelenksluxationen.
1900 Rollier, A., Deux observations d'acromégalie.
1901 Cardénal, L., Contribution à l'étude de la résection du genou tuberculeux.
1901 Lauper, J., Beiträge zur Frage der peritonitis tuberculosa.
1901 Zbinden, H., Contribution à l'étude du rein flottant.
1902 Fricker, E., 1. Über temporäre Unterbrechung der Blutzufuhr am Magen und Darm des Hundes, bei gleichzeitiger Anwendung einer neuen Methode der Gastroenterostomie. 2. Über Ligaturen großer Magenarterien beim Hund.
1902 Humbert, F., Über die Erfolge der Gastro-enterostomie bei 32 Fällen von benignen Magenaffectionen.
1902 Herrenschwand, M. von, Beitrag zur chirurgischen Behandlung der Ostitis mastoidea purulenta.
1903 Wartmann, Ch., Contribution à l'étude du cancer de la lèvre inférieure.
1903 Steiger, K. von, Beitrag zur Frage der Tragfähigkeit von Amputationsstümpfen an der untern Extremität.
1903 Elsässer, A., Beiträge zur Kenntnis des Tetanus traumaticus.
1903 Amberg, H., Experimenteller Beitrag zur Frage der circulären Arteriennaht.
1904 Daiches, P., Endresultate der Radikaloperation von Hernien speziell Inguinalhernien.
1905 Matti, H., Beiträge zur Kenntnis des Magenkrebses.
1905 Lüthi, A., Über experimentelle venöse Stauung der Hundeschilddrüse.
1905 Lifschitz, S., Über die Jodausscheidung nach großen Jodkaliumdosen und bei kutaner Applikation einiger Jodpräparate.
1905 Martin du Pan, Ch., Contribution à l'étude du traitement du cancer du rectum.
1905 Hauswirth, A., Die chirurgische Behandlung der Varicozele.
1905 Boissonnas, L., Zur Casuistik der Zungenkrebse.
1905 Bacilieri, L., Über kongenitale Luxationen im Kniegelenk.
1906 Bach, T., Die Repositionshindernisse bei der präglenoidalen Schultergelenkluxation.
1906 Halter, J., Die Schußverletzungen im Frieden. 122 Fälle von Schußverletzungen aus der Berner chirurgischen Klinik 1872–1904.
1906 Lewiasch, S., Endresultate konservativer Behandlung der tuberkulösen Coxitis.
1906 Kekischeff, N., Über die Endresultate der Brustkrebsoperationen.
1907 Ligneris, M. des, Experimentelle Untersuchungen über die Wirkung des Jods auf die Hundeschilddrüse.
1907 Gilli, J., Beiträge zur Gastroenterostomie.
1907 Gurewitsch, R., Zur Ätiologie und Symptomatologie des Mammacarcinoms.
1907 Leykin, A., Über die Wirkung von Jod, Jodthyrin und Thyraden auf verschiedene Kropfformen.
1907 Halperin, K., Über die Art der Jodausscheidung bei Basedow-Kranken im Vergleich zu Gesunden und Kropfpatienten.

1908	Katz, Ch.,	Die Amputation der Extremitäten in der Berner chirurgischen Klinik von Herrn Prof. Dr. Kocher in bezug auf die Häufigkeit und die Methode der Stumpfbildung.
1908	Rudsit, S.,	Beitrag zur Frage der Gastrostomie bei carcinoma oesophagi.
1908	Warschawsky, Z.,	Über die Behandlung der offenen Wunden an der chirurgischen Klinik zu Bern.
1909	Bojarsky, S.,	Über die Beziehungen der Symptome zum Grade der Erkrankung bei Morbus Basedowii.
1909	Ginzberg, R.,	Über die Behandlung der Handgelenk-Tuberkulose.
1909	Imfeld, L.,	Zur Radikaloperation nicht eingeklemmter Hernien.
1909	Lewin, R.,	Die Beziehungen der Ätiologischen Momente zum Verlauf des Morbus Basedowii.
1909	Serman, Ch.,	Über eine neue Methode der Transplantation des Schilddrüsengewebes.
1910	Ackermann, S.,	Zur Radikaloperation nicht eingeklemmter Hernien.
1910	Nemowa-Nemaja, S.,	Radikaloperation der Hernien.
1910	Korolik-Kreinin, N.,	Über vagotrope und sympaticotrope Fälle von Basedow.
1910	Lidsky, A.,	Über die Beeinflussung der Blutgerinnung durch die Schilddrüse.
1910	Turin, M.,	Blutveränderungen unter dem Einfluß der Schilddrüse und Schilddrüsensubstanz.
1911	Fonio, A.,	Über den Einfluß von Basedowstruma und Kolloidstrumapräparaten und Thyreoidea auf den Stickstoffwechsel und auf das Blutbild von Myxödem unter Berücksichtigung ihres Jodgehaltes.
1911	Tschikste, A.,	Über die Wirkung des im Schilddrüsenkolloid enthaltenen Nucleoproteides bei Morbus Basedowii.
1911	Schapiro, Z.,	Vergleichung der Art der Jodausscheidung bei interner, subcutaner und intravenöser Applikation von Jodnatrium.
1912	Baumgarten, L.,	Die Wirkung von Jod, Basedowdrüse und Jodothyrin in großen Dosen bei Kachexia thyreopriva unter Kontrolle der Jodausscheidung im Urin.
1912	Kurojedoff, A.,	Wert der Gluzinskischen Probe für die Differentialdiagnose von Carcinoma und Ulcus ventriculi.
1913	Bistitzky, N.,	Veränderung der Schilddrüse nach der Exstirpation des Ganglion sympathici cervicale infimum.
1914	Frey, H.,	Über den Einfluß von Jod, Jodkalium, Jodothyrin und jodfreiem Strumapräparat auf den Stickstoffwechsel, auf Temperatur, Pulsfrequenz und auf das Blutbild von Myxoedem.
1914	Adamson, K.,	Über Benzin-Alkoholdesinfektion des Operationsfeldes.
1915	Huber, O.,	Die Resultate der Resektion des tuberkulösen Ellbogengelenks aus der Chirurgischen Klinik und Privatklinik von Herrn Professor Dr. Kocher in Bern von 1897–1913.
1915	Schöni, H.,	Beitrag zur Kenntnis der Fußgelenk- und Fußknochentuberkulose mit besonderer Berücksichtigung der Endresultate ihrer chirurgischen Behandlung.
1915	Stoller, H.,	Über die Behandlung der Hüftgelenkstuberkulose und ihrer Erfolge.
1916	Fuchs, R.,	Zur operativen Behandlung der Hydrocele.
1916	Margulis, R.,	Zur operativen Behandlung der Hydrocele.
1916	Lanz, W.,	Versuche über die Wirkungen einiger Schilddrüsenpräparate auf den Stoffwechsel und das Blutbild von Myxoedem und Kretinismus.
1916	Peillon, G.,	Über den Einfluß parenteral einverleibter Schilddrüsenpräparate auf den Stickstoffwechsel und das Blutbild Myxödemkranker.
1916	Courvoisier, H.,	Über den Einfluß von Jodthyreoglobulin und Thyreonukleoproteid auf den Stickstoffwechsel und das Blutbild von Myxödem und Basedow.

1917   Kleinmann, H., Über Spondylitis tuberkulosa. Verlauf und Endresultat.
1917   Dardel, G., Klinische Erfahrungen über Kryptorchismus.
1917   Kummer, R.H., Recherches sur le métabolisme minéral dans un cas de Basedow.
1918   Gröbly, W., Über das Nukleoproteid der Schilddrüse.

III   Allgemeine Bibliographie

a)   Gedruckte Quellen

Absolon, K.
1979   *The surgeon's surgeon – Theodor Billroth 1829–1894,* Bd. I, Lawrence (Kansas), Coronado Press.
1981   Dasselbe, Bd. II.

Ackerknecht, E.H.
1953   *Rudolph Virchow, Doctor, Statesman, Anthropologist,* Madison, Univ. Wisconsin Press.
1957a   *Rudolf Virchow; Arzt, Politiker, Anthropologe,* Stuttgart, Enke.
1957b   «Typen der medizinischen Ausbildung im 19. Jahrhundert», *Schweiz. med. Wschr.* 87: 1361–1366.
1961   «Die Auffassung des Krebses im Wandel der Zeiten», *Oncologia* 14: 239–246.
1967   *Medicine at the Paris Hospital 1794–1848,* Baltimore, Johns Hopkins University Press.
1968   «Zellulartheorie und Therapie», *Praxis* 57: 126–127.
1969   «Die therapeutische Erfahrung und ihre allmähliche Objektivierung», *Gesnerus* 26: 26–35.
1970   «Cellular theory and therapeutics», *Clio Medica* 5: 1–5.
1973   *Therapeutics from the primitives to the 20th century,* London–New York, Macmillan and Hafner.
1974   «The history of the discovery of the vegetative (autonomic) nervous system», *Med. Hist.* 18: 1–8.
1975   «Aus den Anfängen der Neurochirurgie», *Schweiz. Arch. Neurol. Neurochir. Psychiatr.* 116: 233–239.
1976   «Die klinische Medizin und die Naturwissenschaften um 1800», *Gesnerus* 33: 228–234.

Ackerknecht, E.H., und Buess, H.
1975   *Kurze Geschichte der großen Schweizer Ärzte,* Bern–Stuttgart-Wien, Huber.

Aeby, C.T.
1868/71   *Lehrbuch der Anatomie,* Leipzig, Vogel.

Arnd, C.
1891   «Beitrag zur Statistik der Rectumcarzinome», *D. Z. Chir.* 32: 1–92.
1910   «Prof. Dr. Theodor Kocher», *Münch. med. Wschr.* 57: 366–367.
1918   «Theodor Kocher», *Jahresschrift des bernischen Hochschulvereins 1918,* S. 1–41.

Artelt, W.
1958   «Louis' amerikanische Schüler und die Krise der Therapie», *Sudhoffs Arch. Gesch. Med.* 42: 291–301.

Asher, L.
1917 Trauerrede. In: *Theodor Kocher. Reden gehalten in der Heiliggeistkirche in Bern, Dienstag, den 31. Juli 1917,* Bern, Francke, S. 15–25.

Astruc, P.
1932 «Le centenaire de la médecine d'observation», *Progr. méd. (Paris)* 9, suppl: 73–79, 81–87.

Bariéty, M.
1972 «Louis et la méthode numérique», *Clio Med.* 7: 177–183.

Baumberger, H.R.
1980 *Carl Liebermeister 1833–1901,* Zürich, Juris (Zürcher med. gesch. Abh., N.R. Nr. 137).

Behan, R.J.
1915 *Pain, its origin, conduction, perception and diagnostic significance,* New York–London, Appleton.

Behrend, C.M.
1938 «Fedor Krause und die Neurochirurgie», *Zentbl. Neurochir.* 3: 122–127.

Bérard, N.N.
1786 *Tableau méthodique et analytique des différentes manière de faire l'opération de la taille pour l'estraction de la pierre,* Paris, Polytypie.

Berezowsky, S. von
1895 «Über Radicaloperation nicht eingeklemmter Brüche und ihre Endresultate», *D. Z. Chir.* 40: 295–365.
1899 «Bedingungen und Methodik operativer Druckentlastung des Gehirnes», *D. Z. Chir.* 53: 53–125, 264–347.

Bergmann, E. von
1889 *Die Chirurgische Behandlung von Hirnkrankheiten,* 2. Aufl., Berlin, Hirschwald.
1897 «Hirnchirurgie bei Tumor cerebri und bei der traumatischen Epilepsie; Erfolge der operativen Therapie» *Neurol. Zentbl.* 16: 920.
1899 Diskussionsbeitrag zu «Porencephalie», *Verh. D. Ges. Chir.* 28, I: 15–19.

Bergues, C.
1966 *La superiorité de la chirurgie anglaise au milieu du XIXe siècle et l'essor de la chirurgie moderne,* Thèse de Médecine, Université de Lyon.

Bernard, C.
1879 *Leçons de physiologie opératoire,* Paris, Baillière.

Bett, W.R.
1947 «Some thyroid pioneers», *Med. Bkman* 1: 29–31.

Bick, E.
1948 *Source book of orthopaedics,* 2. Aufl., Baltimore, Williams and Wilkins.

Bickel, M.H.
1972 *Marceli Nencki 1847–1901,* Bern-Stuttgart-Wien, Huber (Berner Beitr. Gesch. Med. Nat.wiss., N.F. Bd. 5).

Bier, A.
1901 «Über den Einfluß künstlich erzeugter Hyperämie des Gehirns und künstlich erhöhten Hirndruckes auf Epilepsie, Chorea und gewisse Formen von Kopfschmerzen», *Mitt. Grenz. Geb. Med. Chir.* 7: 333–355.

Billroth, Th.
1863 *Die allgemeine chirurgische Pathologie und Therapie,* Berlin, Riemer.
1868 «Chirurgische Klinik Zürich 1860–1867; Erfahrungen auf dem Gebiete der praktischen Chirurgie», *Arch. klin. Chir.* 10: 1–194, 421–654, 749–893.
1869 Dasselbe, Berlin, Hirschwald.
1879 *Chirurgische Klinik Wien 1871–76 … etc.,* Berlin, Hirschwald.
1892 [Brief] an Prof. Gussenbauer in Prag. In: Fischer, G. (Hrsg.), *Briefe von Theodor Billroth,* 8. Aufl., Hannover–Leipzig, Hahn, S. 471–472.

Bleuler, E.
1921 *Das autistisch-undisziplinierte Denken in der Medizin und seine Überwindung,* 2. Aufl., Berlin, Springer.

Bonjour, E.
1981 *Theodor Kocher,* 2. Aufl., Bern, Haupt.
1983 *Erinnerungen,* Basel, Helbing und Lichtenhahn.

Bonner, Th. N.
1963 *American doctors and German universities,* Lincoln, Univ. of Nebraska Press.

Borell, M.
1976 «Brown-Séquard's organotherapy and its appearance in America at the end of the nineteenth century», *Bull. Hist. Med.* 50: 309–320.

Bornhauser, S.
1951 *Zur Geschichte der Schilddrüsen- und Kropfforschung im 19. Jahrhundert (unter besonderer Berücksichtigung der Schweiz),* Aarau, Sauerländer.

Bowman, A. K.
1942 *The life and teaching of Sir William Macewen,* London–Edinburgh–Glasgow, Hodge.

Brett, A. S.
1981 «Hidden ethical issues in clinical decision analysis», *N. Engl. J. Med.* 305: 1150–1152.

Bruns, P. von
1884 *Über den gegenwärtigen Stand der Kropfbehandlung,* Leipzig, Breitkopf und Härtel (R. Volkmann's Sammlung klin. Vortr., Nr. 244, Chir. Nr. 76).

Bucher, U., und König, M. P.
1969 «Hormonale Einflüsse auf das Blutbild», *Schweiz. med. Wschr.* 99: 748–751.

Buchholtz, A.
1925 *E. von Bergmann,* Leipzig, Vogel.

Bücherl, E. S.
1972 «Das Experiment in der Chirurgie aus dem Spiegel von Langenbecks Archiv der letzten 50 Jahre», *Chirurg* 43: 217–223.

Bürgi, H., und Labhart, A.
1978 Die Schilddrüse. In: Labhart, A. (Hrsg.), *Klinik der inneren Sekretion,* 3. Aufl., Berlin–Heidelberg–New York, Springer, S. 135–285.

Buess, H.
1955 «Marksteine in der Entwicklung der Lehre von der Thrombose und Embolie», *Gesnerus* 12: 157–189.
1972 Die Anfänge der experimentellen Chirurgie im 18. Jahrhundert. In: *Jahrbuch der Universität Düsseldorf 1970/71,* Düsseldorf, Triltsch.

1979 «Nikolaus Senn (1844–1908), ein schweizerischer Pionier der Chirurgie in den USA», *Gesnerus* 36: 238–245.

Buess, H., und Portmann, M.-L.
1980 August Socin. In: «Berühmte Schweizer Ärzte», *Gesnerus* 37: 289–306.

Busch, W.
1873 «Über die Schußfracturen, welche das Chasspot-Gewehr bei Schüssen aus großer Nähe hervorbringt», *Verh. D. Ges. Chir.* 2, II: 22–35.

Cartwright, F.F.
1967 *The development of modern surgery*, London, Barker
1968 Antiseptic surgery. In: Poynter, F.N.L. (Hrsg.), *Medicine and Science in the 1860's*, London, Wellcome Institute for the History of Medicine, S. 77–103.

Caumont, F.
1883 *Über Behandlung chronischer Gelenkentzündungen an der unteren Extremität mit und ohne Resection*, Diss. med. Bern.

Chipault, A.
1894 *Chirurgie opératoire du système nerveux*, Paris, Rueff.

Clairmont, P.
1917 «Theodor Kocher», *Wien. klin. Wschr.* 30: 1050–1051.

Clarke, E., und O'Malley, C.D.
1968 *The human brain and spinal cord*, Berkeley–Los Angeles, Univ. California Press.

Clinical Society of London
1888 *Report of a committee of the Clinical Society of London nominated December 14th 1883 to investigate the subject of myxoedema*, London, Longmans and Green.

Colcock, B.L.
1968 «Lest we forget: A story of five surgeons», *Surgery* 64: 1162–1172.

Colombo, J.-P.
1961 *Heinrich Bircher (1850–1923), Chirurg, Demograph und Militärarzt*, Basel, Schwabe.

Congrès de la Société Internationale de Chirurgie
Procès-Verbaux, Rapports et Discussions, 1er 1905, Bruxelles, Hayez 1906; 2e 1908, ibid. 1908.

Courty, A.
1863 *Excursion chirurgicale en Angleterre*, Paris, Asselin.

Crile, G.C.
1947 *An autobiography*, Philadelphia–New York, J.B. Lippincott.

Crowe, S.J.
1957 *Halsted of Johns Hopkins*, Springfield, Ill., Thomas.

Cushing, H.
1901 «Haller and his native town», *American Medicine* 2: 542–544, 580–582.
1902 «Physiologische und anatomische Beobachtungen über den Einfluß von Hirnkompression auf den intracraniellen Kreislauf und über einige hiermit verwandte Erscheinungen», *Mitt. Grenz. Geb. Med. Chir.* 9: 773–808.
1903 «On routine determination of arterial tension in operating room and clinic», *Boston Med. Surg. J.* 148: 250–256.
1908 Surgery of the head. In: Keen, W.W. (Hrsg.), *Surgery, its principles and practice*, Bd. 3, Philadelphia–London, Saunders, S. 17–276.

Delaunay, P.
1953 Les doctrines médicales au début du XIXe siècle – Louis et la méthode numérique. In: Underwood, E.A. (Hrsg.) *Science, medicine and history. Essays on the evolution of scientific thought and medical practice,* Bd. 2, London–New York–Toronto, Oxford Univ. Press, S. 321–330.

Demme, K.H.
1862 «Mitteilung aus der chirurgischen Klinik meines Vaters umfassend die Jahre 1835 bis 1860», *Schweiz. Zschr. Heilk.* 1: 57–78.
1863/ *Militär-chirurgische Studien in den italienischen Lazaretten von 1859,* 2. Aufl., Würzburg, Stahel.
64

Depage, A.
1906 Valeur clinique de l'examen du sang particulièrement au point de vue du chirurgien. In: *1er Congrès de la Société Internationale de Chirurgie, Bruxelles ... 1905,* Première question, Bruxelles, Hayez, S. 1–128.

Deucher, P.
1892 «Experimentelles zur Lehre vom Hirndruck», *D. Z. Chir.* 35: 145–191.

Doerr, W., und Schipperges, H.
1979 *Was ist theoretische Pathologie?* Berlin–Heidelberg–New York, Springer.

Doran, O.
1882 «Ovariotomy in Switzerland», *Brit. med. J.* i: 114–115.

Enderlen, E.
1898 «Untersuchungen über die Transplantation der Schilddrüse in die Bauchhöhle von Katzen und Hunden», *Mitt. Grenz. Geb. Med. Chir.* 3: 474–531.

Engler, H.
1970 Billroth. In: Gillispie, C.C. (Hrsg.), *Dictionary of Scientific Biography,* Bd. 2, New York, Scribner, S. 129–131.

English, P.C.
1980 *Shock, Physiological Surgery, and George Washington Crile,* Westport–London, Greenwood Press.

Eulenburg, A., und Guttmann, P.
1873 *Die Pathologie des Sympathicus auf physiologischer Grundlage,* Berlin, Hirschwald.

Eulner, H.-H.
1970 *Die Entwicklung der medizinischen Spezialfächer an den Universitäten des deutschen Sprachgebietes,* Stuttgart, Enke.

European Coronary Surgery Study Group
1982 «Long-term results of prospective randomized study of coronary artery bypass surgery in stable angina pectoris», *Lancet* ii: 1173–1180.

Faber, K.
1930 *Nosography. The evolution of clinical medicine in modern times,* New York, Hoeber.

Fanconi, G.
1970 *Der Wandel der Medizin wie ich ihn erlebte,* Bern–Stuttgart, Huber.

Feinstein, A.R.
1967 *Clinical judgement,* Baltimore, Williams and Wilkins.

Feller, R.
1935 *Die Universität Bern 1834–1934,* Bern–Leipzig, Haupt.

Finney, J.M.T.
1940 *A surgeon's life,* New York, G.P. Putnam.

Fischer, G. (Hrsg.)
1906 *Briefe von Billroth,* 7. Aufl., Hannover–Leipzig, Hahn.

Fischer, H.
1870 *Über den Shok,* Leipzig, Breitkopf und Härtel (R. Volkmann's klin. Vortr., Chir. Nr. 10).

Fischer-Homberger, E.
1970 *Hypochondrie, Melancholie bis Neurose,* Bern–Stuttgart–Wien, Huber.

Foerster, O.
1936 Symptomatologie der Erkrankungen des Rückenmarks und seiner Wurzeln. In: Bumke, O., und Foerster, O. (Hrsg.), *Handbuch der Neurologie,* Bd. 5, Berlin, Springer.

Fonio, A.
1914 «Über die Wirkung der intravenösen und der subkutanen Injektion von Koagulen Kocher-Fonio am Tierversuch, nebst einigen therapeutischen Erfahrungen», *Mitt. Grenz. Geb. Med. Chir.* 27: 642–678.

Friedrich, P.L.
1895 «Heilversuche mit Bacteriengiften bei inoperablen bösartigen Neubildungen, *Verh. D. Ges. Chir.* 24, II: 312–341.
1905 «Über die operative Beeinflußbarkeit des Epileptikergehirns», *Arch. klin. Chir.* 77: 852–891.

Fuchsig, P.
1972 «Entwicklung, Gegenwart und Zukunft der klinischen Chirurgie in den deutschsprachigen Ländern», *Der Chirurg* 43: 194–205.

Fulton, J.F.
1938 *Physiology of the nervous system,* London–Toronto, Oxford Univ. Press.
1946 *Harvey Cushing: A biography,* Oxford, Blackwell.

Fye, W.B.
1982 «Why a physiologist? – The case of Henry P. Bowditch», *Bull. Hist. Med.* 56: 19–29.

Garré, C.
1917 «Theodor Kocher», *D. med. Wschr.* 43: 1111–1112.
1926 «50 Jahre Kopfchirurgie», *Med. Klinik* 22: 518–520.

Garrison, F.H.
1929 *An introduction to the history of medicine,* 4. Aufl., Philadelphia–London, Saunders.
1969 *History of Neurology,* revised and enlarged by L.C. McHenry, Springfield, Ill., Thomas.

Gilbert, J.P., McPeekard, B., und Mosteller, F.
1977 «Statistics and ethics in surgery and anesthesia», *Science* 198: 684–689.

Gilder, S.S.B.
1972 «Some Swiss-British medical relationships in the nineteenth century», *Gesnerus* 29: 59–68.

Godlee, R.J.
1917 *Lord Lister,* London, Macmillan.

Gowers, W.R., und Horsley, V.
1888 «A case of tumour of the spinal cord. Removal; recovery», *Med.-Chir. Trans.* 71: 377–428.

Graham, P.W.
1978 «Harvey's De motu cordis: The rhetoric of science and the science of rhetoric», *J. Hist. Med.* 33: 469–476.

Granit, R.
1966 *Charles Scott Sherrington: an appraisal,* London, Nelson.

Green, F.H.K.
1954 «The clinical evaluation of remedies», *Lancet* ii: 1087–1091.

Green, R.E., und Stern, W.E.
1951a Techniques of cranial surgery. In: Walker, A.E. (Hrsg.), *A history of neurological surgery,* Baltimore, Williams and Wilkins, S. 40–76.
1951b Techniques of intracranial surgery. In: Walker, E.A. (Hrsg.), *A history of neurological surgery,* Baltimore, Williams and Wilkins, S. 80–110.

Greither, A.
1964 Einleitung. In: *Billroth im Briefwechsel mit Brahms,* München–Berlin, Urban und Schwarzenberg, S. 9–31.

Grey-Turner, G.
1909 «Notes on a recent visit to some Swiss hospitals», *Northumb. Durh. med. J.* 17: 12–26.

Gröbly, W.
1941 «Erinnerungen an Theodor Kocher», *Schweiz. med. Wschr.* 71: 1028–1031.

Gross, R.
1979 «Notwendigkeit und Zulässigkeit der kontrollierten klinischen Prüfung», *D. Ärztebl.* 76: 1091–1100.

Halsted, W.S.
1920 «The operative story of goitre», *Johns Hopkins Hosp. Rep.* 19: 71–257.
1924 *Collected papers,* Bd. I und II, Baltimore, Johns Hopkins Press.

Harvey, A.M.
1976 «Harvey Williams Cushing, the Baltimore period, 1896–1912», *J. Hopkins Med. J.* 138: 196–216.

Harvey, S.C.
1929 «The history of hemostasis», *Ann. med. Hist.* (new series) 1: 127–154.

Haymaker, W.
1970 Friedrich Goltz (1834–1902). In: Haymaker, W., und Schiller, F. (Hrsg.), *The founders of neurology,* 2. Aufl., Springfield, Ill., Thomas, S. 217–221.

Head, H.
1893 «On disturbances of sensation with especial reference to the pain of visceral disease», Part I, «Back», *Brain* 16: 1–132.
1894 Dasselbe, Part II, «Head and Neck», ibid. 17: 339–480.
1896 Dasselbe, Part III, «Pain in diseases of the Heart and Lungs», ibid. 19: 153–276.

Head, H., und Campbell A.W.
1900 «The pathology of Herpes Zoster and its bearing on sensory localization», *Brain* 23: 353–523.

Head, H., und Thompson, T.
1906 «The grouping of afferent impulses within the spinal cord», *Brain* 29: 537–741.

Herrlinger, R.
1971 *Die Nobelpreisträger der Medizin,* 2. Aufl., München, Moos.

Hill, L.E.
1896 *The physiology and pathology of the cerebral circulation,* London, Churchill.

Hintzsche, E.
1953 *Gustav Gabriel Valentin (1810–1883),* Bern, Huber.
1954 Sechshundert Jahre Krankenpflege im Berner Inselspital. In: Rennefahrt, H., und Hintzsche, E. (Hrsg.), *Sechshundert Jahre Inselspital 1354–1954,* Bern, Huber, S. 181–526.
1967 «Ansprache in der Gedenkstunde zur Erinnerung an den 50. Jahrestag des Todes von Theodor Kocher», *Schweiz. Ärztez.* 48: 763–769.
1970 «August Fetscherin 1849–1882. Ein zu Unrecht vergessener Praktiker», *Schweiz. med. Wschr.* 100: 721–727.
1980 Valentin, Gabriel Gustav. In: Gillespie, C.C. (Hrsg.), *Dictionary of Scientific Biography,* Bd. 13, New York, C. Scribner, S. 555–558.

Hirschberg, J.
1874 *Die mathematischen Grundlagen der medizinischen Statistik,* Leipzig, Veit.

Horrax, G.
1952 *Neurosurgery, a historical sketch,* Springfield, Ill., Thomas.

Horsley, V.
1894 Lecture at the Royel Institution of April 26th, 1894. Zit. in: Paget, S., *Sir Victor Horsley,* London, Constable, 1919, S. 154–156.

Hughes, R.E.
1975 «James Lind and the cure of scurvy: an experimental approach», *Med. Hist.* 19: 342–351.

Hunt, T. (Hrsg.)
1972 *The Medical Society of London 1773–1973,* London, Heinemann.

Hunter, J.
1794 *A treatise on the blood, inflammation and gun-shot wounds,* London, Nicol.
1835 *Lectures on the principles of surgery,* hrsg. bei J.F. Palmer, London, Longman.

Janach, P.
1982 *Die Bedeutung numerischer Evaluation in der Klinik zwischen 1856 und 1864 anhand der «Schweizerischen Monatsschrift für praktische Medizin ...»,* Diss. med. Basel.

Iason, A.M.
1946 *The thyroid gland in medical history,* New York, Froben Press.

Jefferson, G.
1957 «Sir Victor Horsley, 1857–1916 – centenary lecture», *Brit. Med. J.* i: 903–910.

Ingbar, S.H., und Woeber, K.A.
1981 The thyroid gland. In: Williams, R.H. (Hrsg.), *Textbook of Endocrinology*, 6. Aufl., Philadelphia–London–Toronto, Saunders, S. 117–247.

Jochner, G.
1898 «Ein Besuch an der chirurgischen Klinik in Bern», *Münch. med. Wschr.* 45: 1377–1381.

Johnson, H.C.
1951 Surgery of the hypophysis. In: Walker, A.E. (Hrsg.), *A history of neurological surgery*, Baltimore, Williams and Wilkins, S. 152–177.

Ito, H.
1899 «Experimentelle Beiträge zur Ätiologie und Therapie der Epilepsie», *D. Z. Chir.* 52: 223–292, 417–506.

Jürgensen, Th.
1866 *Klinische Studien über die Behandlung des Abdominaltyphus mittelst des kalten Wassers*, Leipzig, Vogel.

Karamehmedovic, O.
1973 *Ernst Tavel (1858–1912), Bakteriologe und Chirurg in Bern,* Bern–Stuttgart–Wien, Huber (Berner Beitr. Gesch. Med. Nat. wiss., N.F., Bd. 7).

Kaufmann, C.
1885 «Die Cachexia strumipriva», *Correspbl. Schweiz. Ärzte* 15: 177–184.

Keen, W.W. (Hrsg.)
1907–21 *Surgery, its principles and practice,* Bd. I–VIII, Philadelphia–London, Saunders.

Klasen, H.J.
1981 *History of free skin grafting,* Berlin–Heidelberg–New York, Springer.

Klebs, E.
1871a «Die Entbindungsanstalt von Bern», *Correspbl. Schweiz. Ärzte* 1: 75–78.
1871b «Die Ursache der infectiösen Wundkrankheiten», ibid., 241–246.

Kocher, A.
1901 «Über Morbus Basedowii», *Mitt. Grenz. Geb. Med. Chir.* 9: 1–304.
1907 «The surgical treatment of exophthalmic goiter», *J. amer. med. ass.* 49: 1240–1244.
1912 «Über Ulcus ventriculi und Gastroenterostomie», *Arch. klin. Chir.* 99: 397–414.
1914 «Über Basedow'sche Krankheit und Thymus», *Arch. klin. Chir.* 105: 924–953.
1917 «Theodor Kocher», *Verh. Schweiz. Naturforsch. Ges.* 24: Beilage Nekrologe, 1–16.

Köhler, R.A.
1904 *Kriegschirurgen und Feldärzte der Neuzeit,* Berlin (Veröffentl. a. d. Geb. des Militärsanitätswesens, Nr. 27).

Koelbing, H.M.
1969 «Carl Liebermeister (1833–1901), der erste Chefarzt der Basler medizinischen Universitätsklinik», *Gesnerus* 26: 233–247.
1972 «Die Medizin – Heil oder Unheil für die Menschen», *Schweiz. Rundschau Med. (Praxis)* 61: 1347–1353.
1973 «Der Nobelpreis – ein Spiegel der Medizin unseres Jahrhunderts?» *Gesnerus* 30: 53–64.

König, F.
1878 Diskussionsbeitrag «Über Ätiologie und Therapie acuter Entzündungen», *Verh. D. Ges. Chir.* 7, I: 14.

Kopp, J.
1892 *Veränderungen im Nervensystem, besonders in den peripheren Nerven, des Hundes nach Exstirpation der Schilddrüse,* Diss. med. Bern.

Kottmann, K.
1910a «Die Beziehungen zwischen Schilddrüse und Blutgerinnung», *Correspbl. Schweiz. Ärzte* 40: 553–556.
1910b «Über innere Sekretion und Autolyse», ibid., 1129–1147.

Krause, F.
1908 *Chirurgie des Gehirns und Rückenmarks nach eigenen Erfahrungen,* Berlin–Wien, Urban und Schwarzenberg.
1910 «Die Behandlung der nichttraumatischen Formen der Epilepsie», *Verh. D. Ges. Chir.* 39, II: 570–586.

Krehl, L. von
1898 *Pathologische Physiologie,* Leipzig, Vogel (2. Aufl. von *Grundriß der allgemeinen klinischen Pathologie*).
1905 Dasselbe, amerikanische Ausgabe: *The principles of clinical pathology,* Philadelphia.
1921 *Pathologische Physiologie,* 11. Aufl., Leipzig, Vogel.

Krönlein, R. U.
1872 *Die offene Wundbehandlung, nach Erfahrungen aus der chirurgischen Klinik zu Zürich,* Diss. med. Zürich.
1891 «Über den gegenwärtigen Stand der Hirnchirurgie», *Correspbl. Schweiz. Ärzte* 21: 2–17, 33–38.
1896 «Chirurgische Erfahrungen über das Magen-Carcinom», *Beitr. klin. Chir.* 15: 311–350.

Kronecker, H., und Sander, J.
1879 «Bemerkung über lebensrettende Transfusion mit anorganischer Salzlösung bei Hunden», *Berl. klin. Wschr.* 16: 767.

Kuhn, T.S.
1981 *Die Struktur wissenschaftlicher Revolutionen,* 5. dt. Aufl., Frankfurt am Main, Suhrkamp.

Lain Entralgo, P.
1950 *La historia clínica,* Madrid, Consejo superior de investigaciones cientificas.

Lanz, O.
1893 «Osteoplast. Resection beider Oberkiefer nach Kocher: eine neue Operationsmethode zur Freilegung der Schädelbasis und des Pharyngonasealraumes», *D. Z. Chir.* 35: 423–432.
1894 *Zu der Schilddrüsenfrage,* Leipzig, Breitkopf und Härtel (R. Volkmann's Sammlung klin. Vortr., N.F., Nr. 98, Chir. Nr. 27).
1895 «Zur Schilddrüsentherapie des Kropfes», *Correspbl. Schweiz. Ärzte* 25: 45–48.
1899 «Ein Vorschlag zur ‹diätischen› Behandlung Basedow-Kranker», *Correspbl. Schweiz. Ärzte* 29: 715–717.
1903 «Weitere Mitteilung über serotherapeutische Behandlung des Morbus Basedowii», *Münch. med. Wschr.* 50: 146–149.

Lanz, O., und Flach, A.
1892 «Untersuchungen über die Sterilität aseptisch und antiseptisch behandelter Wunden unter aseptischen und antiseptischen Verbänden», *Arch. klin. Chir.* 44: 876–922.

Lauenstein, C.
1899 Diskussionsbeitrag zur «Behandlung der Epilepsie», *Verh. D. Ges. Chir.* 28, I: 21–22.

Lenggenhager, K.
1964 «Die chirurgische Klinik der Universität Bern 1913–63», *Helv. Chir. Acta* 31: 44–79.

Lenormant, C.
1910 Traitement chirurgical du goitre exophthalmique. In: *23ᵉ Congrès français de chirurgie,* Paris, Alcan, S. 82–144.

Lereboullet, P., Guillaume, A.C., Harvier, P., und Carrion, M.
1921 Sympathique et glandes endocrines. In: Sergent, E., Ribadeau-Dumas, L., und Babonneix, L. (Hrsg.), *Traité de pathologie médicale et de thérapeutique appliquée,* Bd. IX, Paris, Maloine.

Leriche, R.
1956 *Souvenirs de ma vie morte,* Paris, Seuil.

Lesky, E.
1965 *Die Wiener medizinische Schule im 19. Jahrhundert,* Graz–Köln, H. Böhlau (Studien zur Geschichte der Universität Wien, VI).

Lexer, E.
1918 *Allgemeine Chirurgie,* 9. Aufl., Stuttgart, Enke.

Liddell, E.G.T.
1960 *The discovery of reflexes,* Oxford, Clarendon Press.

Liebermeister, C.
1877 «Über Wahrscheinlichkeitsrechnung in Anwendung auf die therapeutische Statistik», Leipzig, Breitkopf und Härtel (R. Volkmann's Sammlung klin. Vortr., Nr. 110).

Lilienfeld, A.M.
1982 «Ceteris paribus: The evolution of the clinical trial», *Bull. Hist. Med.* 56: 1–18.

Lopez-Piñero, J.M., und Ballester, L.G.
1966 «Theodor Kocher (1841–1917) y su método de reducción de la luxación escapulohumeral», *Rev. Españ. Cir. Osteoart.* 1: 91–102.

Lossen, H.
1894 *Die Resectionen der Knochen und Gelenke,* Stuttgart, Enke (Deutsche Chirurgie, Lfg. 29b).

Lücke, G.A.
1865 *Kriegschirurgische Aphorismen aus dem zweiten Schleswigholsteinischen Kriege, im Jahre 1864,* Berlin.
1871 *Kriegschirurgische Fragen und Bemerkungen,* Bern.
1873 «Bericht über die chirurgische Universitätsklinik in Bern von Ostern 1865 bis Ostern 1872», *D. Z. Chir.* 2: 199–246, 337–385.

Lynn-Thomas, N.N.
1917 «Personal note [on Theodor Kocher], *Brit. med. J.* ii: 169.

MacCallum, W.G.
1930 *William Stewart Halsted, Surgeon,* Baltimore, Johns Hopkins Press.

Macewen, W.
1884 «Trephining of the spine for paraplegia», *Glasgow Med. J.,* N.S. 22: 55–58.
1888 «An address on the surgery of the brain and spinal cord», *Brit. Med. J.* ii: 302–309.

Madden, J.L., Kandaluft, S., und Eghari, M.
1968 «Mobilization of the duodenum: a surgical manoeuvre incorrectly credited to Kocher», *Surgery* 63: 522–526.

Madritsch, W.
1967 *Der Zürcher Chirurg Rudolf Ulrich Krönlein 1847–1910,* Zürich, Juris, (Zürcher med. gesch. Abh., N.R. Nr. 51).

Malgaigne, J.F.
1839 «Etudes statistiques sur les fractures et luxations», *Ann. hyg. publ. méd. lég.* 22: 241–269.
1840 «Recherches sur la fréquence des hernies», ibid. 24: 5–54.
1841 «Etudes statistiques sur les luxations», *Ann. Chir.,* Oktober (Sonderdruck).
1842 «Etudes statistiques sur les résultats des grandes opérations dans les hôpitaux de Paris», *Arch. gén. méd.,* März und Mai (Sonderdruck).
1847 *Traité des fractures et des luxations,* Paris, Baillière.
1857 «Leçons cliniques sur les hernies», *Ann. hyg. publ. méd. lég.* 27 (Februar bis November).

Malinin, T.I.
1979 *Surgery and life. The extraordinary career of Alexis Carrel,* New York–London, Harcourt Bruce Jovanovich.

Mandach, F. von
1858 «Zur gefälligen Beachtung», *Schweiz. Mschr. prakt. Med.* 3: 31–32.

Marshall, C.
1951 Surgery of epilepsy and motor disorders. In: Walker, A.E. (Hrsg.), *A history of neurological surgery,* Baltimore, Williams and Wilkins, S. 288–305.

Martini, P.
1953 *Methodenlehre der therapeutisch-klinischen Forschung,* 3. Aufl., Berlin–Göttingen–Heidelberg, Springer.

Martius, F.
1878 «Die Principien der wissenschaftlichen Forschung in der Therapie», Leipzig, Breitkopf und Härtel (R. Volkmann's Sammlung klin. Vortr., innere Medizin, Nr. 47).
1881 «Die numerische Methode (Statistik und Wahrscheinlichkeitsrechnung) mit besonderer Berücksichtigung ihrer Anwendung auf die Medizin», *Arch. pathol. Anat. Physiol. klin. Med.* 83: 336–377.

Mayer, N.N.
1885 «Dr. Christoph Th. Aeby», *Prag. Med. Wschr.,* Nr. 28, Sonderdruck.

Mayo, W.J.
1912 Notes on a visit to the surgical clinics of Germany and France. In: Mayo W.J., und Mayo, C.H, *Collected papers,* published previous to 1909, Philadelphia–London, Saunders, S. 503–514.
1913 A short visit to some of the hospitals in Germany, Austria, Switzerland and Holland. In: *Collected papers of the staff of St. Mary's Hospital, Mayo Clinic,* Philadelphia–London, Saunders, S. 780–790.

McGreevy, P.S., und Miller, F.A.
1969 «A Biography of Theodore Kocher», *Surgery* 65: 990–999.

McMenemy, W.H.
1967 Cellular pathology, with special reference to the influence of Virchow's teaching on medical thought and practice. In: Poynter, F.N.L. (Hrsg.), *Medicine and Science in the 1860's,* London, Wellcome Institute for the History of Medicine, S. 13–44.

Medevi, V.C.
1982 *A history of endocrinology,* Lancaster, MTP Limited.

Meier, S.
1979 *August Socin,* Diss. med. Basel.

Merke, F.
1971 *Geschichte und Ikonographie des endemischen Kropfes und Kretinismus,* Bern, Huber.
1974 «Die hundertjährige Leidensgeschichte der Jodsalzprophylaxe des endemischen Kropfes», *Gesnerus* 31: 47–55.

Merton, R.K.
1957 Priorities in scientific discovery. In: Merton, R.K., *The sociology of science, theoretical and empirical investigations,* Chicago–London, Univ. Chicago Press 1973, S. 286–324.
1968 Behaviour, Patterns of scientists. ibid. S. 325–342.

Meyer-Salzmann, M.
1979 *Geschichte der Medizin im Emmental,* Sumiswald, Bezirksspital.

Michaud, L.
1930 «Die Behandlung der Basedowschen Krankheit vom internistischen Standpunkt», *Chirurg* 2: 1105–1113.
1939 «Theodor Kocher et Harvey Cushing», *Schweiz. med. Wschr.* 69: 1291.

Michler, M. und Benedum, J.
1970 «Die Briefe von Jaques-Louis Reverdin und Theodor Kocher an Anton v. Eiselsberg», *Gesnerus* 27: 169–184.

Moebius, P.J.
1903 «Über das Antithyreoidin», *Münch. med. Wschr.* 50: 149–150.

Mörner, K.A.H.
1910 Der Nobelpreis in Physiologie und Medizin (Vorstellung Theodor Kochers anläßlich der Preisverleihung am 10. Dezember 1909 in Stockholm). In: *Les prix Nobel en 1909,* Stockholm, Imprimerie Royale, S. 26–30.

Monakow, C. von
1970 *Mein Leben – Vita mea,* Bern–Stuttgart, Huber.

Morton, L.T.
1970 *Garrison and Morton's medical bibliography,* 3. Aufl., London, André Deutsch.

Moynihan, B.
1917 «Personal note» (on Theodor Kocher), *Brit. med. J.* ii: 168–169.

Muellener, E.R.
1966 «Zur methodischen therapeutisch-klinischen Forschung der ‹Ecole de Paris› (1800–1850)», *Gesnerus* 23: 122–131.
1967 «Pierre-Charles-Alexandre Louis' (1787–1872) Genfer Schüler und die ‹Méthode numérique›», *Gesnerus* 24: 46–74.

Müller, L.A.
1889 *Über die topographischen Beziehungen des Hirns zum Schädeldach,* Diss. med. Bern.

Müller, M.
1982 *Erinnerungen – Erlebte Psychiatriegeschichte 1920–1960,* Berlin–Heidelberg–New York, Springer.

Murphy, T.D.
1981 «Medical knowledge and statistical methods in early nineteenth-century France», *Med. Hist.* 25: 301–319.

Naunyn, B. von
1902 «Bemerkung zu obigem Aufsatz», *Mitt. Grenz. Geb. Med. Chir.* 9: 808.
1925 *Erinnerungen, Gedanken und Meinungen,* München, Bergmann.

Nawratzki, E., und Arndt, M.
1899 «Über Druckschwankungen in der Schädel-Rückgratshöhle bei Krampfanfällen», *Berl. klin. Wschr.* 36: 662–664.

Neuburger, M.
1897 *Die historische Entwicklung der experimentellen Gehirn- und Rückenmarksphysiologie vor Flourens,* Stuttgart, Enke. Neudruck 1967, Amsterdam, Bonset. Engl. Bearbeitung: *The historical development of experimental brain and spinal cord physiology before Flourens,* 1982, Baltimore, Johns Hopkins Univ. Press.

Nissen, R.
1966 Der Beitrag der Schweiz zur modernen Chirurgie. In: Blaser, R., und Buess, H. (Hrsg.), *Actual problems in the history of medicine,* Basel–New York, Karger, S. 445–451.

O'Connor, D., und Walker, A.E.
1951 Prologue. In: Walker, A.E. (Hrsg.) *A history of neurological surgery,* Baltimore, Williams and Wilkins, S. 1–22.

Olshausen, R.
1886 *Die Krankheiten der Ovarien,* Stuttgart, Enke (Deutsche Chirurgie, Lfg. 58).

Oppenheim, H.
1897 «Über die durch Fehldiagnosen bedingten Mißerfolge der Hirnchirurgie» *Neurol. Zentbl.* 16: 920–921.
1911 *Textbook of nervous diseases* (übersetzt aus dem Deutschen), Edinburgh, Schultze.

Orr, J.B., und Leitch, I.
1929 *Jodine in nutrition, a review of existing information,* London, Medical Research Council, HM Stationary Office.

Osler, W.
1905 *The principles and practice of medicine,* 6. Aufl., London–New York, Appleton.

Otis, G. A.
1870/ Surgical history. In: *The medical and surgical history of the war of the rebellion*
76/83 *1861–65,* 3 Bde., Washington, Government Printing Office.

Paget, S.
1919 *Sir Victor Horsley, a study of his life and his work,* London, Constable.

Parascandola, J.
1980 Meltzer, Samuel James. In: Gillespie, C. C. (Hrsg.), *Dictionary of Scientific Biography,* Bd. 9, New York, C. Scribner, S. 265–266.

Pasteur, L.
1854 Discours [Prononcé à Douai, le 7 décembre 1854, à l'occasion de l'installation de la Faculté des Lettres de Douai et de la Faculté des Sciences à Lille]. In: *Ouvres de Pasteur, réunies par Pasteur Valléry-Radot,* Bd. VII, Paris, Masson 1939, S. 131.
1871 Pourquoi la France n'a pas trouvé d'hommes supérieurs au moment du péril. ibid: S. 215.
1881 Compte rendu sommaire des expériences ... sur la vaccination charbonneuse. ibid., Bd. VI, 1933, S. 348.

Payr, E.
1917 «Theodor Kocher», *Ergebn. Chir. Orthop.* 10: V–VII.

Piquemal, J.
1974 «Succès et décadence de la méthode numérique en France à l'époque de Pierre-Charles-Alexandre Louis», *Méd. de France* 250: 11–22, 59–60.

Pirogoff, N.
1864 *Grundzüge der allgemeinen Kriegs-Chirurgie,* Leipzig, Vogel.
1882 *Das Kriegs-Sanitäts-Wesen und die Privat-Hülfe auf dem Kriegsschauplatz in Bulgarien und im Rücken der operirenden Armee 1877–78,* Leipzig, Vogel.

Pitha, F. von
1868 Verletzungen und Krankheiten der Extremitäten. In: Pitha, F., und Billroth, Th. (Hrsg.), *Handbuch der allgemeinen und speciellen Chirurgie,* Bd. 4, Abt. 2, Stuttgart, Enke.

Premuda, L.
1981 «Arthur Menzel (1844–1878), einer der liebsten und tüchtigsten Schüler und der treuesten Freunde Billroths, Primarchirurg in Triest», *Gesnerus* 38: 191–205.

Primerose, A.
1909 «Notes on a recent visit to surgical clinics in Germany and Switzerland», *Canad. Practnr. Rev.* 34: 199–217.

Putnam, J. J.
1894 «Pathology and treatment of Grave's disease», *Brain* 17:214–228.

Quervain, F. de
1893 «Über Veränderungen des Centralnervensystems bei experimenteller cachexia thyreopriva der Thiere», Diss. med. Bern und *Arch. path. Anat. Physiol.* 133: 481–550.

1896 «Le traitement chirurgical du torticolis spasmodique d'après la méthode de Kocher», *Sem. méd.* 16: 409.
1902 La Suisse. In: Chipault, A. (Hrsg.), *L'état actuel de la chirurgie nevreuse,* Bd. 1, Paris, Rueff, S. 756–793.
1907 *Spezielle Chirurgische Diagnostik,* 1. Aufl., Leipzig, Vogel. 1950 dasselbe, 10. Aufl., neubearbeitet von K. Lenggenhager, Berlin–Göttingen–Heidelberg, Springer.
1908 Les traumatismes du rachis, Rapport principal. In: 2ᵉ *Congrès de la Société Internationale de Chirurgie, Bruxelles, 1908,* Bruxelles, Hayez S. 687–734.
1913a *Die Pflichten der Gegenwart gegenüber den chirurgischen Tuberkulosen,* Basel, Schwabe.
1913b «Die Behandlung der akuten Appendicitis auf Grund einer schweizerischen Sammelstatistik, *Correspbl. Schweiz. Ärzte* 43: Nr. 49 Sonderabdruck.
1914 Diskussionsbeitrag zur «Chirurgischen Tuberkulose» am 2. Kongreß der Schweiz. Gesellschaft für Chirurgie, *Correspbl. Schweiz. Ärzte* 44: Nr. 51 Sonderabdruck.
1917a «Theodor Kocher», *D. Z. Chir.* 142: I–VIII.
1917b «Theodor Kocher», *Correspbl. Schweiz. Ärzte* 47: 1217–1219 (nicht signiert, aber von Quervain 1939 als eigene Arbeit genannt. S. Quervain 1939c).
1918 «Theodor Kocher und Victor Horsley», *Schweiz. Arch. Neurol. Psychiat.* 2, Sonderabdruck.
1930a «Erinnerungen an die Kochersche Klinik», *Chirurg* 2: 1130–1135.
1930b «Zum heutigen Stand der Chirurgie», *Schweiz. med. Jb.,* S. 50–59.
1930c *Zusammenfassung der Ergebnisse der schweizerischen Sammelstatistik über Brustkrebs von 1911–1915,* Bern–Berlin, Huber.
1931 «Der Beitrag der Schweiz zur Rückenmarkschirurgie», *Schweiz. med. Wschr.* 61: 861–862.
1938 Theodor Kocher. In: Hürlimann, M. (Hrsg.), *Große Schweizer, hundertzehn Bildnisse zur eidgenössischen Geschichte und Kultur,* Zürich, Atlantis, S. 663–669.
1939a «Theodor Kocher und die Basedow'sche Krankheit», *J. int. Chir.* 4: 1–16.
1939b Die Entwicklung der Chirurgie des Nervensystems in der Schweiz. In: *Festschrift zum fünfundzwanzigjährigen Bestehen der schweizerischen Gesellschaft für Chirurgie 1913–1938,* Basel, Schwabe, S. 67–76.
1939c Theodor Kocher. In: Fueter, E. (Hrsg.), *Große Schweizer Forscher,* Zürich, Atlantis, S. 264–265.

Rageth, S.
1964 *Die antipyretische Welle in der zweiten Hälfte des 19. Jahrhunderts,* Zürich, Juris (Zürcher med. gesch. Abh., N.R. Nr. 24).

Rather, L.J.
1971 «The Place of Virchow's ‹Cellular Pathology› in Medical Thought», Einleitung in: Virchow, R., *Cellular Pathology,* New York, Dover, S. V–XXVII.
1978 *The genesis of cancer,* Baltimore–London, Johns Hopkins Univ. Press.

Ravitch, M.M.
1982 *A century of surgery,* Philadelphia–Toronto, Lippincott.

Reddy, J., Brownlie, B.E.W., Heaton, D.C., Hamer, J.W., und Turner, J.G.
1981 «The peripheral blood picture in thyrotoxicosis», *New Zeal. Med. J.* 93: 143–145.

Reichen, G.
1949 *Die chirurgische Abteilung des Bürgerspitals Basel zur Zeit der Antisepsis,* Aarau, Sauerländer.

Reisner, S.J.
1978 *Medicine and the reign of technology,* Cambridge–London–New York–Melbourne, Cambridge Univ. Press.

Rennefahrt, H.
1954 Geschichte der Rechtsverhältnisse des «Inselspitals» der Frau Anna Seiler. In: Rennefahrt, H., und Hintzsche, E., *Sechshundert Jahre Inselspital 1354–1954,* Bern, Huber, S. 17–178.

Reverdin, H.
1971 *Jaques-Louis Reverdin 1842–1929. Un chirurgien à l'aube d'une ère nouvelle,* Aarau, Sauerländer.

Reverdin, J.-L., und Reverdin, A.
1883 «Note sur vingt-deux opérations de goitre, avec 3 pl. photographiques», *Rev. méd. Suisse romande* 3: 169–198, 233–278, 309–364.

Richter, H.
1982 «Vereinigung Schweizer Neurochirurgen», *Swiss Med.* 4, H. 9a: 15–18.

Rihner, F.
1968 «Zum 50. Todestag von Prof. Theodor Kocher», *Wien. med. Wschr.* 118: 80–82.

Röthlin, O.M.
1962 *Edwin Klebs (1834–1913),* Zürich, Juris (Zürcher med. gesch. Abh., N.R. Nr. 6).

Rolleston, H.D.
1936 *The endocrine organs in health and disease with an historical review,* London, Oxford Univ. Press.

Rost, F.
1921 *Pathologische Physiologie des Chirurgen,* 2. Aufl., Leipzig, Vogel.

Rothschuh, K.E.
1975 Der Krankheitsbegriff (Was ist Krankheit?). In: *Was ist Krankheit?* Darmstadt, Wiss. Buchgesellschaft, S. 397–420.

1978 *Konzepte der Medizin in Geschichte und Gegenwart,* Stuttgart, Hippokrates.

Roux, C.
1917 Discours au nom de la Société Suisse de Chirurgie. In: *Theodor Kocher. Reden gehalten in der Heiliggeistkirche in Bern, Dienstag, den 31. Juli 1917,* Bern, Franke, S. 26–29.

Rutkow, I.M.
1978a «William Halsted and Theodor Kocher: ‹An exquisite friendship›», *Ann. Surgery* 188: 630–637.
1978b «William Stewart Halsted and the German influence on education and training programs in surgery», *Surg. Gyn. Obst.* 147: 602–606.

Sahli, H.
1891a «Über hirnchirurgische Operationen vom Standpunkt der inneren Medicin», Leipzig, Breitkopf und Härtel (R. Volkmann's Sammlung klin. Vortr., Innere Med., Nr. 11).
1891b «Über eine neue Untersuchungsmethode der Verdauungsorgane und einige Resultate derselben», *Correspbl. Schweiz. Ärzte* 21: 65–74.
1899 *Lehrbuch der klinischen Untersuchungsmethoden,* 2. Aufl., Leipzig–Wien, Deuticke; 5. Aufl., ibid. 1905; 6. Aufl., ibid. 1920; 7. Aufl., ibid. 1932.

Salis, H. von, und Vogel, A.
1914 «Die Beziehungen der Jodbehandlung zum lymphoiden Gewebe und zur Blutlymphzytose bei einigen Fällen von Basedow, Hypothyreose und Struma ohne Funktionsstörung», *Mitt. Grenz. Geb. Med. Chir.* 27: 275–310.

Sandblom, P.
1972 «100 Jahre Chirurgie: Entwicklung und Ausblick der klinischen Forschung», *Der Chirurg* 43: 206–216.

Scarff, J.E.
1955 «Fifty years of neurosurgery 1905–1955», *Surg. Gyn. Obst.* 101: 417–513.

Schafer, A.
1982 «The ethics of the randomized clinical trial», *N. Engl. J. Med.* 307: 719–724.

Schiller, J.
1963 «Claude Bernard et la statistique», *Arch. int. Hist. Sci.* 16: 405–418.
1968 «Physiology's struggle for independence in the first half of the nineteenth century», *History of Science* 7: 64–89.

Schipperges, H.
1955 *Die Entwicklung der Hirnchirurgie,* Wehr/Baden, CIBA AG (CIBA-Zeitschrift, Nr. 75).

Schmidt, H.
1863 *Statistik sämmtlicher in der chirurg. Klinik in Tübingen von 1843 bis 1863 vorgenommener Amputationen und Resectionen,* Stuttgart, Enke.

Schönwetter, H.P.
1968 *Zur Vorgeschichte der Endokrinologie,* Zürich, Juris (Zürcher med. gesch. Abh., N.R. Nr. 61).

Schultz, N.
1878 «Über Vernarbung von Arterien nach Unterbindungen und Verwundungen», *D. Z. Chir.* 9: 84–121.

Senn, N.
1887 «Lucerne, Bern and Geneva». In: Senn, Four months among the surgeons of Europe (letters to Dr. Fenger), *J. Amer. med. ass.* 9: 379–381.

Seydel, H.
1976 *Statistik in der Medizin, ein Entwurf zu ihrer Geschichte,* Neumünster, Wachholtz (Kieler Beitr. Gesch. Med. Pharm., Bd. 15).

Shepherd, J.A.
1965 *Spencer Wells,* London–Edinburgh, Livingstone.

Sherrington, C.S.
1893 «Experiments in examination of the peripheral distribution of the fibres of the posterior roots of some spinal nerves, I», *Phil. Trans. R. Soc.* 184B: 641–763.

Sippy, B.W.
1902 «Lesions of the conus medullaris and cauda equina», *J. Amer. med. Ass.* 38: 1195–1203.

Sommer, P.
1978 *Das Jenner-Kinderspital in Bern 1862–1962,* Bern, Stämpfli.
1982 «Die ersten Jahrzehnte des Jenner-Kinderspitals in Bern», *Gesnerus* 39: 85–88.

Spaude, M.
1973 *Eugen Albert Baumann (1846–1896): Leben und Werk,* Zürich, Juris (Zürcher med. gesch. Abh., N.R. Nr. 98).

Starr, A.
1894 «Local anaesthesia as a quide to the diagnosis of lesions of the upper portion of the spinal cord», *Brain* 17: 481–514.

Stiles, H.
1919 *Reminiscences,* Edinburgh, privately printed.

Stoeckel, W.
1966 *Erinnerungen eines Frauenarztes,* München, Kindler.

Studer, H.
1982 Schilddrüse. In: Siegenthaler, W. (Hrsg.), *Klinische Pathophysiologie,* 5. Aufl., Stuttgart, Thieme.

Swazey, J.P.
1969 *Reflexes and motor integration: Sherrington's concept of integrative action,* Cambridge, Mass., Harvard Univ. Press.

Tauffer, W.
1901 *Denkrede über T. Spencer-Wells,* Budapest, Lloyd Gesellschaft, S. 53.

Talbott, J.H.
1970 Theodor Kocher (1841–1917). In: *A biographical history of medicine,* New York–London, Grune and Stratham, S. 1012–1014.

Temkin, O.
1951 «The role of surgery in the rise of modern medical thought», *Bull. Hist. Med.* 25: 248–259.
1971 *The falling sickness,* 2. Aufl., Baltimore–London, Johns Hopkins Univ. Press.

Thiersch, C.
1875 «Klinische Ergebnisse der Listerschen Wundbehandlung», Leipzig, Breitkopf und Härtel (R. Volkmann's Sammlung klin. Vortr. Nr. 84 und 85).

Thomson, E.M.
1981 *Harvey Cushing,* New York, Neale Watson.

Thorburn, W.
1893 «The sensory distribution of the spinal nerves», *Brain* 16: 355–374.

Thorwald, J.
1965 *Die Geschichte der Chirurgie,* Stuttgart, Steingräber.

Tinker, J.H.
1980 Anesthesia for patients with ischiemic heart disease. In: Brown, B.R. (Hrsg.), *Anesthesia and the patient with heart disease,* Philadelphia, Davis.

Trachewsky, C.F. von
1897 «Zur Theorie der Schilddrüse des Morbus Basedowii», *Neurol. Zentbl.* 16: 944–946.

Trendelenburg, F.
1923 *Die ersten 25 Jahre der Deutschen Gesellschaft für Chirurgie,* Berlin, Springer.

Tröhler, U.
1973 *Der Schweizer Chirurg J. F. de Quervain (1869–1940): Wegbereiter neuer internationaler Beziehungen in der Wissenschaft der Zwischenkriegszeit,* Aarau, Sauerländer.
1975 «F. de Quervain, chirurgien praticien à La Chaux-de-Fonds (1895-1910): Un esprit physiopathologique à la conquête d'un terrain nouveau», *Gesnerus* 32: 200–213.
1978 *Quantification in British medicine and surgery, 1750–1830, with special reference to its introduction into therapeutics,* London, Ph. D. thesis, University College.
1982 «Innovation durch Mangel. Die Krankenversorgung in wirtschaftlich schwierigen Zeiten. Zur Debatte über klinische Forschung und Krankenversorgung seit der Aufklärung», *Arzt und Krankenhaus* 55: 350–354.
1983 «Theodor Kocher und die neurotopographische Diagnostik: Angewandte Forschung mit grundlegendem Ergebnis um 1900», *Gesnerus* 40: 203–214.

Tschirch, A.
1921 *Erlebtes und Erstrebtes,* Bonn, Cohen.

Valentin, B.
1956 *Die Geschichte des Gipsverbandes,* Stuttgart, Enke.

Verchère, F.
1908 Discussion sur le traitement opératoire du cancer. In: 2ᵉ *Congrès de la Société Internationale de Chirurgie Bruxelles 1908,* Bruxelles, Hayez, Bd. I, S. 557–560.

Volkmann, R. von
1875 *Beiträge zur Chirurgie anschließend an einen Bericht über die Thätigkeit der Chirurgischen Universitätsklinik zu Halle im Jahre 1873,* Leipzig, Breitkopf und Härtel.
1881 «Die moderne Chirurgie», Leipzig, Breitkopf und Härtel (R. Volkmann's Sammlung klin. Vortr., Nr. 221, Chir. Nr. 70).

Waldeck-Semadeni, E.
1980 *Paul Julius Moebius (1853–1907), Leben und Werk,* Diss. med. Bern.

Walker, A.E. (Hrsg.).
1951 *A history of neurological surgery,* Baltimore, Williams and Wilkins.
1957 «The development of the concept of cerebral localization in the nineteenth century», *Bull. Hist. Med.* 31: 99–121.

Wangensteen, O.H.
1969 «The Berne surgical clinic revisited in memory», *Am. J. Surg.* 117: 388–396.

Wangensteen, O.H., und Wangensteen, S.D.
1978 *The rise of surgery. From empiric craft to scientific discipline,* Minneapolis, Univ. Minnesota Press.

Wells, T.S.
1865a *Mr. Spencer Wells' Note-Book for cases of ovarian and other abdominal tumours,* London, Churchill.
1865b *Diseases of the ovaries, their diagnosis and treatment,* London, Churchill.

Wiese, E.R., und Gilbert, J.E.
1931 «Theodore Kocher», *Ann. Med. Hist.,* N.S. 3: 521–529.

Wolff, J.
1898 «Über die halbseitige Kropfexstirpation bei Basedow'scher Krankheit», *Mitt. Grenz. Geb. Med. Chir.* 3: 38–57.

Wormser, E.
1897 «Experimentelle Beiträge zur Schilddrüsenfrage», *Arch. ges. Physiol.* 67: 505–540.

Wyatt, H. V.
1976 «James Lind and the prevention of scurvy», *Med. Hist.* 20: 433–438.

Young, R. M.
1970 *Mind, brain, and adaptation in the nineteenth century,* Oxford, Clarendon Press.

Zimmermann, L. M., und Veith, I.
1961 Theodor Kocher (1841–1917) and the surgery of the endocrine system. In: Zimmermann and Veith: *Great ideas in the history of surgery,* Baltimore, Williams and Wilkins, S. 499–518.

b) Manuskripte*

Standorte
MHIB Medizinhistorisches Institut der Universität, Bern.
MHIZ Medizinhistorisches Institut der Universität, Zürich.
RCS Royal College of Surgeons of England, London.
StAB Staatsarchiv des Kantons Bern, Bern.
WML The Alan Chesney Medical Archives, Welch Medical Library, Johns Hopkins University, Baltimore, Md., USA.

Direktion des Inselspitals
1915 Schreiben des Direktors, Dr. V. Surbek, an die Unterrichtsdirektion des Kantons Bern, Bern, 8. September 1915; StAB, BB III b, 24106.

Givel, A.
1882 Clinique Chirurgicale de M^r le Professeur Kocher, Hôpital de l'Isle, Berne, Semestre d'hiver 1882; MHIB, Manuskript 551/882.

Lister, J.
1890 Brief an Professor Kocher; 12, Park Crescent, Portland Place (London), 27th March 1890; MHIZ.

Halsted, W. S.
1913 Brief an Professor Kocher; October 6, 1913; WML, Halsted Papers, Item No. 5102.
1915 Brief an Professor Kocher; Baltimore, Md., March 3, 1915; WML, Halsted Papers, Item No. 5109.
1919 Brief an Albert Kocher, February 20, 1919; WML, Halsted Papers, Item No. 5086.

---

* Diese sind in den Anmerkungen unter dem Namen des Autors mit der Zusatzbezeichnung «Manuskript» aufgeführt.

Kocher, A.
1918 Brief an Professor Halsted, [Baltimore, USA] Berne, June 10th 1918; WML, Halsted Papers, Item No. 5080.
1919 Brief an Professor Halsted, [Baltimore, USA] Berne, June 5th 1919; WML, Halsted Papers, Item No. 5092.

Thorburn, W.
1890 A contribution to the surgery of the spinal cord, Jacksonian Essay; RCS.

Vander Elst, E.
1962 «Souvenirs sur Albin Lambotte (1866–1955)». Conférence devant la Société française d'Histoire de la Médicine, Paris, 8 décembre (Sammlung U. Tröhler).

Verschiedene (d.h. Direktion des Inselspitals, Dres. Albert und Theodor Kocher,
1918 Prof. iur. Ernst, Prof. med. de Quervain, Unterrichtsdirektion des Kantons Bern)
–21 Briefe betreffend Übergabe der Krankengeschichten der Chirurgischen Klinik nach dem Tod Theodor Kochers (sen.); StAB, BB III b, 2404, Mappe II.

Namenregister

Aeby, Christoph (1835–1885) 7
Alanson, Edward (1747–1823) 118
Arnd, Carl (1865–1923) 37, 71, 80, 172, 197
Baumann, Eugen (1846–1896) 138, 139
Behring, Emil von (1854–1917) 140
Bell, John (1763–1820) 25
Berezowski, S. von (um 1900) 51, 52, 61, 67, 197
Bergmann, Ernst von (1836–1907) 47, 48, 51, 52, 60, 64, 66, 67, 168
Bernard, Claude (1813–1878) 83, 95, 121, 124, 129, 160
Bernhard, Oscar (1861–1939) 110
Berthold, Arnold Adolph (1803–1861) 135
Bichsel, Maria (geb. 1863) 125, 126, 127, 128
Bier, August (1861–1949) 71
Biermer, Anton (1827–1892) 8, 9, 10, 13
Billroth, Theodor (1829–1894) 10, 13, 14, 18, 19, 20, 21, 24, 25, 32, 83, 84, 85, 86, 87, 88, 89, 90, 91, 92, 94, 100, 102, 105, 114, 121, 122, 123, 125, 132, 157, 168, 169, 170, 175, 177, 192
Bircher, Eugen (1882–1956) 154
Bircher, Heinrich (1850–1923) 46, 136, 137, 153, 154, 156
Bischoff, Johann Jakob (1841–1892) 27
Boerhaave, Hermann (1668–1738) 124
Bravais, Louis François (1801–1843) 49
Breisky, August (1832–1889) 27, 87, 88
Broca, Pierre Paul (1824–1880) 54
Brown, Isaac Baker (1812–1873) 13
Brown-Séquard, Charles Edouard (1817–1894) 121, 153
Bruns, Paul von (1846–1916) 76, 134, 138
Bruns, Victor von (1812–1883) 34, 86
Bürgi, Emil (1872–1947) 146, 165

Bumm, Ernst von (1858–1925) 175
Carrel, Alexis (1873–1944) 2, 5, 19, 63, 150, 151, 198
Cato, Marcus Porcius d. Ä. (234–149 v. Chr.) 165
Ceci, Antonio (1852–1920) 198
Celsus, A. Cornelius (1. Jhd. v. Chr.) 157
Charcot, Jean Martin (1825–1893) 130, 139, 141, 143
Charrière, Jules (1803–1876) 25
Chipault, Antoine Maxime Jules Nicolas (geb. 1866) 53, 56, 61, 63, 76
Clarke, Richard H. (1850–1926) 57
Coindet, Jean-François (1774–1834) 121
Courty, A. (um 1860) 16
Cornil, André Victor (1837–1908) 61
Crile, George (1864–1943) 2, 39, 43, 62, 65, 67, 168, 178, 181, 182
Cristiani, Hector (1862–1940) 149, 198
Curling, Thomas (1811–1888) 130
Cushing, Harvey (1869–1939) 2, 48, 49, 57, 61, 62, 63, 64, 65, 66, 67, 70, 72, 79, 81, 166, 169, 170, 178, 181, 182, 195, 197
Czerny, Vincenz von (1842–1916) 64, 114, 120
Dandy, Walter (1886–1946) 64
Dardel, Gustave (1887–1950) 164
Davy, Sir Humphrey (1778–1829) 131
Demme, Hermann Askan (1802–1867) 8, 44, 86, 121, 192
Demme, Karl Hermann (1831–1864) 69, 86
Descartes, René (1596–1650) 131
Deucher, Paul (1863–1956) 47, 48, 62, 72
Dor, Henri (1835–1912) 87
Drechsel, Edmund (1843–1897) 139, 146, 165
Dunant, Henri (1828–1910) 70

235

Dupuytren, Guillaume Baron (1777–1835) 22
Eiselsberg, Anton Frh. von (1860–1939) 65, 67, 158
Enderlen, Eugen (1863–1940) 161
Erichsen, John E. (1818–1896) 13
Ewald, Carl Anton (1845–1915) 196
Fabricius ab Aquapendente (1537–1619) 12
Fagge, Charles (1818–1883) 130
Fergusson, William (1808–1877) 13
Ferrari, Ambrosio (um 1900) 47, 49
Fetscherin, August (1849–1882) 125, 127
Foerster, Otfrid (1873–1941) 78
Fonio, Anton (1881–1968) 19
Forssmann, Werner (1904–1979) 5
Forster, Aimé (1843–1926) 45, 165, 189
Frazier, Charles (1870–1936) 61, 62, 63, 64
Friedrich, Paul Leopold (1864–1916) 118
Galen (ca. 130–200) 189
Gowers, William (1845–1915) 74
Grey-Turner, Sir George (1877–1951) 1
Gross, Samuel (1805–1884) 176
Gull, Sir William (1816–1890) 130
Gussenbauer, Karl (1842–1903) 52
Haab, Otto (1850–1931) 191
Haeberlin, Paul (1878–1960) 168
Haller, Albrecht von (1708–1777) 33, 58, 124, 189
Halsted, William (1852–1922) 2, 35, 36, 61, 62, 63, 105, 108, 110, 112, 148, 149, 154, 166, 176, 178, 181, 182
Harvey, William (1578–1658) 129
Head, Henry (1861–1940) 75, 76, 78
Heusser, Felix (1817–1875) 89, 157
Hill, Leonhard E. (1866–1952) 48
Hofrichter, Benedikt (1770–1828) 124
Horsley, Sir Victor (1857–1916) 2, 46, 48, 49, 51, 54, 55, 57, 58, 59, 60, 61, 62, 63, 74, 80, 133, 135, 136, 169, 181, 182
Hunt, Reid (1870–1948) 145
Hunter, John (1728–1793) 24, 178, 179, 180, 181
Hutchinson, Jonathan (1828–1913) 13
Huygens, Christiaan (1629–1695) 131
Ito, H. (um 1900) 49, 53, 197
Jackson, John Hughlings (1835–1911) 49

Jones, John Frederick D. (um 1800) 17, 25
Keen, William (1837–1932) 35, 67
Kendall, Edward C. (1886–1972) 147, 152
Klebs, Edwin (1834–1913) 2, 18, 31, 32, 44, 45, 165
Koch, Robert (1843–1910) 32, 33, 131, 140, 188
Kocher, Albert (1872–1941) 48, 139, 143, 146, 165, 166, 197
Kocher, geb. Witschi, Marie (1850–1925) 167
Kocher, Otto (1876–1924) 168
Kocher, Theodor jun. (1870–1950) 169
Koeberlé, Eugène K. (1828–1915) 25
Kottmann, Kurt (1877–1952) 19, 144, 147, 148
Kraske, Paul (1851–1930) 194
Krause, Fedor (1856–1937) 52, 55, 57, 60, 63, 70, 71
Krebs, Walther (1847–1925) 145
Krehl, Ludolf von (1861–1937) 44, 70
Krönlein, Rudolf Ulrich (1847–1910) 20, 44, 46, 57, 83, 102, 108, 116
Kronecker, Hugo (1839–1914) 38, 39, 43, 48, 61, 76, 147, 165
Kümmell, Hermann (1852–1937) 52
Küster, Ernst (1839–1930) 41
Kummer, Ernest (1861–1933) 198
Lambotte, Albin (1866–1955) 117
Lane, Arbuthnot (1856–1943) 35
Langenbeck, Bernhard von (1810–1887) 11, 14, 15, 20, 42, 88, 178, 192
Langhans, Theodor (1839–1915) 135, 165, 194
Lannelongue, Odilon M. (1840–1911) 153
Lanz, Otto (1865–1935) 135, 137, 141, 153, 158, 191, 197
LaPlace, Pierre Simon, Marquis de (1749–1827) 131
Lardy, Edmond (1859–1935) 197
Lauenstein, Carl (1850–1915) 52
Leibniz, Gottfried Wilhelm (1646–1716) 131
Leriche, René (1879–1955) 178
Lind, James L. (1716–1794) 118
Lister, Sir Joseph (1827–1912) 14, 27, 28, 29, 30, 33, 34, 58, 83, 97, 131, 169, 177, 188, 193
Liston, Robert L. (1794–1847) 25

Lombard, Henry-Clermont (1803–1895) 158
Lossen, Hermann (1842–1909) 114
Louis, Pierre Charles Alexandre (1787–1872) 82, 83
Lücke, Georg Albert (1829–1894) 15, 21, 28, 44, 87, 88, 89, 90, 101, 122, 154, 165, 192
Macewen, Sir William (1848–1924) 48, 51, 58, 63, 67, 68, 74, 80
Magnan, Valentin M. (1835–1916) 72
Magnus-Levy, Adolf (1865–1955) 147
Malgaigne, Joseph-François (1806–1865) 45, 82, 83, 84
Marine, David (1880–1976) 154
Matti, Hermann (1879–1941) 194
Mayo, Charles (1865–1939) 2, 107, 119, 181, 182
Mayo, William (1861–1939) 2, 65, 107, 117, 119
Meltzer, Samuel J. (1851–1920) 117
Mikulicz, Johannes von (1850–1905) 143
Moebius, Paul Justus (1853–1907) 141, 143, 160
Monakow, Konstantin von (1853–1930) 2
Moniz, Antonio Egas (1874–1955) 5
Monro, Alexander (1697–1767) 111
Morand, Sauveur-François (1697–1773) 25
Morestin, Hippolyte (1869–1919) 198
Morgagni, Giovanni Battista (1682–1771) 124, 143
Mosso, Angelo (1846–1910) 61
Moynihan, Lord Berkeley (1865–1936) 2, 26, 31
Müller, Friedrich von (1858–1941) 147
Müller, Ludwig August (um 1900) 55
Müller, Max (1894–1980) 187
Munk, Hermann (1839–1912) 134, 160
Murray, George (1865–1939) 137
Naunyn, Bernhard von (1839–1925) 48, 61, 108, 169
Nélaton, Auguste (1807–1873) 14
Nencki, Marceli von (1847–1901) 33, 139, 165
Newton, Sir Isaak (1642–1727) 131
Nightingale, Florence (1820–1910) 70
Nissen, Rudolf (1896–1981) 79
Ord, William (1814–1902) 130, 134, 143

Osler, Sir William (1849–1919) 79
Paget, Sir James (1814–1899) 13
Paré, Ambroise (1510–1590) 48
Pascal, Blaise (1623–1662) 131
Pasteur, Louis (1822–1895) 12, 28, 33, 83, 97, 131, 132, 188
Payr, Erwin (1871–1946) 198
Péan, Jules (1830–1898) 25, 35
Percy, Pierre-François, Baron (1754–1825) 45
Petit, Jean-Louis (1674–1760) 18, 24, 25
Pirogoff, Nikolai J. P. (1810–1881) 196
Pitha, Franz Frh. von (1810–1875) 20, 21
Pouteau, Claude P. (1725–1775) 25
Pravaz, Charles G. (1791–1853) 122
Purkinje, Jan Evangelista von (1787–1869) 7
Quervain, Fritz de (1868–1940) 5, 42, 52, 57, 58, 76, 79, 94, 106, 109, 112, 123, 136, 147, 170, 187, 195, 197
Quincke, Heinrich Irenaeus (1842–1922) 48
Ranzi, Egon (1875–1939) 198
Reverdin, Auguste (1848–1908) 130
Reverdin, Jaques-Louis (1842–1929) 14, 70, 126, 127, 130, 131, 132, 134, 135, 170
Riva-Rocci, Scipione (1863–1937) 62, 142
Rollier, Auguste (1874–1954) 110, 111
Rose, Edmund (1836–1914) 29, 41, 83
Rost, Franz (1884–1935) 179
Roux, César (1857–1934) 64, 133
Sahli, Hermann (1856–1933) 20, 39, 48, 54, 60, 79, 81, 104, 141, 144, 147, 169, 187
Semmelweis, Ignaz (1818–1865) 11
Senn, Nicholas (1844–1908) 2, 3, 34, 38
Sherrington, Sir Charles S. (1857–1952) 61, 75, 76, 78
Simpson, Sir James Young (1811–1870) 15
Simpson, Alexander Russell S. (1835–1916) 64
Socin, August (1837–1899) 20, 27, 32, 44, 45, 83, 123
Schiff, Moritz (1823–1896) 38, 124, 133, 135, 136, 137
Schinzinger, Albert (1827–1911) 21

Schjerning, Otto von (1853–1921)   193
Starling, Ernest Henry (1866–1927)   137
Starr, Allen (1854–1932)   76, 78
Stiles, Sir Harold (1863–1946)   2
Tait, R. Lawson (1845–1899)   15
Tavel, Ernst (1858–1912)   32, 33, 34, 165, 193, 197
Thiersch, Carl (1822–1895)   83 10
Thorburn, William (1861–1923)   75, 76, 78, 81
Trachewsky, C.F. de (um 1900)   140, 141, 146
Trousseau, Armand (1801–1867)   139
Tschirch, Alexander (1856–1939)   138, 139, 165
Türck, Ludwig (1810–1868)   80
Tuffier, Théodore (1857–1929)   53, 61, 65, 67
Valentin, Gabriel Gustav (1810–1883)   7, 124, 145
Verchère, Fernand (geb. 1854)   113, 116, 181
Villard, Eugène (geb. 1868)   198
Virchow, Rudolf (1821–1902)   10, 11, 14, 17, 18, 25, 70, 83, 102, 118, 123, 129, 178
Volkmann, Richard von (1830–1889)   34, 83, 103, 196
Wagner, Wilhelm (1848–1900)   51
Wells, Sir Thomas Spencer (1818–1897)   10, 11, 12, 13, 14, 25, 30, 83, 84, 85, 86, 87, 88, 89, 90, 92, 94, 175, 184
Wolff, Julius (1836–1902)   160

Verzeichnis der Abbildungen und Figuren

	Büste Kochers vor dem Inselspital Bern, von K. Hänny	Frontispiz
1	Auszug aus der Beschreibung Kochers und seiner Klinik im *Journal of the American Medical Association* (1887)	3
2	Anatomische Handzeichnung des Studenten Kocher (1860)	9
3	Kocher um 1866	12
4	Zu Kochers Methode der Einrichtung der Schultergelenksluxation	23
5	Kocher und W.S. Halsted am Operationstisch in Bern (1912)	36
6	Modell zum Studium der Hirnzirkulation (um 1900)	50
7	Kochers Kraniometer (letzte Ausführung 1907)	56
8	Hirnoperation bei V. Horsley in London (1906)	59
9	Hirnoperation in Moskau (1897)	64
10	Kocher unter den Ehrenmitgliedern des Royal College of Surgeons of England (1913)	65
11	Kochers Dermatom-Tafel (1896)	77
12	Typische statistische Tabelle zur Erfassung von Behandlungsergebnissen (1882)	91
13	Kocher um 1900	98
14	Die Folgen der vollständigen Entfernung der Schilddrüse beim Menschen (1883)	128
15	Werbeinserate für die Behandlung mit Schilddrüsenpräparaten (1897/98)	138
16	Handschriftliche Mitteilung Kochers betreffend funktionelle Schilddrüsenabklärung (1910)	145
17	Kochers Kropfkarte des Kantons Bern (1887)	155
18	Handschriftliche Anweisung Kochers zu einem Tierversuch (1916)	164
19	Theodor-Kocher-Institut Bern (1950)	186
Fig. 1	Anteil der Totalexstirpationen an den Schilddrüsenoperationen Kochers 1872–1883	126
Fig. 2	Anzahl der Veröffentlichungen Kochers pro Jahr von 1866–1917	167

Herkunft der Abbildungen

Frontispiz	Aufnahme des Autors
Abb. 1	Senn 1887
Abb. 2	KM 1860a, S. 142, Burgerbibliothek Bern
Abb. 3	Medizinhistorisches Institut der Universität Bern, Porträtsammlung
Abb. 4	Familienarchiv de Quervain, c/o Frau Dr. F. Pedotti-de Quervain, Massagno-Lugano
Abb. 5	Bonjour 1981, Abb. 8, S. 42, mit freundlicher Genehmigung des Paul-Haupt-Verlags, Bern. Originalaufnahme im Familienarchiv Kocher, c/o Professor und Frau Edgar Bonjour-Kocher, Basel
Abb. 6	K 1901u, S. 153–154, Fig. 31–35
Abb. 7	K. 1892a, 5. Aufl. 1907, S. 295
Abb. 8	Horsley, Victor, On the technique of operations on the central nervous system, *British Medical Journal, ii:* 411–423 (1906), S. 414
Abb. 9	Poster aus dem Medicinhistoriska Museeti Göteborg, Göteborg
Abb. 10	Library of the Royal College of Surgeons, London
Abb. 11	K. 1896b, Tafel VI
Abb. 12	D. Zehnder 1882
Abb. 13	K. 1883, Tafel III, Fig. 15 und Fig. 16
Abb. 14a	*Semaine médicale* 17: No. vom 21.4. (1898)
Abb. 14b	*Semaine médicale* 18: No. vom 29.1. (1898)
Abb. 15	KM 1910; Medizinhistorisches Institut der Universität Zürich, Briefsammlung
Abb. 16	Beilage zu K. 1889a
Abb. 17	Medizinhistorisches Institut der Universität Bern, Porträtsammlung
Abb. 18	Familienarchiv Kocher, c/o Professor und Frau Edgar Bonjour-Kocher, Basel
Abb. 19	Archiv des Theodor-Kocher-Instituts der Universität Bern